全国高等职业院校食品类专业第二轮规划教材

（供食品营养与健康、食品检验检测技术、食品质量与安全专业用）

分析化学

第2版

主　编　姜　斌　任丽英

副主编　韩　丹　潘立新　潘　莹　蔺首睿

编　者　（以姓氏笔画为序）

王　莹（长春职业技术学院）

任丽英（安庆医药高等专科学校）

陈晓姣（长沙卫生职业学院）

姜　斌（山东医学高等专科学校）

唐　华（重庆市食品药品检验检测研究院）

韩　丹（重庆医药高等专科学校）

韩素平（山东医学高等专科学校）

曾燕茹（福建生物工程职业技术学院）

蔺首睿（长春医学高等专科学校）

潘　莹（滨州职业学院）

潘立新（山东药品食品职业学院）

中国健康传媒集团

中国医药科技出版社

内容提要

本教材为“全国高等职业院校食品类专业第二轮规划教材”之一，系根据本套教材的编写指导思想和原则要求，结合食品类专业培养目标和本课程的教学目标、内容与任务要求编写而成。本教材共十二章，内容主要包括定量分析中的误差与数据处理、酸碱滴定、配位滴定、氧化还原滴定、沉淀滴定法和重量分析法、电位分析法、紫外－可见分光光度法以及色谱法等。同时还配有相应的实训操作，可培养学生动手操作技能。本教材为书网融合教材，即纸质教材有机融合电子教材、教学配套资源（PPT、微课、视频等）、题库系统、数字化教学服务，使教学资源更加多元化、立体化，促进学生自主学习。

本教材主要供全国高职高专院校食品营养与健康、食品检验检测技术、食品质量与安全专业师生使用，也可以作为其他相关专业教材或分析工作者的参考用书。

图书在版编目（CIP）数据

分析化学/姜斌，任丽英主编．—2版．—北京：中国医药科技出版社，2023.12

全国高等职业院校食品类专业第二轮规划教材

ISBN 978－7－5214－4301－1

Ⅰ.①分…　Ⅱ.①姜…　②任…　Ⅲ.①分析化学－高等职业教育－教材　Ⅳ.①O65

中国国家版本馆CIP数据核字（2023）第236030号

美术编辑　陈君杞

版式设计　友全图文

出版　**中国健康传媒集团**｜中国医药科技出版社

地址　北京市海淀区文慧园北路甲22号

邮编　100082

电话　发行：010－62227427　邮购：010－62236938

网址　www.cmstp.com

规格　889mm×1194mm $^{1}/_{16}$

印张　14 $^{3}/_{4}$

字数　425千字

初版　2019年1月第1版

版次　2024年1月第2版

印次　2024年1月第1次印刷

印刷　天津市银博印刷集团有限公司

经销　全国各地新华书店

书号　ISBN 978－7－5214－4301－1

定价　49.00元

出版说明

为了贯彻党的二十大精神，落实《国家职业教育改革实施方案》《关于推动现代职业教育高质量发展的意见》等文件精神，对标国家健康战略、服务健康产业转型升级，服务职业教育教学改革，对接职业岗位需求，强化职业能力培养，中国健康传媒集团中国医药科技出版社在教育部、国家药品监督管理局的领导下，通过走访主要院校，对2019年出版的“全国高职高专院校食品类专业‘十三五’规划教材”进行广泛征求意见，有针对性地制定了第二轮规划教材的修订出版方案，并组织相关院校和企业专家修订编写“全国高等职业院校食品类专业第二轮规划教材”。本轮教材吸取了行业发展最新成果，体现了食品类专业的新进展、新方法、新标准，旨在赋予教材以下特点。

1. 强化课程思政，体现立德树人

坚决把立德树人贯穿、落实到教材建设全过程的各方面、各环节。教材编写将价值塑造、知识传授和能力培养三者融为一体。深度挖掘提炼专业知识体系中所蕴含的思想价值和精神内涵，科学合理拓展课程的广度、深度和温度，多角度增加课程的知识性、人文性，提升引领性、时代性和开放性。深化职业理想和职业道德教育，教育引导学生深刻理解并自觉实践行业的职业精神和职业规范，增强职业责任感。深挖食品类专业中的思政元素，引导学生树立坚持食品安全信仰与准则，严格执行食品卫生与安全规范，始终坚守食品安全防线的职业操守。

2. 体现职教精神，突出必需够用

教材编写坚持“以就业为导向、以全面素质为基础、以能力为本位”的现代职业教育教学改革方向，根据《高等职业学校专业教学标准》《职业教育专业目录（2021）》要求，进一步优化精简内容，落实必需够用原则，以培养满足岗位需求、教学需求和社会需求的高素质技能型人才，体现高职教育特点。同时做到有序衔接中职、高职、高职本科，对接产业体系，服务产业基础高级化、产业链现代化。

3. 坚持工学结合，注重德技并修

教材融入行业人员参与编写，强化以岗位需求为导向的理实教学，注重理论知识与岗位需求 相结合，对接职业标准和岗位要求。在不影响教材主体内容的基础上保留第一版教材中的“学习目标”“知识链接”“练习题”模块，去掉“知识拓展”模块。进一步优化各模块内容，培养学生理论联系实践的综合分析能力；增强教材的可读性和实用性，培养学生学习的自觉性和主动性。在教材正文适当位置插入“情境导入”，起到边读边想、边读边悟、边读边练的作用，做到理论与相关岗位相结合，强化培养学生创新思维能力和操作能力。

4. 建设立体教材，丰富教学资源

提倡校企“双元”合作开发教材，引入岗位微课或视频，实现岗位情景再现，激发学生学习兴趣。依托“医药大学堂”在线学习平台搭建与教材配套的数字化资源(数字教材、教学课件、图片、视频、动画及练习题等),丰富多样化、立体化教学资源，并提升教学手段，促进师生互动，满足教学管理需要，为提高教育教学水平和质量提供支撑。

本套教材的修订出版得到了全国知名专家的精心指导和各有关院校领导与编者的大力支持，在此一并表示衷心感谢。希望广大师生在教学中积极使用本套教材并提出宝贵意见，以便修订完善，共同打造精品教材。

数字化教材编委会

主　编　姜　斌　任丽英

副主编　韩　丹　潘立新　潘　莹　蔺首睿

编　者　（以姓氏笔画为序）

王　莹（长春职业技术学院）

任丽英（安庆医药高等专科学校）

陈晓姣（长沙卫生职业学院）

姜　斌（山东医学高等专科学校）

唐　华（重庆市食品药品检验检测研究院）

韩　丹（重庆医药高等专科学校）

韩素平（山东医学高等专科学校）

曾燕茹（福建生物工程职业技术学院）

蔺首睿（长春医学高等专科学校）

潘　莹（滨州职业学院）

潘立新（山东药品食品职业学院）

前言

分析化学是食品类及其相关专业的一门重要的专业基础课程，是讲授分析化学基本理论和培养分析实训操作技能的一门课程。通过本课程的学习将为后续专业分析课程的学习打下坚实基础。

本教材在第一版的基础上进行了适当修订，修订后的教材，增加了第十一章液相色谱法，将原版教材中第十一章其他仪器分析法中的原子吸收分光光度法单独设为第十章，在第十二章其他仪器分析法中增加了荧光分析法。本版教材具有以下特点。

1. 教材编写以适应高等职业教育发展需要为导向，突出现代高职教育理念，充分体现“知识性、人文性、适应性、实用性和职业性”的课程要求。

2. 体现“实用为主，够用为度”的原则。教材内容包含食品类及其相关专业必备的基础知识，结合食品类及其相关专业的特点及后续专业课程的需要，打破学科体系，将课程内容进行有机整合，形成了以职业能力为主线，知识、能力和素质融为一体的新的教材结构。

3. 教材编写强化实践教学环节内容，突出高等职业教育特征，充分体现“工学结合”课程特色。在探究分析化学与食品检验类专业的关系中，增加了具有代表性的案例。选用的实训具有专业价值，以知识为基础，以能力为核心，结合学生的兴趣特点和认知水平，力求培养学生的创新精神和实践能力，体现以实践技能为主线的现代职业教育特色。

4. 编写模式有所创新，以“情境导入”，提出问题、分析问题。增加“学习目标”“案例分析”“本章小结”“实训项目”“练习题”等模块，以提高学生学习自主性，培养学生科学素养，增强学生的责任心，使内容具有启发性和互动性。

5. 本教材为书网融合教材，适应“互联网+”环境下信息传播趋势和教学改革创新的发展方向，拓展“网络性”是本教材的特色之一。除纸质教材外还配套数字化教学资源，包括“医药大学堂”平台的PPT、微课、演示实验、仪器操作以及题库等。实现纸质教材与数字教学资源无缝对接，更好地帮助教师教学和学生学习。

本教材参编人员及分工为：第一章和第十一章由姜斌编写，第二章由潘立新编写，第三章由王莹编写，第四章由任丽英编写，第五章由陈晓姣编写，第六章由曾燕茹编写，第七章由蔺首睿编写，第八章由唐华编写，第九章由韩丹编写，第十章由韩素平编写，第十二章由潘莹编写。同时每位老师负责相应章节的数字资源建设。全书由姜斌和任丽英统稿。

本教材主要供全国高职高专院校食品营养与健康、食品检验检测技术、食品质量与安全专业使用，也可作为其他相关专业教材或分析工作者的参考用书。

由于编者水平所限，难免存在不足之处，敬请批评指正。

编　者

2023年10月

目录

第一章

绪　论

PPT

学习目标

知识目标

1. 掌握　分析方法的分类和有关溶液浓度的表示方法及计算；三大强酸的安全使用方法。

2. 熟悉　实验室用水规格、实验试剂的分级和常用的安全标志。

3. 了解　分析化学的发展趋势和学习方法。

能力目标

1. 能运用实验用水的制备方法，根据不同的实验要求正确选择实验试剂及实验用水。

2. 能按照操作规范，安全使用三大强酸，具备独立进行相关实训的能力；熟悉实验室安全条例和注意事项。

素质目标

1. 通过本章的学习，树立安全、节约、爱护环境和保护环境的意识；培养理论联系实际、严谨求学的科学态度；通过对化学安全知识的学习，提高应对化学实验室突发情况的能力；激发热爱科学的兴趣和努力钻研的精神，并勇于创新。

2. 提升为人民服务的责任感。

3. 树立底线意识，加强自我管理。

情境导入

情境　实验室用水规格的国家标准 GB/T 6682—2008《分析实验室用水规格和试验方法》，规定了实验室用水的级别、技术要求和实验方法，适用于化学分析和无机痕量分析等实验用水。实验用水分成三个等级：一级水、二级水和三级水，可根据实际工作需要选用不同级别的水。一级水用于有严格要求的微量和超微量分析试验，如高效液相色谱分析用水。一级水可用二级水经过石英设备蒸馏或交换混床处理后，再经 0.2μm 微孔滤膜过滤来制取。二级水用于痕量分析等试验，如原子吸收光谱分析用水。二级水可用多次蒸馏或离子交换等方法制取。三级水用于一般化学分析试验。

思考　1. 如何制备纯化水？

2. 食品理化检验使用的纯化水与化学实验使用的纯化水是否相同？若不相同，两者之间有何区别？

第一节 概 述 微课

一、分析化学的任务和作用

分析化学是研究物质化学组成、含量、结构和形态等化学信息的有关理论和技术的一门学科，是化学领域的一个重要分支。分析化学的内容包括定性分析、定量分析和结构分析，其主要任务是鉴定物质的化学组成、测定有关组分的相对含量以及确定物质的化学结构或存在形态。

分析化学作为研究物质组成及其变化规律的重要方法之一，已经渗透到国民经济、工农业生产和科学研究的各个方面，发挥着不可替代的重要作用。例如，在食品科学、医药学、生物学、农业科学、海洋学等学科中，都需要分析化学提供技术与信息支撑。分析化学常作为一种手段广泛应用于化学学科本身的发展以及与化学有关的各学科领域中，无论是工农业生产的原料选择、生产过程的控制与管理、成品的质量检验，还是新技术的探索应用、新产品的开发研究等，都要以分析结果作为参考依据，它是一门社会极为需要的实用学科，素有工农业生产和科学研究的“眼睛”之称。在食品专业领域，食品营养与检测、食品添加剂的分析、食品中农药残留成分的测定都需要以分析化学为基础。

二、分析方法的分类

分析化学内容十分丰富，应用及其广泛，分析方法与分析手段多种多样。分析方法通常按照测定原理和操作方法、取样量或组分含量、分析工作性质和要求等不同来分类。根据分析任务可以分为定性分析、定量分析和结构分析；根据分析对象可以分为无机分析和有机分析。以下主要介绍三种分类方法。

（一）化学分析法和仪器分析法

根据测定原理和操作方法的不同，一般分为化学分析法和仪器分析法两大类方法。

1. 化学分析法 以物质的化学反应为基础的分析方法称为化学分析法。化学分析法历史悠久，又称为经典分析法，主要包含重量分析法和滴定分析法。

重量分析法是被测物质通过物理或化学反应将试样中待测组分与其他组分分离，然后用称量的方法测定该组分的含量。此法准确度较高，但操作较为繁琐。

滴定分析法是根据已知准确浓度的试剂溶液与被测物质按照一定的计量关系完全反应时，所消耗的体积及其浓度来计算被测组分含量的方法。按照标准溶液与被测物质反应的类型不同，可分为酸碱滴定法、沉淀滴定法、配位滴定法和氧化还原滴定法。

滴定分析法应用范围广泛、所用仪器简单、操作简便、分析结果准确，但不能满足快速分析的要求，对试样中微量组分的分析不灵敏，需要用仪器分析方法来解决。

2. 仪器分析法 是以测定物质的物理或物理化学性质为基础的分析方法。根据物质的某种物理性质（如密度、折光率、沸点、熔点、颜色等）与组分的关系，不经化学反应直接进行定性、定量或结构分析的方法，称为物理分析法；根据被测物质在化学反应中的某种物理性质与组分之间的关系，而进行定性或定量分析的方法，称为物理化学分析法。

由于在测定中需要用到特定仪器，故称为仪器分析法。

仪器分析具有灵敏、快速、准确及自动化程度高等特点，发展迅速，应用广泛。仪器分析法主要有以下三种方法。

（1）电化学分析法 电化学分析法是根据被测物质的电化学性质建立的分析方法。主要有电势分析法、电导分析法和毛细管电泳法等。

（2）光学分析法　光学分析法是根据被测物质的光学性质建立的分析方法。一般分为吸收光谱法、发射光谱法和旋光分析法等。

（3）色谱法　色谱法是利用被测样品中各组分分配系数不同而进行分离的分析方法。一般分为液相色谱法、气相色谱法和高效液相色谱法等。

目前，食品理化检验中大量使用仪器分析法。

（二）常量分析、半微量分析、微量分析和超微量分析

根据分析时试样用量的多少，分析方法也可进行如表 1－1 所示的分类。

表 1－1　各种分析方法的试样用量

分析方法	试样量（固体）	试样量（液体）
常量分析	>0.1g	>10ml
半微量分析	0.1～0.01g	10～1ml
微量分析	10～0.1mg	1～0.01ml
超微量分析	<0.1mg	<0.01ml

此外，还可根据被测组分含量高低不同，分为常量组分（含量>1%）、微量组分（含量 0.01%～1%）和痕量组分（含量<0.01%）分析，见表 1－2。有时测定痕量组分要取大量试样，因此痕量组分分析不一定是微量分析或超微量分析，两类方法不要混淆。

表 1－2　各种分析方法的组分含量

分析方法	常量组分	微量组分	痕量组分
组分含量	>1%	0.01%～1%	<0.01%

化学分析法一般适用于常量分析或半微量分析，仪器分析法通常适用于微量分析或超微量分析。

（三）例行分析和仲裁分析

1. 例行分析　指一般实验室或质量控制部门在日常生产或工作中的分析，也称常规分析。有时为控制生产正常进行需要迅速报出分析结果，这种例行分析也被称为快速分析或中控分析。

2. 仲裁分析　是指在对分析结果存在争议时，不同单位要求有关权威部门用法定或公认的方法进行准确的分析，以仲裁原分析结果的可靠性。

三、分析化学的发展趋势

分析化学在工农业生产、国防、科学研究、医药卫生、资源勘查和环境检测等方面有极为重要的作用。

分析化学是化学学科中最早发展起来的分支之一。在远古时代，人们直接或间接地使用各种分析手段和检验方法进行分析，比如如何在烧制陶瓷中识别黏土、高岭土及各种瓷釉的矿物颜料，如何在冶炼金属中对矿物、岩石进行选择和结合的鉴定等。随着社会的进步，科学技术的创新发展和相关学科间的相互渗透，分析化学理论和技术也日益发展和成熟起来。

分析化学作为一门独立成熟的化学学科，其发展大致经历了三次巨大的变革：第一次变革大约是在 20 世纪初期。物理化学中溶液理论的发展，为分析化学提供了理论基础。人们利用溶液四大平衡理论、动力学理论和各种实验方法等，深入研究了沉淀的生成和共沉淀现象，提出了均匀沉淀法，合成了大量酸碱指示剂、氧化还原指示剂及吸附指示剂，同时对指示剂作用原理、滴定曲线和终点误差等理论进行

了探索。化学分析法得以迅速发展成为系统理论和方法并得以完善，使分析化学真正发展成为一门科学。该时期可以称为分析化学与物理化学相结合的时代。

20 世纪中期，分析化学又经历了第二次变革，物理学和电子学的发展，要求分析化学能提供各种非常灵敏、准确而快速的分析方法。于是，以物质的物理性质或物理化学性质为基础的仪器分析方法开始出现，促进了分析化学中物理和物理化学分析方法的建立和发展。该时期可以称为分析化学与物理学、电子学相结合的时代。

自 20 世纪 70 年代末至今，面对生命科学、环境科学、材料科学、宇宙科学以及其他科学和生产实际提出的新的任务和要求，产生了以与数学、生物学和计算机科学等学科相结合为特征的分析化学的第三次变革。分析化学已不再仅仅局限于测定物质的组成及含量，同时，还要求能够对物质进行形态分析、结构分析、活性分析、微区分析等，还可以进行瞬时跟踪、无损检测、在线监测等过程控制。另一方面，生物技术、通信技术和计算机技术的引入，尤其是基因组学、蛋白组学和代谢组学研究的出现，为分析化学建立高灵敏性、高准确性、高选择性、自动化或智能化的新方法创造了良好条件，从而丰富了分析化学的内容，使其有了飞速发展。仪器分析的发展和化学计量学的广泛应用，使得分析化学发展成为“以计算机为基础的分析化学”。色谱与质谱及各种光谱联用技术正日益完善和发展，成为对复杂体系中各组分进行同时定性、定量分析的最有力工具。为实现分析的超微型化、集成化，“芯片实验室”的研究正方兴未艾，并广泛应用于整个生命科学领域。分析化学与许多密切相关的学科渗透交叉，对物质进行全面深入的分析，进而成为一门综合性的学科。

现代科学技术的飞速发展给分析化学提出了越来越高的要求，同时由于各学科向分析化学的渗透提供了新的理论、方法和手段，分析化学必将得到更加快速发展。

（一）分析仪器继续朝着智能化方向发展

工业发展和科学研究越来越需要分析自动化。如生产分析控制要求自动化，环境监测中连续监测、自动控制污染物需要自动化；对大气和外行星的组成进行现场研究，从非破坏性采样、分析、处理数据到传输结果报告，需要全程自动化等。而电子技术和计算机科学的飞速发展使仪器分析的自动化、智能化已变为现实。许多仪器配备了计算机或微处理器，完整的实验室计算机系统已出现，随着计算机技术（纳米碳管计算机、光子计算机、量子计算机）以及其他科学的不断发展，分析仪器与计算机紧密结合，不断强化软件功能，实现联网运作，创建虚拟仪器和共享全球资源的虚拟实验室将是必然的发展趋势。

（二）多种仪器分析技术相互结合联用将是仪器分析发展的重要方向

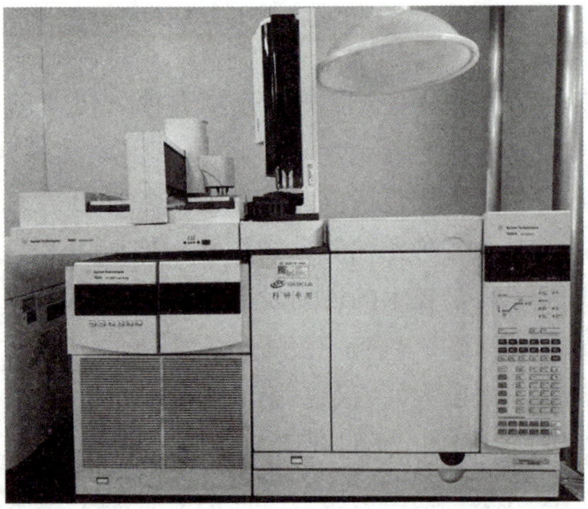

图 1－1 气质联用仪

多种仪器联用，相互取长补短，能为物质的组分或结构分析提供必要的、充分的完整数据。目前，多种仪器的联用成为必然趋势，形成复合仪器、综合仪器，使分析更加全面、自动、快速。比如安捷伦公司的 7890A 气相色谱－质谱联用仪（图 1－1），既有气相色谱仪的分离效率高、又有质谱仪的鉴别能力强等优点，是仪器联用分析技术的典型。

（三）分析化学正在形成一门综合多学科的边缘科学

现代分析化学的作用已不再是简单地解决物质的定性和定量问题了，而是创立和应用各种方法、仪器和策略，以获得在时间和空间内有关物质的组成、结构和能源的信息，来促进科学、技术，乃至社会的发展。分析化学正朝着微型化、芯片化、实时化、原位化和信息化方向发展，它将成为最富有活力的多学科综合性科学（分析科学），必将继续为科技发展和人类进步做出突出贡献。

总之，随着科技的迅速发展，分析化学的理论将越来越成熟，分析手段越来越丰富，分析自动化程度越来越高，分析化学的应用和发展也将越来越广泛（图1－2），分析化学将快速、不断地向前发展。

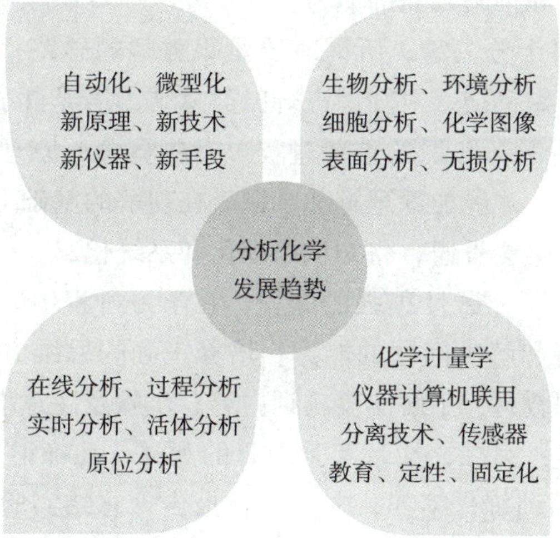

图1－2　分析化学发展趋势

知识链接

基体辅助激光解吸质谱法

“基体辅助激光解吸质谱法”是一种对生物分子进行确认和结构分析的新方法。利用激光照射成团的生物大分子，可成功将生物大分子完整地相互分开，并电离，再用飞行时间质谱来测量。这一方法解决了世界上两大难题：一是解决了成团的生物分子的结构和成分不受破坏地拆成单个分子的难题；二是解决了用飞行时间质谱来测量分子量大到50万～60万的生物大分子的难题。人类通过对蛋白质的详细分析，从而加深对生命进程的了解，使新药开发发生了革命性的变化，并在食品控制、疾病的早期诊断等领域有着广泛的应用。

以上事实，说明仪器分析工作者（用仪器）与分析仪器（生产仪器）之间的关系。更能说明分析仪器与仪器分析必须紧密结合、相互促进，这个问题，必将引起广大分析仪器工作者的极大关注。

四、分析化学课程的学习方法

分析化学是一门实践性很强的学科，是以实验为基础的学科。它是高等医学院校食品类专业开设的一门重要专业基础课。分析化学的内容是根据食品类专业的特点及需要选定的，融汇了高职高专食品类教育所需的化学分析和仪器分析等化学基本知识、基本原理及基本方法。课程内容以实用、够用为度，突出职业性、实用性和应用性的特点，为学习后续专业课程如食品生物化学、食品理化检验等奠定基础。通过本课程的学习，使学生掌握与专业相关的化学基础知识、实验基本操作技能和良好的科学思维方式，培养严谨、求实的实验作风和科学态度，树立准确的“量”的概念，提高分析问题和解决问题的能力以及综合素质，为学生职业生涯的学习和从事食品生产、检验和储存等工作积累知识和技能经验。

定量分析方法是分析化学的重要组成部分，其任务是准确测定试样中有关组分的相对含量。

要学好分析化学应做到以下几点。

1. 端正态度 正确认识本课程在职业生涯中的地位及作用，转变学习思维及习惯，掌握高效科学的学习方法。分析化学的某些理论知识比较抽象，难以理解，这就要求在学习中做好课前预习，不断培养对课程的兴趣，提高逻辑思维和推理判断的能力。

2. 认真听课 上课认真听讲十分关键，听课时要紧跟教师的思路，勤于思考，积极地参与课堂活动，抓住重点、突破难点；及时做笔记，对知识进行归类总结，培养自学能力和思考能力。

3. 课后复习 复习是掌握所学新知识的重要过程。有些概念、原理比较抽象，需要经过反复思考并应用原理来说明或解决问题后，才能加深理解和掌握。在理解的基础上，强化记忆重要基本概念、基本原理和计算公式，灵活运用，融会贯通，将知识条理化和系统化。

4. 重视实践 分析化学是一门实践性很强的课程，在学习过程中要理论与实际相结合，加强实验训练。注重培养动手能力、分析和解决问题的能力，培养正确的思维方式、严谨的科学态度和工作作风。要求课前认真阅读实验实训教材，了解实验实训内容、步骤及注意事项，写好预习报告。在实验中要做到：第一，多动手，勤思考；第二，注意实验现象的观察，准确记录实验现象和实验数据；第三，加强分析化学的基本操作技能的训练；第四，书写实验报告，总结实验中的经验和教训。通过实验训练，具备能利用分析化学知识解决相关的实际问题和进行独立分析的能力，为后续专业课程打下坚实的基础。

5. 培养自学能力 提倡学生自主学习，培养自学能力。知识的创造速度非常快。当今社会提倡终身教育理念，需要不断地学习、更新知识来适应社会的发展，创造性地解决实际问题。掌握知识是提高自学能力的基础，而提高自学能力又是掌握知识的重要条件，两者相互促进，因此，培养自学能力是非常重要的。

对于分析化学的学习，不仅要学习基本知识、原理和方法，自由遨游在化学知识的海洋中，更主要的是培养科学的思维方式，提高分析问题、解决问题的能力与创新能力，为今后学习、工作打下牢固的基础。

第二节　定量分析的一般步骤

分析的过程一般包括采集试样、试样预处理、试样的分析测定、分析结果的表示及评价四个步骤。

1. 采集试样 定量分析取样一定要具有代表性，确保分析结果的科学性、真实性，分析测定的试样必须坚持客观、随机、均匀和合理的取样原则。一般要从大量样品中取出少量试样，因此，必须采用科学取样法，从大批原始试样的不同部分、不同深度选取多个取样点采样，然后混合均匀，从中取出少量样品作为分析试样进行分析。如鲜乳、饮料或植物油等，充分混匀后采取一定量的样品混合，不便混匀的可采用虹吸法分层取样，每层各取约500ml，装入小口瓶中混匀，再分取缩减至所需数量。采样是食品分析的首项工作，采样的正确与否是检验工作成败的关键。

2. 试样预处理 定量分析一般采用湿法分析，需要将试样进行分解，使待测组分定量地转入溶液中才能进行分析。根据试样性质采用不同的分解方法。分解试样的方法很多，如溶解法和熔融法。

（1）溶解法　是指采用适当的溶剂将试样溶解后制备成溶液的方法，常用的溶剂有水、酸、碱和有机溶剂等。一般先选用水，不溶于水的试样可根据其性质选用适当的酸，如盐酸、硝酸、磷酸、硫酸、高氯酸、氢氟酸及混合酸；或选用适当的碱，如氢氧化钠、氢氧化钾等；不溶于水的有机化合物常用甲醇、乙醇、三氯甲烷、苯、甲苯等有机溶剂。

（2）熔融法　是指将试样与固体溶剂混匀后置于特定材料制成的坩埚中，在高温下熔融，将试样分解成易溶于水或酸的化合物。根据加入的熔剂不同，可以分为酸熔法和碱熔法。前者用 $K_2S_2O_7$、$K_2Cr_2O_7$ 和 $KHSO_4$ 为熔剂，后者用 Na_2CO_3、K_2CO_3、Na_2O_2、NaOH、KOH 为熔剂，用于对酸性试样的分解，如使用碳酸钠或碳酸钾，两者混合物加热可达700℃，适用于分解铝含量高的硅酸盐。

分解试样时要求试样分解完全，待测组分不损失，不引入干扰物质。对于组成比较复杂的试样，在测定某一组分时，共存的其他组分有干扰，需在分析前将干扰组分进行分离或掩蔽。常用的分离方法有：挥发法、沉淀法和萃取法等。

3. 试样的分析测定　根据被测组分的性质、含量和测定的目的要求，结合实验室的具体条件，选择适当的分析方法进行含量测定。例如，自来水中钙、镁离子的含量测定，一般采用化学分析法；而矿泉水中微量锌的测定，常采用仪器分析法。在实际工作中，测定前必须对所用仪器或测量系统进行校正，对试样进行多次平行测定，原始测量数据要做到真实、完整、清晰、不得涂改。

4. 分析结果的表示及评价　根据分析过程中的测量数据，计算得到定量分析结果，并对分析结果及其误差用统计学方法进行处理和评价。

分析结果通常以待测组分实际存在形式的含量表示。如果待测组分的实际存在形式不明确，则以元素或其氧化物的含量来表示分析结果。如在金属材料和有机分析中常以元素（Ca、Mg、Al 等）的含量来表示分析结果，电解质溶液常以离子的含量表示。对于气体试样中待测组分的含量常用体积分数表示。液体试样中待测组分的含量常以物质的量浓度、质量浓度和体积分数等表示。固体试样常以质量分数表示，在食品分析中也可用含量百分数表示。

根据分析过程的测量数据，计算测定结果，运用统计学的原理和方法对提供的信息进行有效处理，科学合理地对测定结果的可靠性作出分析判断。

第三节　分析化学实验基础知识

一、实验用水

在分析化学实验中，实验用水是实验质量控制的一个重要因素，尤其是微量分析对水质有更高的要求。用于溶解、稀释和配制溶液的水都必须先经过净化。根据分析的任务和要求的不同，对水的纯度要求也不相同。实验用水是分析实验中最常用的溶剂和洗涤剂，其并非绝对不含杂质，只是杂质的含量极少。日常生活用水中含有可溶性无机物、可溶性有机物及微生物，所以实验前必须要对水进行预处理，将水中的杂质控制在一定的限量范围以内。对于一般的分析实验，采用一次蒸馏水或去离子水即可；而对于超纯分析或精密实验，则要求水质更高的二次蒸馏水、三次蒸馏水、无二氧化碳蒸馏水、无氨蒸馏水等。

（一）实验用水规格

我国制定了实验室用水的国家标准——《分析实验室用水规格和试验方法》（GB/T 6682—2008），将实验用水分成三个等级：一级水、二级水和三级水。根据不同的实验目的和要求，应选用不同纯度的水。实验室用水的检测指标见表 1－3。

表 1－3　分析实验室用水规格

指标名称	一级	二级	三级
pH 范围（25℃）	—	—	5.0～7.5
电导率(25℃)(mS/m)	≤0.01	≤0.10	≤0.50
可氧化物质(以 O 计)(mg/L)	—	—	<0.4
吸光度（54nm，1cm 光程）	≤0.001	≤0.01	—
蒸发残渣(105℃ ±2℃)(mg/L)	—	≤1.0	≤2.0
可溶性硅(以 SiO_2 计)(mg/L)	<0.01	<0.02	—

注：（1）由于在一级水、二级水的纯度下难以测定其真实的 pH，因此对一级水、二级水的 pH 范围不做规定。
（2）一级水、二级水的电导率需用新制备的水在线测定。
（3）由于在一级水的纯度下难以测定可氧化物质和蒸发残渣，故对其限量不做规定。可用其他条件和制备方法来保证一级水的质量。
（4）"—"表示未检测此项。
GB/T 6682—2008 只规定了一般技术指标，在实际工作中，有些实验对水有特殊要求，还要检查有关项目，如 Cl^-、Fe^{3+}、Cu^{2+}、Zn^{2+}、Pb^{2+}、Ca^{2+}、Mg^{2+} 等离子。

（二）纯水的制备方法

制备实验室用水的原水应当是饮用水或其他适当纯度的水。制备方法主要有蒸馏法、离子交换法和电渗析法等。

1. 蒸馏法　蒸馏水是实验室最常用的一种纯水，一般为三级水，使用蒸馏器制得，通常将原水在蒸馏装置上加热气化，然后将蒸汽冷凝以后所得到的水称为蒸馏水。蒸馏法设备成本低、操作简单，但是能耗较高、产率低。而且只能除去水中的非挥发性杂质，不能除去水中的气体和少量的金属离子，如二氧化碳和一些低沸点易挥发的物质。因蒸馏装置的材料不同，蒸馏水所带的杂质也不相同。

2. 离子交换法　应用离子交换树脂分离出水中杂质离子的方法称为离子交换法，离子交换法制得的水称为去离子水，一般为三级水。这种水的纯化程度较高，设备简单、操作简便、成本低、产量大。离子交换法能除去水中绝大部分盐类、游离酸和碱，但水中仍然存在可溶性的有机物和非电解质。要获得既无电解质又无微生物等杂质的纯水，还需要将离子交换水再蒸馏一次。为了消除杂质和提高实验室中离子交换树脂的利用率，应以普通蒸馏水代替自来水进行离子交换处理。

3. 电渗析法　是在外电场的作用下，利用阴、阳离子交换膜对溶液中离子的选择性透过而使溶质和溶剂分离，得到的净化水。此方法除去杂质的效率较低，适用于低要求的分析工作。与离子交换法类似，电渗析法也不能除掉非离子型杂质，但电渗析器的使用寿命比离子交换柱长，再生处理比离子交换柱简单。

在定量化学分析实验中，主要使用三级水，有时需将三级水加热煮沸后使用，特殊情况下也使用二级水。仪器分析实验中主要使用二级水，有的实验还需使用一级水。

（1）三级水制备　三级水是最普遍使用的纯水，适用于一般的化学分析，可用蒸馏、离子交换或电渗析的方法制得。过去多采用蒸馏法制备，故通常称为蒸馏水。但为节省能源和减少污染，目前多改用离子交换法及电渗析法制备。

（2）二级水制备　二级水用于无机痕量分析、仪器分析等实验，可含有微量的无机、有机或胶态杂质，可采用蒸馏、反渗透或去离子后再经蒸馏等方法制备。

（3）一级水制备　可用二级水经过石英设备蒸馏或离子交换混合床处理后，再经过 0.2μm 微孔滤膜过滤制备。一级水用于有严格要求的分析化学实验如色谱实验，包括对颗粒有要求的实验。一级水基本不含有溶解或胶态离子杂质及有机物。

二、实验试剂

（一）实验试剂的分级

试剂的纯度影响着实验结果的准确性，不同的实验对实际的纯度要求也不相同。一般实验室所用的化学试剂分为四级：优级纯、分析纯、化学纯及实验试剂，见表1-4。

表1-4 国家标准规定化学试剂的级别和适用范围

级别	名称	符号	标签颜色	适用范围
一级	优级纯（保证试剂）	GR	绿色	纯度很高，适用于精密分析和科研工作
二级	分析纯（分析试剂）	AR	红色	纯度仅次于一级，适用于一般分析实验和科学研究工作
三级	化学纯	CP	蓝色	纯度较二级差，适用于一般化学实验
四级	实验试剂	LR	黄色	纯度较低，实验辅助试剂或用于一般制备

此外，根据特殊的工作要求，还有一些特殊的纯度标准。例如光谱纯、荧光纯、半导体纯等。取用时应按不同的实验要求选用不同规格的试剂。例如一般无机实验用三级试剂即可，分析实验则须取用纯度较高的二级甚至一级试剂。

（二）化学试剂的选择和取用

试剂的配制应该按照节约的原则，根据实验的具体情况，如分析方法的灵敏度和选择性、分析对象的含量及对分析结果准确度的要求，合理地选用相应级别的试剂。

（1）滴定分析中常用的标准溶液应选择分析纯试剂配制，基准试剂标定。在某些情况下，也可用优级纯或分析纯代替基准试剂标定，如对分析结果要求不高的实验。滴定分析中所用的其他试剂一般为分析纯试剂。

（2）如果所做实验对杂质含量要求高，应选择优级纯试剂；如果只对主体含量要求高，则应选用分析纯试剂。

（3）仪器分析实验中一般选用优级纯或专用试剂，测定微量成分时应选用高纯试剂。

（4）在一般无机化学实验中，化学纯的试剂已经可以符合实验要求。

为防止试剂受到污染，保证实验结果的准确性，在取用试剂时应注意遵守以下规则：①试剂不能与手接触。②要用洁净的药勺、滴管或量筒取用试剂，不用同一种工具同时连续取用多种试剂。取完一种试剂后，应将工具洗净（药勺要擦干），方可取用另一种试剂。③试剂取用后立即将瓶塞盖紧，用完后将瓶放回原处。④已取出的试剂不能再放回原试剂瓶内。

取用试剂时应本着节约精神，尽可能少用，这样既便于操作和仔细观察现象，又能得到较好的实验结果。

固体粉末试剂可用洁净的牛角勺取用。取用一定量的固体时，要将固体放在称量纸上或表面皿上称量。

（三）三大强酸的安全使用

1. 三大强酸 浓硫酸、浓硝酸、浓盐酸是实验室常用的三大强酸，广泛应用于样品的消解以及配制可用于酸度调节的稀溶液。这三种强酸均具有强腐蚀性等特点，所以务必做好实验室三大强酸的使用与储存管理，制定相应的安全防范措施。

（1）浓硫酸（H_2SO_4） 实验常用的浓硫酸为分析纯浓硫酸，市售浓 H_2SO_4 质量分数为98.3%，密度为1.84g/ml，物质的量浓度约为18.4mol/L。浓 H_2SO_4 为无色无味、呈油状的液体，极易溶于水，混合时水合作用极其强烈，并放出大量的热。因此，在稀释浓 H_2SO_4 时，必须遵守操作规程，在不断搅

拌下将浓 H_2SO_4 缓缓地倾入水中，而绝不能将水倾入浓 H_2SO_4 中，否则浓 H_2SO_4 会因剧烈的水合作用而暴沸，导致烫伤。浓 H_2SO_4 具有强腐蚀性、强氧化性、脱水性等特点。因浓硫酸具有强烈的脱水性，能将某些有机物分子中的 H 和 O 按水的组成脱去，使有机物炭化，因此浓 H_2SO_4 能严重破坏动植物组织，如损坏衣物、烧伤皮肤，使用时应注意安全。因其具有吸水性，故常用作干燥剂，是重要的基本化学化工原料。是三大强酸中密度最大的酸。

（2）浓硝酸（HNO_3） 纯 HNO_3 是有刺激性气味的无色液体，市售浓 HNO_3 质量分数为 68% ~ 70%，密度约为 1.42g/ml，物质的量浓度为 16mol/L，沸点为 83℃，易挥发，能与水按任意比例混溶，混溶时与浓 H_2SO_4 相似会释放出大量的热量。硝酸具有强氧化性和腐蚀性，浓 HNO_3 遇光或受热会发生分解而放出二氧化氮，溶液逐渐变黄，使外观带有浅黄色。

（3）浓盐酸（HCl） 实验室常用分析纯浓盐酸，市售浓 HCl 质量分数为 37%，密度为 1.19g/ml，物质的量的浓度约为 12mol/L。浓盐酸的挥发性极强，当打开浓盐酸容器后可闻到强烈的刺激性气味，浓盐酸具有强腐蚀性。

2. 三大强酸安全使用注意事项

（1）实验室制定安全操作规程，必须进行安全知识培训，严格按照操作规程作业。

（2）使用和处置必须在通风橱中进行，并且做好个人防护，佩戴口罩避免吸入蒸气；佩戴化学防溅眼镜、戴橡胶手套，避免眼部和皮肤接触。

（3）使用硫酸、硝酸、盐酸的工作场所严禁吸烟，避免与 CH_3CH_2OH、CH_3COCH_3、$NH_3 \cdot H_2O$、NaOH、Na_2CO_3、$CH_3COOCH_2CH_3$ 及金属粉末等禁配物接触。

（4）浓硫酸溶解过程中放出大量的热，因此稀释浓硫酸的容器要放在盛有冷水浴的盆中，使稀释过程中的热量及时散发。

（5）浓硫酸有脱水性，使有机物脱水后生成黑色的炭化物，并产生二氧化硫，所以实验一定要在通风橱内进行。

（6）夏季打开硝酸、盐酸瓶塞时，要先用流水冷却，在开启时瓶口不能对着自己和他人。

（7）倒空的试剂瓶或容器有残留物，洗涤干净，空试剂瓶要统一处理，以免发生意外事故。

（8）在搬运过程中要轻装轻卸，避免容器和包装物的损坏。

（9）应当配备与相应品种及数量相适应的消防器材。

3. 三大强酸储存注意事项

（1）要储存于通风、阴凉、干燥的地方，远离火源与热源，条件允许时可加装通风设施。

（2）应当与易燃易爆物品、碱类、金属粉等物品分开存放，切忌混储；浓硝酸应当在棕色试剂瓶中盖好玻璃塞于避光、低温处保存，避免受到光照而分解释出有毒的气体 NO_2。

（3）要有严格的购置、储存、领用制度并有详细记录制度。

三、常用溶液浓度的表示方法

溶液浓度是指一定量的溶液或溶剂中所含溶质的量。在分析化学中，常用的溶液浓度有以下几种表示方法。

1. 物质的量浓度 单位体积的溶液中含溶质 B 的物质的量。即溶质 B 的物质的量 n_B 除以溶液的体积 V，用符号 c_B 或 $c(B)$ 表示。

$$c_B = \frac{n_B}{V} \tag{1-1}$$

式中，物质的量浓度 c_B 的 SI 单位为 mol/m^3，实际工作中常用的单位是 mol/L、mmol/L 等。

例 1 - 1　500ml 的盐水中含有 4.5g 氯化钠，求此氯化钠溶液的物质的量浓度。

解：

$$n_{NaCl}=\frac{m_{NaCl}}{M_{NaCl}}=\frac{4.5g}{58.5g/mol}=0.07mol$$

$$c_{NaCl}=\frac{n_{NaCl}}{V}=\frac{0.07mol}{0.5L}=0.154mol/L$$

2. 质量分数　溶液中溶质 B 的质量 m_B 与溶液的质量 m 的比值，用符号 ω_B 或 ω（B）表示。

$$\omega_B=\frac{m_B}{m} \tag{1-2}$$

式中，m_B 和 m 单位相同，质量分数可以用小数或百分数表示。例如，市售浓硫酸的质量分数为 0.98 或 98%。

例 1 - 2　将 50.0g 葡萄糖溶于水，配制成 1000g 葡萄糖溶液，计算此溶液的质量分数。

解：

$$\omega_{C_6H_{12}O_6}=\frac{m_{C_6H_{12}O_6}}{m}=\frac{50.0g}{1000g}=0.05$$

3. 体积分数　溶液中溶质 B 的体积 V_B 与溶液的体积 V 的比值，用符号 φ_B 或 φ（B）表示。

$$\varphi_B=\frac{V_B}{V} \tag{1-3}$$

式中，V_B 和 V 的单位相同，体积分数可以用小数或者百分数表示。例如，消毒乙醇溶液的体积分数为 0.75 或 75%。

例 1 - 3　配制 500ml 医用消毒酒精溶液需纯乙醇 375ml，计算医用酒精溶液的体积分数。

解：

$$\varphi_{(乙醇)}=\frac{V_{(乙醇)}}{V}=\frac{375ml}{500ml}=0.75$$

4. 质量浓度　溶液中溶质 B 的质量 m_B 与溶液体积 V 的比值，用符号 ρ_B 或 ρ（B）表示。

$$\rho_B=\frac{m_B}{V} \tag{1-4}$$

式中，质量浓度的 SI 单位是 kg/m^3，实际工作中常用 g/L、mg/L 和 μg/L 表示。在使用时需要注意，溶液的质量浓度 ρ_B 与溶液的密度 ρ 的区别。

例 1 - 4　配制注射用的生理盐水 100ml，生理盐水中含有食盐 0.9g，求此生理盐水的质量浓度。

解：

$$\rho_{NaCl}=\frac{m_{NaCl}}{V}=\frac{0.9g}{100\times10^{-3}L}=9.0g/L$$

5. 质量摩尔浓度　溶液中溶质 B 的物质的量除以溶剂的质量 m_A，用符号 b_B 或 b（B）表示。

$$b_B=\frac{n_B}{m_A} \tag{1-5}$$

式中，质量摩尔浓度 b_B 的 SI 单位是 mol/g 或 mol/kg。

例 1 - 5　将 2.76g 甘油溶于 100ml 水中，计算此溶液的质量摩尔浓度。

解：

$$b_{C_3H_8O_3}=\frac{n_{C_3H_8O_3}}{m_{H_2O_2}}=\frac{2.76g}{92.0g/mol\times0.1kg}=0.300mol/kg$$

6. 摩尔分数　溶液中溶质 B 的物质的量 n_B 与溶液中各物质的量之和 n 的比值，用符号 x_B 或 x（B）表示。

$$x_B = \frac{n_B}{n} \quad (1-6)$$

如果溶液仅由溶质 B 和溶剂 A 组成，则：

$$x_B = \frac{n_B}{n} = \frac{n_B}{n_A + n_B} \quad (1-7)$$

显然

$$x_B + x_A = 1 \quad (1-8)$$

摩尔分数量纲为 1，没有单位，可以用小数或百分数表示。

例 1-6 将 10g NaCl 溶于 90g 水中配成溶液，计算此溶液中 NaCl 和水的摩尔分数。

解：根据 $n_B = \frac{m_B}{M_B}$，得：

$$n_B = \frac{m_B}{M_B} = \frac{m_{NaCl}}{M_{NaCl}} = \frac{10g}{58.5g/mol} = 0.17mol$$

$$n_A = \frac{m_A}{M_A} = \frac{m_{H_2O}}{M_{H_2O}} = \frac{90g}{18g/mol} = 5.00mol$$

$$x_{NaCl} = \frac{n_B}{n} = \frac{n_{NaCl}}{n_{NaCl} + n_{H_2O}} = \frac{0.17mol}{(0.17 + 5.00)mol} = 0.03$$

$$x_{H_2O} = 1 - x_{NaCl} = 1 - 0.03 = 0.97$$

常用溶液浓度的表示方法可以归纳为两大类：一类为质量类浓度，包括质量分数 ω_B、质量摩尔浓度 b_B 等，它们表示了溶液中溶质和溶剂（或溶液）的相对质量；另一类为体积类浓度，包括物质的量浓度 c_B、质量浓度 ρ_B 等。在实际工作中，同一种溶液可以用不同的浓度方法来表示，且同一种溶液的不同浓度表示方法之间可以相互换算。

四、溶液浓度之间的换算

根据实际工作的需要，可选择不同的方法来表示同一溶液的浓度，所以经常涉及溶液浓度之间的换算。

（一）物质的量浓度 c_B 与质量浓度 ρ_B 之间的关系

$$c_B = \frac{\rho_B}{M_B} \quad 或 \quad \rho_B = c_B M_B \quad (1-9)$$

式中，M_B 为物质 B 的摩尔质量。

例 1-7 生理盐水（NaCl）注射液的 $\rho_B = 9.0g/L$，计算该注射液的物质的量浓度。

解：

$$c_{NaCl} = \frac{\rho_{NaCl}}{M_{NaCl}} = \frac{9.0g/L}{58.5g/mol} = 0.154mol/L = 154mmol/L$$

（二）物质的量浓度 c_B 与质量分数 ω_B 之间的关系

$$c_B = \frac{\rho\omega_B \times 1000}{M_B} \quad (1-10)$$

式中，ρ 为溶液的密度，单位为 g/ml。

例 1-8 市售浓硫酸的密度 ρ 为 1.84g/ml，质量分数为 98%，计算此溶液的物质的量浓度和质量摩尔浓度。（$M = 98.07g/mol$）

解：（1） $\rho_{H_2SO_4} = 1.84 \times 98\% \times 1000 = 1800g/L$

$$c_{H_2SO_4}=\frac{1.84\times98\%\times1000}{98.06}=18.4\text{mol/L}$$

（2）98%硫酸溶液，即每100g溶液中含 H_2SO_4 为98g，含水2g，则：

$$b_{H_2SO_4}=\frac{\frac{98\text{g}}{98\text{g/mol}}}{2\text{g}}=0.5\text{mol/g}=500\text{mol/kg}$$

在实际工作中常用浓度低的溶液，配制时向浓溶液中加入一定量的溶剂使溶液浓度降低的操作称为溶液的稀释。计算依据是稀释前后溶液中所含溶质的量不变，使用时要注意等式两边单位一致。

例1-9 如何将市售体积分数为95%乙醇配制成体积分数为75%乙醇（消毒酒精）1000ml？

解： 根据稀释公式 $c_1V_1=c_2V_2$，得：

$$V_1=\frac{75\%\times1000\text{ml}}{95\%}=790\text{ml}$$

答：使用量筒量取95%乙醇790ml，加入纯化水稀释至1000ml混匀即可。

知识链接

实验室中意外事故的急救处理

实验室内应备有急救药箱，以备发生事故临时处理。急救药箱内应备有碘酒、75%乙醇、双氧水、饱和 H_3BO_3 溶液、2%乙酸溶液、饱和 $NaHCO_3$ 溶液、烫伤药膏、创可贴、消毒棉球、纱布、绷带、剪刀、镊子等。

1. 一般割伤 保持伤口干净，不能用水洗涤或触摸，应用酒精棉清除伤口周围的污物，涂上外伤膏或消炎粉。若严重割伤，可在伤口上部10cm处用纱布扎紧，减慢流血速度，并立即送医诊治。

2. 强酸腐伤 先用大量水冲洗，然后用饱和 $NaHCO_3$ 溶液洗，最后用清水冲洗。如果酸溅入眼内，应立即用大量清水冲洗，及时送医诊治。

3. 强碱腐伤 立即用大量水冲洗，然后用饱和 H_3BO_3 溶液或2%乙酸溶液清洗，最后用水清洗。如果碱溅入眼内，立即用大量水冲洗，再用饱和 H_3BO_3 溶液冲洗。

4. 烫伤 若有水泡，不要弄破水泡，在伤口处用75%乙醇轻涂伤口，涂上烫伤膏，用纱布包扎。若伤处已破，可涂抹紫药水或10g/L $KMnO_4$ 溶液。

5. 磷烧伤 用10g/L $CuSO_4$ 或浓 $KMnO_4$ 溶液处理伤口后，及时送医诊治。

6. 氢氟酸灼伤 立即用六氟灵保护剂冲洗，若没有六氟灵，先用大量水冲洗，然后涂抹葡萄糖酸钙，并立即送医诊治。

7. 触电事故 应立即关闭电闸，切断电源，尽快利用绝缘物（如干木棒、竹竿等）将触电者与电源隔离。

8. 中毒 溅入口中而尚未下咽的毒物应立即吐出，用大量水冲洗口腔；如已吞下毒物，应根据毒物性质服用解毒剂，并立即送医诊治。

（1）气体中毒 吸入 H_2S 或 CO 感到不适时，应立即移至室外，解开衣领，呼吸新鲜空气。因吸入少量氯气、溴蒸气而中毒者，可吸收少量乙醇和乙醚的混合蒸气解毒，切勿随便进行人工呼吸。

（2）刺激性及神经性中毒　向温水中加入5～10ml稀$CuSO_4$溶液，内服后，用手指伸入喉部催吐，并立即送医诊治。

（3）腐蚀性毒物　如果是强酸，先饮用大量水，再服用氢氧化铝膏、鸡蛋清溶液；若是强碱，先饮用大量水，再服用乙酸、果汁、鸡蛋清溶液。不论酸或碱中毒，都需灌注牛奶，不要服用呕吐剂。以上事故如果严重，不可擅自处理，应立即送医诊治。

严格遵守实验操作规程，树立安全意识，保护自身安全。

练习题

答案解析

一、填空题

1. 分析化学是研究物质________、________、________的分析方法及有关理论的一门科学。

2. 分析化学按任务可分为__________分析、__________分析和__________分析；按测定原理可分为________分析和________分析。

3. 分析化学根据试样用量的多少，可分为________、________、________、________。

4. 国家标准将实验用水分为________个等级。其制备方法有________、________、________。

二、选择题

（一）单项选择题

1. 滴定分析法属于（　）

A. 重量分析法　　B. 化学分析法　　C. 仪器分析法　　D. 结构分析法

2. 测定0.3mg试样中被测组分的含量，按取样量的范围应为（　）

A. 超微量分析　　B. 半微量分析　　C. 微量分析　　D. 常量分析

3. 下列溶液浓度与体积无关的是（　）

A. c_B　　B. ρ_B　　C. φ_B　　D. b_B

4. 配制200ml $\varphi_B=0.75$的消毒乙醇溶液，需要$\varphi_B=0.95$的乙醇体积是（　）

A. 200ml　　B. 136ml　　C. 158ml　　D. 150ml

5. 在500ml $\rho_B=50g/L$的葡萄糖注射液中含有葡萄糖的质量是（　）

A. 50g　　B. 500g　　C. 25g　　D. 250g

6. 把50ml、0.2mol/L的$Fe_2(SO_4)_3$溶液稀释为100ml溶液后，SO_4^{2-}的浓度为（　）

A. 0.3mol/L　　B. 0.2mol/L　　C. 0.15mol/L　　D. 0.1mol/L

7. 将0.1mol/L的$AlCl_3$ 50ml和0.2mol/L的$CaCl_2$ 50ml混合后，Cl^-的浓度是（　）

A. 0.55mol/L　　B. 0.45mol/L　　C. 0.35mol/L　　D. 0.25mol/L

（二）多项选择题

1. 仪器分析法的特点是（　）

A. 灵敏　　B. 准确　　C. 快速

D. 取样量少　　E. 适合于常量分析

2. 定量分析的操作步骤一般包括（　）

A. 取样　　B. 试样的预处理　　C. 试样制备

D. 含量测定　　E. 结果表示

3. 溶液浓度的表示方法是（　）

A. c_B　　B. ω_B　　C. b_B

D. ρ_B　　E. φ_B

三、简答题

1. 阐述分析方法的分类方法。
2. 溶液浓度常用的表示方法有哪些？
3. 三大强酸日常操作时需要注意哪些事项？

四、实例分析

1. 将500ml 95%的乙醇稀释成75%的医用消毒乙醇，计算可配制多少毫升的消毒乙醇？需要加水多少毫升？

2. 常温下，100ml 密度为1.84kg/L，质量分数为98%的 H_2SO_4 溶液，计算 H_2SO_4 的物质的量浓度、质量摩尔浓度、质量浓度？

3. 配制2.0mol/L 的 HCl 溶液 100ml，需要密度 $\rho = 1.19$kg/L，$\omega(HCl) = 38\%$ 的浓盐酸多少毫升？

书网融合……

本章小结　　微课　　题库

第二章 定量分析中的误差与分析数据处理

PPT

学习目标

知识目标

1. 掌握 误差、偏差的表示方法；准确度和精密度的概念及两者的关系；提高分析结果准确度的方法；有效数字的修约和运算规则。

2. 熟悉 误差的来源、分类、特点及消除办法；有效数字的定义；*Q* 检验法。

3. 了解 平均值的置信区间。

能力目标

具备正确记录和处理定量分析中有效数字的能力；具备计算相对误差、相对平均偏差、相对标准偏差的能力。

素质目标

通过本章的学习，建立对定量分析中的“数字”的基本认知，树立“安全第一，质量第一”的责任意识，培养严谨的工作作风和精益求精的基本素质。

情境导入

情境 某食品厂质检部实习生小丁接到新的任务，测定一批维生素 C 的含量。小丁查阅 GB 14754—2010《食品安全国家标准食品添加剂 维生素 C（抗坏血酸）》。分析步骤如下：称取约 0.2g 实验室样品，精确至 0.0002g，置于 250ml 碘容量瓶中，加 20ml 无二氧化碳的水及 25ml 硫酸溶液使溶解，立即用碘标准溶液滴定，近终点时，加 1ml 淀粉指示液，滴至溶液显蓝色，保持 30 秒不褪色为终点。同时做空白试验，除不加试样外，其他步骤与样品测定相同。取平行测定结果的算术平均值为测定结果，两次平行测定结果的绝对差值不大于 0.3%。

维生素 C 又称 L－抗坏血酸，是一种水溶性维生素，水果和蔬菜中含量丰富，人类缺乏维生素 C 可引起坏血病。1959 年美国科学家 Burns 发现人类和灵长类动物会得坏血病的原因是他们的肝脏中缺乏能将葡萄糖转化为维生素 C 的酶，因此人类必须从食物中摄取维生素 C 才能维持健康。其他的哺乳动物都在肝脏中自行制造维生素 C。许多人类特有的疾病，如感冒、流行性感冒、肝炎、心脏病及癌症，在动物中都少见，这些疾病都是因为人体不能自行制造维生素而产生的。

思考 1. 本实验中电子天平的感量为多少？如何记录称量数据？

2. 碘标准溶液的浓度、滴定管的读数应如何记录？

3. 维生素 C 含量的有效数字如何保留？

在定量分析中试验数据由于受分析方法、仪器试剂、实验环境等因素的影响，与真值可能会存在一定的误差。根据误差产生的原因，操作人员可以采取有效措施减小误差，从而提高分析结果的准确度。

第一节 定量分析的误差

一、误差的来源与分类

一个量的测量值或计算值与其真实值之差称为误差。在定量分析中，测量误差客观存在、难以避免。根据误差产生的原因及其特征，可将误差分为系统误差和偶然误差。

（一）系统误差

系统误差也称可测误差，是由分析过程中某些固定原因所引起的误差。在多次平行测定数据中系统误差会重复出现，使测定结果总是偏高或偏低，故系统误差具有重复性、单向性和可测性。根据系统误差的来源，系统误差主要有以下 4 种。

1. 方法误差 由分析方法本身不够完善所造成的误差称为方法误差。该误差对分析结果的准确度会产生较大的影响。例如滴定分析中滴定反应不完全、干扰离子的影响、副反应的发生等因素，都会使测定结果偏高或偏低。

2. 仪器误差 由仪器本身精度不够或未经校准而引起的误差称为仪器误差。例如使用未经校准的测量仪器及容量器皿，所用容量瓶与移液管不配套等。

3. 试剂误差 由试剂的纯度不够或含有微量杂质而引起的误差称为试剂误差。

4. 主观误差 由操作人员主观原因所造成的误差称为主观误差。例如操作人员读数偏高或偏低，对滴定终点颜色辨别偏深或偏浅等。

（二）偶然误差

偶然误差又称随机误差，是由分析过程中某些不确定的因素所造成的。例如分析过程中环境温度、空气湿度、大气压力的瞬间变化或测量仪器的微小波动等，都会引起偶然误差等。

偶然误差时正时负，其数值时大时小；但如果在相同条件下对同一试样进行多次平行测定，对测定数据进行统计处理，会发现偶然误差符合正态分布规律。即绝对值相等的正负误差出现的概率基本相等；小误差出现的概率大，大误差出现的概率小。所以在消除系统误差后，随着测定次数的增加，偶然误差的算术平均值趋于零，即测定值的算术平均值接近于真值。因此增加平行测定次数，取算术平均值作为分析结果，可以减小偶然误差。

在分析测定过程中，由操作人员粗心大意、错误操作引起的失误不属于误差，如滴定管读错数据、加错试剂、药品洒出、溶液溅出等。

二、准确度和精密度

（一）准确度与误差

准确度是指测定值与真值相接近的程度，反映的是测定值受系统误差和偶然误差的影响程度。准确度常用误差的大小来衡量，误差越小，测定值与真值越接近，准确度越高。误差的表示方法有绝对误差（E）和相对误差（RE）两种。

1. 绝对误差 绝对误差指测量值（x）与真值（μ）之差。

$$E = x - \mu \tag{2-1}$$

一些仪器的准确度常用绝对误差来衡量，如万分之一电子分析天平的绝对误差为 ±0.0001g，25ml

滴定管的绝对误差为 ±0.01ml 等。

2. 相对误差 相对误差指绝对误差（E）在真值（μ）中所占的比值。

$$RE = \frac{E}{\mu} \times 100\% \tag{2-2}$$

例 2-1 某同学称得两份试样的重量为 1.2134g 和 0.1233g，若其真实重量为 1.2133g 和 0.1232g，求两份试样的绝对误差和相对误差。

解： 两者的绝对误差为

$E_1 = x_1 - \mu_1 = 1.2134 - 1.2133 = 0.0001(g)$

$E_2 = x_2 - \mu_2 = 0.1233 - 0.1232 = 0.0001(g)$

两者的相对误差为

$RE_1 = E_1/\mu_1 \times 100\% = 0.0001/1.2133 \times 100\% = 0.008\%$

$RE_2 = E_2/\mu_2 \times 100\% = 0.0001/0.1232 \times 100\% = 0.08\%$

从上述计算结果可知，虽然两份试样称量的绝对误差相等，但其相对误差不相等。当绝对误差相等时，被测物体的真实重量越大，其相对误差越小，测定结果的准确度较高。因为相对误差能够反映误差在真值中所占的比值，故常用相对误差来表示测定结果的准确度。

在实际分析工作中，一般用多次平行测定结果的算术平均值（$\bar{x}$）代替真值（μ）。

（二）精密度与偏差

精密度是指一组平行测定数据之间的相互接近程度，反映的是偶然误差对测量结果的影响。精密度常用偏差大小来衡量，偏差越小，测定结果的精密度越高。一般分析项目常用平均偏差（$\bar{d}$）和相对平均偏差（$\overline{Rd}$）表示测定结果的精密度；在分析项目要求较高时，则用标准偏差（S）和相对平均偏差（RSD）表示测定结果的精密度。

1. 平均偏差和相对平均偏差 绝对偏差（d_i）是单次测定值（x_i）与多次测定结果的平均值（$\bar{x}$）之差。

$$d_i = x_i - \bar{x} \tag{2-3}$$

绝对偏差只能用来衡量单次测定结果对平均值的偏离程度，不能反映检测结果的整体偏离情况，因此在分析检测工作中一般用相对平均偏差和相对标准偏差来衡量测定结果的精密度。

平均偏差（$\bar{d}$）是各次测定绝对偏差绝对值的平均值，是绝对平均偏差的简称。

$$\bar{d} = \frac{1}{n}\sum_{i=1}^{n}|d_i| = \frac{1}{n}\sum_{i=1}^{n}|x_i - \bar{x}| \tag{2-4}$$

式中，n 为平行测量次数。

相对平均偏差（$R\bar{d}$）是平均偏差（$\bar{d}$）在多次测定结果的平均值（$\bar{x}$）中所占比值。

$$R\bar{d} = \frac{\bar{d}}{\bar{x}} \times 100\% \tag{2-5}$$

平均值代表测定值的集中趋势，而各种偏差代表测定值的分散程度。分散程度越小，精密度越高。

例 2-2 某同学 3 次标定盐酸标准溶液浓度分别为：0.1011mol/L、0.1012mol/L、0.1010mol/L，求 3 个标定浓度的相对平均偏差。

解： 平均浓度 $\bar{x} = \frac{1}{n}\sum_{i=1}^{n}x_i = \frac{0.1011 + 0.1012 + 0.1010}{3} = 0.1011\text{mol/L}$

相对平均偏差 $R\bar{d} = \frac{\bar{d}}{\bar{x}} = \frac{|x_1 - \bar{x}| + |x_2 - \bar{x}| + |x_3 - \bar{x}|}{3\bar{x}} \times 100\%$

$$= \frac{|0.1011 - 0.1011| + |0.1012 - 0.1011| + |0.1010 - 0.1011|}{3 \times 0.1011} \times 100\% = 0.07\%$$

知识链接

平行试验结果的误差允许范围，规定为：①酸碱滴定法、碘量法、配位滴定法、非水滴定法，相对平均偏差不得超过0.3%；②直接重量法的相对平均偏差不得超过0.5%；③紫外－可见分光光度法的相对平均偏差不得超过0.3%；④高效液相色谱法的相对平均偏差不得超过1.5%。

在实验过程中，培养学生规范操作、正确记录、严谨的工作作风。

2. 标准偏差和相对标准偏差 标准偏差，又称均方根偏差（S）。在分析工作中用统计方法处理数据时，一般采用标准偏差表示测定结果的精密度，因为它更能反映个别偏差较大的数值对测定结果重现性的影响。其数学表达式为：

$$S = \sqrt{\frac{\sum_{i=1}^{n}(x_i - \bar{x})^2}{n-1}} \tag{2-6}$$

相对标准偏差又称变异系数，是标准偏差(S)在平均值($\bar{x}$)中所占比值。

$$\text{相对标准偏差 } RSD = \frac{S}{\bar{x}} \times 100\% \tag{2-7}$$

我们常用高效液相色谱法测定食品中的某一成分，测定前需要先做系统适用性试验，以验证仪器设备等检测条件具备很好的重复性（即精密度）。系统适用性试验一般连续进样5针，将5个峰面积依次输入Excel表，用Excel表的函数公式可算出标准偏差（S）和相对标准偏差（RSD）。

知识链接

高效液相色谱法系统适用性试验中要求相对标准偏差（RSD）不超过2.0%。

（三）准确度与精密度的关系

准确度和精密度是判断测定结果是否准确的依据。准确度是表示测定结果的正确性，取决于测定过程中的系统误差和偶然误差；而精密度则表示测定结果的重现性，与真值无关，取决于测定过程中的偶然误差。

准确度高，要求偶然误差和系统误差都必须小；精密度高是准确度高的前提和保证，仅精密度高，准确度不一定高，还需要减少系统误差才能使准确度高。所以要想提高结果的准确度，必须同时减少系统误差和偶然误差。只有在消除系统误差的前提下，精密度高，准确度才高。

三、提高分析结果准确度的方法

准确度表示测定结果的正确性。要获得正确的分析结果，必须尽可能减少测定过程中的误差。

（一）选择适当的分析方法

在分析工作中，需要根据测定对象、试样情况及对分析结果的要求，选择适当的分析方法。一般来说，常量组分分析宜选择化学分析法；微量组分或痕量组分分析宜选择仪器分析法。另外，选择分析方法还应考虑共存物质的干扰。

（二）减小测量误差

为保证分析结果的准确度，应在各操作步骤中尽量减小测量误差。例如分析天平和容量仪器的绝对误差都是一定的，要使称量和体积测量的相对误差小，称取试样量和量取液体体积均不能太小。万分之一电子分析天平的称量绝对误差是 ±0.0001g，为了使称量时的相对误差在 0.1% 以下，称取重量必须在 0.1g 以上。

（三）减小系统误差

由于系统误差是由某种固定的原因造成的，消除系统误差可通过对照试验、空白试验和校准仪器等方法来实现。

1. 对照试验 采用同样的分析方法在相同的条件下，用标准试样代替被测试样进行的平行测定称为对照试验。对照试验也可用来检查操作是否正确和仪器是否正常，如高效液相色谱法系统适用性试验，在分析试样的同时，用同样的方法对标准试样进行分析，如果分析标准试样的结果符合偏差要求，则说明操作与仪器均无问题，试样的分析结果可靠。

对照试验是检验有无系统误差存在的有效方法。通过对照试验可以校正测试结果，消除系统误差。如果通过对照试验证明有系统误差存在，则可以采用空白试验或使用校正值予以消除。

2. 空白试验 在不加试样的情况下，按分析检验方法标准或规程在同样的操作条件下进行的测定称为空白试验。空白试验所得到的结果称为空白值。从试样的分析结果中扣除空白值，即可得到比较可靠的分析结果。由环境、实验器皿、试剂及纯化水等带入的杂质所引起的系统误差，可以通过空白试验来校正。

3. 校准仪器 这种方法是对测量用的滴定管、移液管、容量瓶等计量器具，在测量前进行修正，做出校正曲线或误差表，测量后对实际测定值进行修正，从而避免或消除因此而产生的系统误差。为了减小仪器误差，通常可采用简单而有效的方法，在同一分析项目的多次平行测定所涉及的一系列操作过程中，尽可能使用同一套仪器，以抵消由仪器带来的误差。

（四）减小偶然误差

由偶然误差的统计规律可知，增加平行测定次数，可以减小偶然误差的影响。实际分析工作中一般的定量分析通常平行测定 2 ~4 次，取算术平均值即可。比如标准溶液的标定要求两人同时操作，每人平行操作 3 ~4 份；药品的含量测定，对同一供试品一般平行测定 2 份，在偏差允许的范围内取平均值。

第二节 有效数字及其运算规则

在分析工作中，不仅要准确进行测定，还要正确记录、处理实验数据。正确记录测量值，可以判断使用仪器的准确度和精密度；而正确处理实验数据则可反映测定结果的精密度。因此在记录实验数据和计算分析结果时应当注意有效数字的保留。

一、有效数字

有效数字是指在检验工作中所能得到有实际意义的数值，包括所有准确测量的数字（即可靠数字）和最后一位估计的、不确定的数字（即可疑数字）。比如用 20cm 的尺子（最小刻度为 0.1cm）测量新华字典的长度为 12.10cm，其中数字“12、1”是准确数字，“0”是可疑数字。再如某份淀粉的重量为 1.2435g，“1.243”是准确值，“5”为可疑值，有 ±0.0001g 的误差。所以有效数字是由所用器具的精度（最小刻度）加上一位可疑数字组成的，且可疑数字欠准程度通常只能上下差 1 单位。

在实验过程中记录数据时一定要根据所用器具的精度来准确记录数据，记录多了没有实际意义，记录少了影响结果准确度。同样的，根据操作人员记录的数据，也可推测出操作人员所用器具的精度和设备水平。

在记录有效数字时，应注意以下几点。

（1）记录测量的数据时，只允许保留一位可疑数字。

（2）有效数字中的所有数字都是有意义的，不能随意删减，特别是最后一位数字是零时。比如用20cm的尺子测量新华字典的长度记录为12.10cm，表明尺子的最小刻度为0.1cm；若记录为12.1cm，则表明尺子的最小刻度为1cm。

（3）有效数字与小数点的位置及量的单位无关。比如，2.35g和23.5mg都是三位有效数字。

（4）数字“0”只起定位作用不是有效数字。如0.0520g前面2个“0”只起定位作用，都不是有效数字；第3个“0”是有效数字。

（5）pH、pK等对数值，其有效数字的位数是由其小数点后的位数决定的，其整数只代表原数值的方次。例如，$\lg(1.6\times10^3)=3.20$、pH＝2.02、pK_a＝10.24，均为两位有效数字。

（6）$a\times10^n$、$b\%$（$1\leq|a|<10$，b为任意正数，n为任意整数），其有效数字的位数由a、b的有效数字位数决定。如3.4×10^4、2.5%均为两位有效数字。

（7）有效数字的首位数字为8或9时，其有效位数可多计一位。如维生素C的含量不小于99.0%，这里的99.0%可视为四位有效数字。

（8）计算取样件数$\sqrt{n}$时，计算结果如不是整数，只要有小数部分一律进位。

（9）常数e、π及倍数（如2、1/2）等非实际测量的数字，应视为无误差数字或无限多位有效数字。

二、有效数字的修约规则 微课

在分析检测工作中，不可避免地会涉及到数据的取舍，通常把弃去多余数字的处理过程称为有效数字的修约。按国家标准GB/T 8170—2008《数值修约规则与极限数值的表示和判定》，采取“四舍六入五留双”规则进行修约，具体如下。

（1）拟舍弃数字的最左一位数字小于5，则舍去，保留其余各位数字不变。比如将13.1448修约到个数位，得13；将13.1448修约到一位小数，得13.1。

（2）拟舍弃数字的最左一位数字大于5，则进一，即保留数字的末位数字加1。比如将1.268修约为三位有效数字，得1.27。

（3）拟舍弃数字的最左一位数字是5，且其后有非0数字时进一，即保留数字的末位数字加1。比如将11.5002修约到个数位，得12。

（4）拟舍弃数字的最左一位数字为5，且其后无数字或皆为0时，若所保留的末位数字为奇数（1，3，5，7，9）则进一，即保留数字的末位数字加1；若所保留的末位数字为偶数（0，2，4，6，8），则舍去。比如将7.115、7.145、7.1451、7.14500修约为三位有效数，分别为7.12、7.14、7.15、7.14。

为便于记忆，上述修约规则可归纳成如下：四舍六入五考虑，五后非零则进一，五后全零看五前，五前偶舍奇进一。不论数字多少位，都要一次修约成。

注意：修约时，只能对原始数据进行一次修约到所需要的位数，不得连续进行多次修约。比如将8.147修约为两位有效数字，应一次修约为8.1，不能先修约为8.15再修约成8.2。

案例分析

案例 葡萄糖酸钙的干燥减量测定。根据 GB 15571—2010《食品安全国家标准 食品添加剂 葡萄糖酸钙》中规定干燥减重不得过 2.0%。某化验员称取实验室样品细粉 1.0023g，经干燥后减失重量 0.0208g，请判定该葡萄糖酸钙的干燥减量是否符合规定？如果限度规定为 2%，该葡萄糖酸钙的干燥减量是否符合规定？限度规定为 2.0% 和 2% 有差别吗？

分析 葡萄糖酸钙的干燥减量（%）$=0.0208/1.0023\times100\%=2.08\%$

本案例中规定干燥减量不得过 2.0%，“2.0%”为两位有效数字，故上述计算结果 2.08% 应修约为两位有效数字，即 2.1%。由于测定结果 2.1% >2.0%（规定限度），所以判该葡萄糖酸钙的干燥减量“不符合规定”。

如果规定的干燥减量限度 2.0% 改为 2%，“2%”为一位有效数字，故上述计算结果 2.08% 应修约为一位数，即 2%，结论为该葡萄糖酸钙的干燥减量“符合规定”。

对同一组平行测定数据，由于有效数字保留位数的不同，检验结果可能会截然不同，因此有效数字在分析检测工作中具有非常重要的作用。所以要树立“安全第一，质量第一”的责任意识，培养学生严谨的工作作风和精益求精的基本素质。

三、有效数字的运算规则

在分析计算中，每个测量值的误差都会传递到最后的分析结果中。为了确保分析结果数值的准确性，必须要遵守有效数字的运算规则。

1. 加减运算 几个数值相加减时，所得和（或差）的绝对误差较任何一个数值的绝对误差大。因此相加减时应以所有数值中绝对误差最大（即小数点后位数最少）的数值为准，以确定其他数值在运算中保留的数位和决定计算结果的有效数位。比如：0.2724 +3.44 +2.2，三者中 2.2 小数点后位数最少，因此最后结果有效数字的保留应以此数据为准，即保留有效数字的位数到小数点后一位。

$$0.2724+3.44+2.2=0.3+3.4+2.2=5.9$$

2. 乘除运算 几个测量值相乘除时，所得积（或商）的相对误差较任何一个数值的相对误差大。因此相乘除时应以所有数值中相对误差最大（即有效位数最少）的数值为准。比如：4.6 ×0.237 ×8.127，三者中 4.6 有效数字位数最少，其相对误差最大，因此最后结果有效数字的保留应以此数据为准，保留两位有效数字。

$$4.6\times0.237\times8.127=4.6\times0.24\times8.1=8.9$$

第三节 定量分析结果的处理

一、平均值的置信区间

在定量分析中，通常是把测量数据的平均值作为结果报出。但在精密分析中只用测量数据的平均值作为测定结果是不确切的，还应给出测定结果的可靠性或可信度，用以说明总体平均值所在的范围（置信区间）及落在此范围内的概率（置信度）。

置信区间（即置信范围，i_c），是指在一定的置信度下，以测定结果平均值（$\bar{x}$）为中心，包括总体平均值在内的可靠性范围。在消除了系统误差的前提下，对有限次数的测定，平均值的置信区间为

$$i_c = \bar{x} \pm t\frac{S}{\sqrt{n}} \tag{2-8}$$

式中，S 为标准偏差；n 为测定次数；t 为在选定的某一置信度下的概率系数（即置信因数），可根据测定次数和置信度从表 2－1 中查得；$t\frac{S}{\sqrt{n}}$为平均值在置信区间的变化限量。

表 2－1　不同置信度和不同测定次数的 t 值

测定次数 n	置信度		
	90%	95%	99%
2	6.31	12.71	63.66
3	2.92	4.30	9.92
4	2.35	3.18	5.84
5	2.13	2.78	4.60
6	2.01	2.57	4.03
7	1.94	2.45	3.71
8	1.90	2.36	3.50
9	1.86	2.31	3.36
10	1.83	2.26	3.25
11	1.81	2.23	3.17
21	1.72	2.09	2.84
∞	1.64	1.96	2.58

置信度（即置信概率），是指以测定结果平均值为中心，包括总体平均值落在 $\bar{x} \pm t\frac{S}{\sqrt{n}}$区间的概率，常用符号 p 表示。我国国家计量技术规范《测量误差及数据处理》中推荐采用 $p = 95\%$。

从上表可知，测定次数越多，t 值越小，对应的置信区间越窄，即测定平均值越接近总体平均值。当测定次数在 20 次以上时，t 值的变化不再显著，所以当测定次数超过 20 次以上时，增加平行测定次数对提高测定结果的准确度无任何意义。

二、可疑值的取舍

在极少情况下，使用已经验证有效的方法获得的一组数据中，可能出现一个明显与众不同的数值，该值被视为统计上的可疑值或逸出值。可疑值可能是检验方法本身的偏差导致，也可能来自样品本身的波动，不应武断地认为可疑值是检验错误而非待测样品的内在波动。

对确知原因的可疑值应弃之不用；对未知原因的可疑值应根据统计学方法进行检验，决定取舍。取舍的方法很多，如 Q 检验法和 G 检验法，其中 Q 检验法应用最多；Q 检验法方便、合理，但要求检验结果个数必须在 3～10 范围内。其检验步骤如下。

1. 将测得的数据按从小到大顺序排列，求出最大值与最小值之差（极差）。
2. 求出可疑值与其相邻值之差的绝对值。
3. 计算出 Q 值：

$$Q_{计算值} = \frac{|x_{可疑值} - x_{相邻值}|}{|x_{最大值} - x_{最小值}|} \tag{2-9}$$

4. 查 Q 值表（表 2－2）：若 $Q_{计算值} > Q_{查表值}$，可疑值应舍去；若 $Q_{计算值} < Q_{查表值}$，可疑值应予以保留。

表 2-2 Q 值表（置信概率为 95%）

n	3	4	5	6	7	8	9	10
Q	0.970	0.829	0.710	0.625	0.568	0.526	0.493	0.466

例 2-3 检测人员对葡萄糖酸钙颗粒的含量进行测定，测定结果分别为 99.58%、99.45%、99.47%、99.50%、99.62%、99.38%、99.60%、99.90%，试用 Q 检验法判断可疑值 99.90% 是否应弃去（置信概率为 95%）。

解： $Q_{计}=\dfrac{99.90\%-99.62\%}{99.90\%-99.38\%}=0.538$

查 Q 表知，Q 表 =0.526，$Q_{计}>Q_{表}$，所以可疑值 99.90% 应舍去。

答案解析

练习题

一、填空题

1. 滴定分析的误差主要为________和________。其中，__________误差影响测定结果的精密度；________误差影响测定结果的准确度。

2. 准确度是指测定值与真实值的接近程度，用________表示。精密度是指一组平行测定结果之间彼此符合的程度，用________表示。

3. 某试验人员进行样品称量时，天平室门突然被打开引起天平震动属于________。

4. 偶然误差服从________规律，因此可采取________的措施减免偶然误差。

5. 标准偏差和算术平均偏差相比，它的优点是能够反映________的影响，更好地表示测定结果的________。

二、选择题

（一）单项选择题

1. 为了消除由试剂、蒸馏水及器皿引入的杂质造成的系统误差，我们通常做（ ）

A. 对照试验　B. 空白试验　C. 平行试验　D. 回收试验

2. 做对照试验的目的是（ ）

A. 提高实验的精密度　B. 使标准偏差变小

C. 检查系统误差是否存在　D. 清除随机误差

3. 精密度与准确度的关系是（ ）

A. 精密度高，准确度一定高

B. 准确度高，一定要求精密度高

C. 精密度高，系统误差一定小

D. 分析中先要求准确度，其次才是精密度

4. 在定量分析工作中实际控制的是偏差，要求偏差（ ）

A. 等于零　B. 越大越好　C. 越小越好　D. 在允许范围内即可

5. 已知醋酸的 $K_a=1.76\times10^{-5}$，则 $pK_a=4.75$ 的有效数字为（ ）

A. 2 位　B. 3 位　C. 4 位　D. 5 位

6. 误差是用来表示分析结果的（ ）

A. 准确度　B. 精密度　C. 灵敏度　D. 均匀度

7. 下列情况属于偶然误差的是（　）

A. 蒸馏水中含微量的干扰离子

B. 量瓶与移液管不配套

C. 试剂里含有微量的被测组分

D. 称量时天平的零点突然变动

（二）多项选择题

1. 下列数据中，有效数字为三位的是（　）

A. 2.370　　B. 0.235　　C. 0.0156

D. 0.1040　　E. 10.00

2. 系统误差主要有（　）

A. 方法误差　　B. 试剂误差　　C. 仪器误差

D. 主观误差　　E. 绝对误差

3. 下列操作中属于系统误差的是（　）

A. 电子天平未校准　　B. 药品撒落在桌面　　C. 试剂用水为自来水

D. 读数错误　　E. 容量瓶定容、摇匀后再定容

三、简答题

1. 简述准确度和精密度的概念及二者的关系。

2. 提高分析结果准确度的方法有哪些？

四、实例分析

1. 某试验人员标定盐酸标准溶液的浓度，所得分析结果分别为 0.09975、0.09976、0.09977mol/L，计算分析结果的平均值、相对平均偏差，并判断是否符合标准溶液标定的精密度要求？

2. 某试验人员测定维生素 C 含量，所得分析结果（维生素 C）分别为 99.23% 和 99.21%，计算维生素 C 的含量及分析结果的相对平均偏差。

3. 某试样的一组测定结果分别为 79.39%、79.44%、79.47%、79.52%、79.61%、79.63%、79.59%、79.91%，试用 Q 检验法判断可疑值 79.91% 是否应弃去（置信概率为 95%）。

书网融合……

本章小结　　微课　　题库

第三章

滴定分析法概述

PPT

学习目标

知识目标

1. **掌握** 标准溶液的配制方法及其适用条件；标准溶液浓度的表示方法；滴定分析中的相关计算。

2. **熟悉** 滴定分析法对滴定反应的要求；滴定分析中常用基准物质的名称和使用方法。

3. **了解** 滴定分析基本概念；滴定分析方法的特点和分类。

能力目标

1. 能够熟练配制及标定标准溶液。

2. 能够正确计算标准溶液的浓度和待测组分的含量。

3. 能够正确操作分析天平及滴定管。

素质目标

科学、严谨是食品检验人员必备的职业素质。同学们在掌握理论知识的同时要精炼技能，用理论指导实践，用实践丰富理论，以学促知、以知促行、学用相长，成为一名合格的食品检验人员。

情境导入

情境 【维生素 C 含量测定】取本品约 0.2g，精密称定，加新沸过的冷水 100ml 与稀醋酸 10ml 使溶解，加淀粉指示液 1ml，立即用碘滴定液（0.05mol/L）滴定至溶液显蓝色并在 30 秒钟内不褪。每 1ml 碘滴定液（0.05mol/L）相当于 8.806mg 的 $C_6H_8O_6$。

维生素 C 又名抗坏血酸，分子式 $C_6H_8O_6$。维生素 C 具有还原性，可被 I_2 定量氧化，因此，可用 I_2 做标准溶液直接测定维生素 C 含量。

滴定分析法中的直接碘量法可直接测定饮料、蔬菜、水果、药物等中的维生素 C 含量。

思考 1. 什么是滴定分析？

2. 滴定分析在食品分析中有什么应用？

滴定分析是经典分析方法，此方法快速、简便、准确度高，适用于含量≥1%的常量组分分析。由于这种操作方法是以测量体积为基础，所以又被称为容量分析法。滴定分析法应用广泛，可对许多物质进行测定。

第一节 滴定分析法基础知识

滴定分析是将一种已知准确浓度的试剂溶液即标准溶液，通过滴定管滴加到待测组分的溶液中，直到标准溶液和待测组分恰好完全定量反应为止，这时加入标准溶液物质的量与待测组分的物质的量符合反应式的化学计量关系，根据标准溶液的浓度和所消耗的体积，计算出待测组分含量的分析方法。

一、滴定分析法的基本概念

1. 标准溶液 已知准确浓度的试剂溶液称为标准溶液或滴定剂。

2. 滴定 将滴定剂从滴定管逐滴加入到被测物质溶液中的操作过程称为滴定。

3. 化学计量点 标准溶液和待测组分恰好完全反应时的那一点称为化学计量点。

4. 指示剂 许多滴定反应到化学计量点时无外观变化，通常是在被测溶液中加入某种辅助试剂，由颜色的变化来指示停止滴定。这种指示化学计量点到达而能改变颜色的辅助试剂称为指示剂。

5. 滴定终点 指示剂发生颜色变化的转变点称为滴定终点。

6. 终点误差 实际分析中滴定终点和理论上的化学计量点往往不相吻合，导致测定结果偏高或偏低，产生误差，此误差称为终点误差。

二、滴定分析法的分类

根据化学反应类型的不同，滴定分析法可分为以下四种类型。

1. 酸碱滴定法 以酸碱反应为基础的滴定分析方法。它不仅能用于水溶液体系，也可用于非水溶液体系，故酸碱滴定法是滴定分析中广泛应用的方法之一。

2. 配位滴定法 以配位反应为基础的滴定分析方法，又称络合滴定法。

3. 氧化还原滴定法 以氧化还原反应为基础的滴定分析法。氧化还原滴定法能直接或间接测定许多无机物或有机物。

4. 沉淀滴定法 以沉淀反应为基础的滴定分析方法。目前应用最多的是生成难溶银盐的反应。

三、滴定分析法的基本条件与滴定方式

（一）滴定分析法的基本条件

滴定分析法是以化学反应为基础的分析方法，但是并非所有的化学反应都能用于滴定分析，作为滴定分析的化学反应必须满足以下几点。

（1）反应要有确切的计量关系，即按一定的反应方程式定量地进行，并且反应进行得完全。

（2）反应迅速完成，对速率慢的反应，有加快反应速率的措施。

（3）主反应不受共存物质的干扰，或有消除干扰的措施。

（4）有确定化学计量点的方法。

（二）滴定方式

1. 直接滴定法 用标准溶液直接滴定被测物质，到达滴定终点时根据所消耗的标准溶液的体积和标准溶液的浓度，计算出待测物质的含量。

凡是能满足滴定分析要求的化学反应都可用直接滴定法，直接滴定法是最常用和最基本的滴定方

式。如果反应不能完全符合上述滴定反应的条件时，可以采用下述几种方式进行滴定。

2. 返滴定法 当反应速率较慢或被测物质是固体时，通常是在待测试液中准确加入适当过量的标准溶液，待反应完全后，再用另一种标准溶液返滴剩余的第一种标准溶液，从而测定待测组分的含量，这种方式称为返滴定法，也称回滴法。例如石灰石中 $CaCO_3$ 含量的测定就采用此种滴定方式。

3. 置换滴定法 当滴定反应不按一定的反应式进行，或伴有副反应，不能直接滴定被测物质，可用置换滴定法。此方法是先加入适当的试剂与待测组分定量反应，生成另一种可被滴定的物质，再用标准溶液滴定反应产物，然后由标准溶液消耗量、反应生成的物质与待测组分的关系计算出待测组分的含量，这种方法称为置换滴定法。例如，用 $K_2Cr_2O_7$ 标准溶液标定 $Na_2S_2O_3$ 溶液的浓度时就采用此种滴定方式。

4. 间接滴定法 当被测物质不能与滴定剂直接反应时，可采用间接法滴定其含量。如用 $KMnO_4$ 法测定 Ca^{2+} 含量。$KMnO_4$ 不能与 Ca^{2+} 直接反应，通过生成草酸钙沉淀，可用 $KMnO_4$ 法间接测定 Ca^{2+} 含量。

知识链接

滴定分析法的发展

滴定分析法的历史可追溯到18世纪末19世纪初，法国化学家 Joseph Louis Gay - Lussac 为这一分析方法命名，因此常被认为是滴定分析法的发明者。

滴定分析最初是用玻璃管进行手工滴定，但是手工滴定的效率与准确度并不稳定。1949年，瑞士 Metrohm 公司推出第一台自动电位滴定仪 Titriskop，迈出了自动电位滴定的第一步。由于技术原因，最初的自动电位滴定仪并不能自动记录滴定曲线，直到1961年，第一台能够自动记录滴定曲线的自动电位滴定仪诞生，自此自动电位滴定仪技术进入了快速发展时期。

随着科技的进步，人们对于食品分析检验行业的要求越来越高，同学们要积极探索，刻苦钻研，用知识推动创新。

第二节 基准物质与标准溶液

滴定分析中，标准溶液的浓度和体积是计算被测组分含量的主要依据，因此正确地制备标准溶液并准确地确定其浓度以及对其进行妥善保存，在滴定分析中具有重要意义。

一、基准物质

基准物质是可用于直接配制标准溶液或标定溶液浓度的物质。基准物质应具备下列条件。

（1）物质必须具有足够的纯度，含量一般要求在99%以上，杂质含量应小于0.1%，通常用基准试剂或优级纯物质。

（2）组成恒定并与化学式完全相符，包括结晶水。

（3）性质稳定。在空气中不吸湿，加热干燥时不分解，不与空气中的氧气、二氧化碳等作用。

（4）使用时易溶解。

（5）摩尔质量最好较大。这样可减小称量误差。

常用的基准物质及其干燥处理方法见表3－1。

表 3-1 常用的基准物质

名称	化学式	摩尔质量（g/mol）	使用前的干燥条件
碳酸钠	Na_2CO_3	105.99	270～300℃干燥 2～2.5 小时
硼砂	$Na_2B_4O_7\cdot10H_2O$	381.37	放在装有 NaCl 和蔗糖饱和溶液的密闭容器中
邻苯二甲酸氢钾	$KHC_8H_4O_4$	204.23	110～120℃干燥 1～2 小时
重铬酸钾	$K_2Cr_2O_7$	294.18	100～110℃干燥 3～4 小时
碘酸钾	KIO_3	214.00	120～140℃干燥 1.5～2 小时
三氧化二砷	As_2O_3	197.84	105℃干燥 3～4 小时
草酸钠	$Na_2C_2O_4$	134.00	130～140℃干燥 1～1.5 小时
碳酸钙	$CaCO_3$	100.09	105～110℃干燥 2～3 小时
锌	Zn	65.38	室温干燥器中保存
氧化锌	ZnO	81.38	800～900℃干燥 2～3 小时
氯化钠	NaCl	58.44	500～600℃干燥 40～45 分钟
硝酸银	$AgNO_3$	169.87	220～250℃干燥 2～3 小时

二、标准溶液

（一）配制方法

标准溶液的配制方法有直接法和标定法两种。

1. 直接法配制 准确称取一定量的基准物质，溶解后定量转移入容量瓶中，加蒸馏水稀释至一定刻度，充分混匀。根据称取基准物质的质量和容量瓶的体积，计算其准确浓度。如无水 Na_2CO_3、$CaCO_3$、金属锌和铜、$K_2Cr_2O_7$、KIO_3、As_2O_3、NaCl 等基准物质，都可以直接配制成标准溶液。

2. 标定法配制 也称间接法。很多物质不符合基准物质的条件。例如，浓盐酸中氯化氢很容易挥发，固体氢氧化钠易吸收水分和二氧化碳，高锰酸钾不易提纯等。它们都不能直接制备成标准溶液。一般是先将这些物质配成近似所需浓度的溶液，再用基准物测定其准确浓度。这一操作叫作“标定”。

（二）标定的方法

1. 基准物质标定法 准确称取一定量的基准物，溶于水后用待标定的溶液滴定，至反应完全，根据所消耗待标定溶液的体积和基准物质的质量，计算出待标定液体的准确浓度。例如，用邻苯二甲酸氢钾基准物标定氢氧化钠溶液。

2. 标准溶液比较法 有一部分标准溶液，没有合适的用以标定的基准物质，可以用另一种已知浓度的标准溶液来标定。移取一定体积的已知准确浓度的标准溶液，用待标定的溶液滴定至终点，根据标准溶液的浓度、体积和待标溶液所消耗的体积，计算出待标定溶液的准确浓度。例如，乙酸溶液用氢氧化钠标准溶液来标定。

知识链接

制备标准溶液的注意事项

GB/T 601—2016 对标准溶液的制备做了如下规定。

1. 除另有规定外，本标准所用试剂的级别应在分析纯（含分析纯）以上，所用制剂及制品，应按 GB/T 603 的规定制备，实验用水应符合 GB/T 6682 中三级水的规格。

2. 本标准制备标准滴定溶液的浓度，除高氯酸标准滴定溶液、盐酸-乙醇标准滴定溶液、亚硝酸钠标准滴定溶液[$c(NaNO_2)=0.5mol/L$]外，均指20℃时的浓度。在标准滴定溶液标定、直接制备和使用时若温度不为20℃时，应对标准滴定溶液体积进行补正（见GB/T 601—2016附录A）。规定“临用前标定”的标准滴定溶液，若标定和使用时的温度差异不大时，可以不进行补正。标准滴定溶液标定、直接制备和使用时所用分析天平、滴定管、单标线容量瓶、单标线吸管等按相关检定规程定期进行检定或校准，其中滴定管的容量测定方法按GB/T 601—2016附录B进行。单标线容量瓶、单标线吸管应有容量校正因子。

3. 在标定和使用标准滴定溶液时，滴定速度一般应保持在6～8ml/min。

4. 称量工作基准试剂的质量小于或等于0.5g时，按精确至0.01mg称量；大于0.5g时，按精确至0.1mg称量。

5. 制备标准滴定溶液的浓度应在规定浓度的±5%范围以内。

6. 除另有规定外，标定标准滴定溶液的浓度时，需两人进行实验，分别做四平行，每人四平行标定结果相对极差不得大于相对重复性临界极差[CR0.95(4)r=0.15%]，两人共八平行标定结果相对极差不得大于相对重复性临界极差[CR0.95(8)r=0.18%]。在运算过程中保留5位有效数字，取两人八平行标定结果的平均值为标定结果，报出结果取4位有效数字。需要时，可采用比较法对部分标准滴定溶液的浓度进行验证（参见GB/T 601—2016附录C）。

7. 本标准中标准滴定溶液浓度的相对扩展不确定度不大于0.2%（$k=2$），其评定方法参见GB/T 601—2016附录D。

8. 本标准使用工作基准试剂标定标准滴定溶液的浓度。当对标准滴定溶液浓度的准确度有更高要求时，可使用标准物质（扩展不确定度应小于0.05%）代替工作基准试剂进行标定或直接制备，并在计算标准滴定溶液浓度时，将其质量分数代入计算式中。

9. 标准滴定溶液的浓度小于或等于0.02mol/L时（除0.02mol/L乙二胺四乙酸二钠、氯化锌标准滴定溶液外），应于临用前将浓度高的标准滴定溶液用煮沸并冷却的水稀释（不含非水溶剂的标准滴定溶液），必要时重新标定。当需用本标准规定浓度以外的标准滴定溶液时，可参考本标准中相应标准滴定溶液的制备方法进行配制和标定。

10. 贮存

a）除另有规定外，标准滴定溶液在10～30℃下，密封保存时间一般不超过6个月；碘标准滴定溶液、亚硝酸钠标准滴定溶液[$c(NaNO_2)=0.1mol/L$]密封保存时间为4个月；高氯酸标准滴定溶液、氢氧化钾-乙醇标准滴定溶液、硫酸铁（Ⅲ）铵标准滴定溶液密封保存时间为2个月。超过保存时间的标准滴定溶液进行复标定后可以继续使用。

b）标准滴定溶液在10～30℃下，开封使用过的标准滴定溶液保存时间一般不超过2个月（倾出溶液后立即盖紧）；碘标准滴定溶液、氢氧化钾-乙醇标准滴定溶液一般不超过1个月；亚硝酸钠标准滴定溶液[$c(NaNO_2)=0.1mol/L$]一般不超过15天；高氯酸标准滴定溶液开封后当天使用。

c）当标准滴定溶液出现浑浊、沉淀、颜色变化等现象时，应重新制备。

11. 贮存标准滴定溶液的容器，其材料不应与溶液起理化作用，壁厚最薄处不小于0.5mm。

12. 标准方法中所用溶液以“%”表示的除“乙醇（95%）”外其他均为质量分数。

在实验过程中，应严格按照标准操作规程操作，养成实事求是的科学态度。

第三节 滴定分析的计算

一、滴定分析计算的依据

在滴定分析法中，设待测物 A 与标准溶液 T 发生下列反应：

$$tT + aA \rightleftharpoons P$$

（标准溶液 T） （待测物 A） （生成物）

当达到化学计量点时，$t$mol 的 T 物质恰好与 $a$mol 的 A 物质作用完全，则

$$n_T : n_A = t : a \quad (3-1)$$

即标准溶液 T 与待测物 A 两者的物质的量之比等于系数之比，该反应的化学计量关系是滴定分析定量测定的依据。

由式（3－1）可得：

$$n_A = \frac{a}{t}n_T \quad 或 \quad n_T = \frac{t}{a}n_A \quad (3-2)$$

二、滴定分析计算的基本公式

（一）物质的量浓度、体积与物质的量的关系

已知待测物质 A 的溶液体积 V_A，物质的量浓度 c_A，与浓度为 c_T 的标准溶液反应，到达化学计量点时消耗标准溶液 V_T，因 $n = c \cdot V$，由式（3－2）可得：

$$c_AV_A = \frac{a}{t}c_TV_T \quad （式中 V_A 与 V_T 的单位相同） \quad (3-3)$$

（二）物质的质量与物质的量的关系

已知待测物质 A 质量 m_A（g），与浓度为 c_T 的标准溶液反应，到达化学计量点时消耗标准溶液 V_T（L），因 $n = m/M$，由式（3－2）可得：

$$\frac{m_A}{M_A} = \frac{a}{t}c_TV_T \quad (3-4)$$

由式（3－4）可得：

$$m_A = \frac{a}{t}c_TV_TM_A \quad (3-5)$$

上式中 V_T 的单位为 L，若体积用 ml 作单位，则上式可表达为：

$$m_A = \frac{a}{t}c_TV_TM_A \times 10^{-3} \quad (3-6)$$

（三）滴定度与物质的量浓度的关系

在日常工作分析中，有时也用滴定度表示标准溶液的浓度。滴定度有两种表示方法。

1. T_B 表示法 以每毫升标准溶液中所含溶质 B 的质量表示的标准溶液浓度，用 T_B 表示，单位为 g/ml。如 $T_{(HCl)} = 0.002568$g/ml，则表示 1ml 盐酸溶液中含有 HCl 0.002568g。

若已知标准溶液的滴定度及体积（ml），则可求得标准溶液中所含溶质的质量：

$$m_B = T_BV \quad (3-7)$$

式中，m_B 为溶质 B 的质量，g；T_B 为滴定度，g/ml；V 为标准溶液的体积，ml。

当标准溶液体积 $V=1$ml，根据公式 $m=cVM$（式中，m 为质量，g；V 为体积，L；M 为摩尔质量，g/mol）及式（3-7），可得滴定度 T_B 与标准溶液的物质的量浓度 c 之间的关系为：

$$c=\frac{T_B}{M}\times10^3 \tag{3-8}$$

式中，c 为物质的量浓度，mol/L；T_B 为滴定度，g/ml；M 为标准溶液的摩尔质量，g/mol。

2. $T_{T/A}$表示法 以每毫升标准溶液相当于待测物质的质量表示的标准溶液的浓度，用 $T_{T/A}$表示，单位为 g/ml。

如滴定消耗 V(ml)标准溶液，则待测物质的质量为：

$$m_A=T_{T/A}V_T \tag{3-9}$$

式中，m_A 为待测物质的质量，g；$T_{T/A}$为滴定度，g/ml；V_T 为标准溶液的体积，ml。

当标准溶液体积 $V=1$ml，根据式（3-6）及式（3-9），可得滴定度 $T_{T/A}$与标准溶液的物质的量浓度 c 之间的关系为：

$$T_{T/A}=\frac{a}{t}c_TM_A\times10^{-3} \tag{3-10}$$

（四）待测组分含量的计算公式

设试样的总质量为 m_S，试样中待测组分 A 的质量为 m_A，则待测组分 A 在试样中的百分含量 ω_A 为：

$$\omega_A=\frac{m_A}{m_S}\times100\% \tag{3-11}$$

根据式（3-6）可得：

$$\omega_A=\frac{\frac{a}{t}c_TV_TM_A\times10^{-3}}{m_S}\times100\% \tag{3-12}$$

根据式（3-9）可得：

$$\omega_A=\frac{T_{T/A}V_T}{m_S}\times100\% \tag{3-13}$$

知识链接

化学分析中常用的物理量及其单位

名称	符号	单位（用符号表示）	备注
质量	m	g	
体积	V	L 或 ml	
物质的量	n	mol	
摩尔质量	M	g/mol	
物质的量浓度	c	mol/L	
质量分数	w	量纲为 1	可用小数、百分数或 mg/g 等表示
质量浓度	ρ	g/L	

三、滴定分析计算示例

例 3-1 用 0.1001mol/L 的 HCl 标准溶液标定 NaOH 溶液的浓度，设取 HCl 标准溶液 25.00ml，到达滴定终点时消耗 NaOH 溶液 24.68ml，计算 NaOH 标准溶液的浓度。 微课 1

解： 已知 $c_{NaOH}=0.1001mol/L$，$V_{HCl}=25.00ml$，$V_{NaOH}=24.68ml$

$$HCl + NaOH = NaCl + H_2O$$
$$t=1 \qquad a=1$$

根据式（3－3）可得 $$c_{NaOH}V_{NaOH}=c_{HCl}V_{HCl}$$

$$c_{NaOH}=\frac{c_{HCl}V_{HCl}}{V_{NaOH}}=\frac{0.1001mol/L\times25.00ml}{24.68ml}=0.1014(mol/L)$$

答：NaOH 标准溶液的浓度为 0.1014mol/L。

例 3－2 用基准无水碳酸钠标定 HCl 溶液的浓度，准确称取基准无水碳酸钠 0.2023g，滴定至终点时消耗 HCl 溶液 37.70ml，计算 HCl 溶液的浓度。

解： 已知 $m_{Na_2CO_3}=0.2023g$，$V_{HCl}=37.70ml$，$M_{Na_2CO_3}=105.99g/mol$

$$Na_2CO_3 + 2HCl = 2NaCl + H_2O + CO_2\uparrow$$
$$t=1 \qquad a=2$$

根据式（3－2）可得 $$n_{HCl}=2n_{Na_2CO_3}$$

$$c_{HCl}=\frac{2m_{Na_2CO_3}}{M_{Na_2CO_3}\cdot V_{HCl}}=\frac{2\times0.2023g}{105.99g/mol\times37.70\times10^{-3}L}=0.1012(mol/L)$$

答：HCl 溶液的浓度为 0.1012mol/L。

例 3－3 $T_{KMnO_4/Fe}=0.005000g/ml$，即：每消耗 1ml $KMnO_4$ 标准溶液相当于被测样品中含铁 0.005000g。现测定某一试样中铁含量，消耗 $KMnO_4$ 标准溶液 25.50ml，则该试样中含铁质量是多少克？

解： 已知 $T_{KMnO_4/Fe}=0.005000g/ml$

根据式（3－7）可得 $$m_{Fe}=0.005000g/ml\times25.50ml=0.1275g$$

答：该试样中含铁质量是 0.1275g。

例 3－4 称取 NaCl 样品 0.2468g，加水溶解，用 0.1050mol/L 的 $AgNO_3$ 标准溶液滴定至终点，消耗 $AgNO_3$ 溶液的体积为 24.00ml，计算样品中 NaCl 的质量分数？ 微课 2

解： 已知 $m_{NaCl}=0.2468g$，$c_{AgNO_3}=0.1050mol/L$，$V_{AgNO_3}=24.00ml$，$M_{NaCl}=58.44g/mol$

$$AgNO_3 + NaCl = NaNO_3 + AgCl\downarrow$$
$$t=1 \qquad a=1$$

根据式（3－12）可得 $$\omega_A=\frac{\frac{a}{t}c_TV_TM_A\times10^{-3}}{m_S}\times100\%$$

可得 $$\omega_A=\frac{c_{AgNO_3}V_{AgNO_3}M_{NaCl}\times10^{-3}}{m_{NaCl}}\times100\%$$

$$=\frac{0.1050mol/L\times24.00ml\times58.44g/mol\times10^{-3}}{0.2468g}\times100\%=59.67\%$$

答：样品中 NaCl 的质量分数为 59.67%。

例 3－5 现有标准溶液 $K_2Cr_2O_7$，浓度为 0.01020mol/L，求 $T_{K_2Cr_2O_7/Fe}$。若称取铁样品 0.2500g，溶解后用 $K_2Cr_2O_7$ 标准溶液滴定，消耗 $K_2Cr_2O_7$ 标准溶液 24.50ml，求 Fe 的质量分数？

解： 已知 $m_S=0.2500g$，$c_{K_2Cr_2O_7}=0.01020mol/L$，$V_{K_2Cr_2O_7}=24.50ml$，$M_{Fe}=55.85g/mol$

$$Cr_2O_7^{2-} + 6Fe^{2+} + 14H^+ = 2Cr^{3+} + 6Fe^{3+} + 7H_2O$$
$$t=1 \qquad a=6$$

根据式（3－2）可得 $$n_{Fe}=6n_{k_2Cr_2O_7}$$

根据式（3－10）可得 $T_{T/A}=\frac{a}{t}c_TM_A\times10^{-3}$

可得 $T_{K_2Cr_2O_7/Fe}=6\times c_{K_2Cr_2O_7}\times M_{Fe}\times10^{-3}$

$=6\times0.01020mol/L\times55.85g/mol\times10^{-3}=0.003418g/ml$

答：每消耗1ml $K_2Cr_2O_7$ 标准溶液相当于被测样品中含铁0.003418g。

根据式（3－13），有 $\omega_A=\frac{T_{T/A}V_T}{m_S}\times100\%$

可得 $\omega_{Fe}=\frac{T_{K_2Cr_2O_7/Fe}V_{K_2Cr_2O_7}}{m_S}\times100\%=\frac{0.003418g/ml\times24.50ml}{0.2500g}\times100\%=33.50\%$

答：Fe的质量分数为33.50%。

知识链接

滴定分析法在食品检验中的应用

随着社会的不断发展，科学技术的不断进步，人工合成的添加剂、色素等也越来越多，也给食品安全带来极大的安全隐患。

食品中的化学危害是指有毒的化学物质污染食物而引起的危害。化学性危害可能对人体造成急性中毒、慢性中毒、过敏、影响身体发育、影响生育、致癌、致畸、致死等后果。

利用化学分析的方法对食品中物质含量进行检测是分析化学的一大重要运用，已成为食品安全检测一大重要分支。作为化学分析法中的重要分析方法之一——滴定分析法得到了广泛使用。利用此方法主要是因为它具有以下几方面的优势：①准确度高，能满足常量分析的要求，理论上测定的相对误差不大于0.1%；②操作简便，快速；③使用的仪器简单，价廉；并且可应用多种化学反应类型进行测定。

具体方法分类：酸碱滴定法、络合滴定法、氧化还原滴定法、沉淀滴定法。各种方法相辅相成，均在食品安全检测中发挥着重要作用。

实训一 电子天平称量练习

一、实训目的

1. **掌握** 电子天平的基本操作和常用称量方法。
2. **了解** 电子天平的基本构造和用途。

二、实训内容

电子分析天平是最新一代的天平，它是根据电磁力平衡原理，直接称量，全量程不需要砝码，放上被测物质后，在几秒钟内达到平衡，直接显示读数。具有称量速度快、精度高的特点。

（一）电子天平的结构

电子天平结构如图3－1所示。

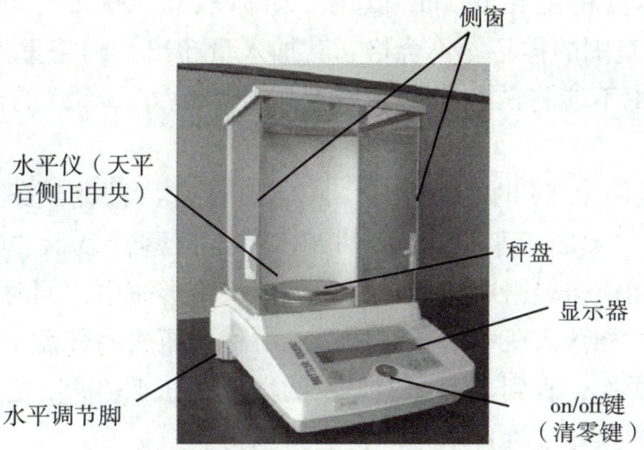

图 3－1　电子天平结构

（二）称量方法

常用电子天平的称量方法有以下三种。

1. 直接称量法　用于称量一物体的质量，即洁净干燥的不易潮解或升华的固体试样的质量。

2. 固定质量称量法　又称增量法，用于称量某一固定质量的试剂或试样。这种称量操作的速度很慢，适用于称量不易吸潮，在空气中能稳定存在的粉末或小颗粒（最小颗粒应小于0.1mg）样品，以便精确调节其质量。

3. 减量称量法　又称减量法，用于称量一定范围内的样品和试剂。主要针对易挥发、易吸水、易氧化和易与二氧化碳反应的物质。称量时需把样品放在称量瓶内，倒出一份样品前后两次称量差即为该份样品的质量。

三、仪器与试剂

1. 仪器　电子天平、干燥器、称量瓶、小烧杯、称量纸、药匙、手套等。

2. 试样　NaCl 粉末试样。

四、实训步骤

（一）称量前的检查

1. 检查天平盘内是否干净，用软刷清扫秤盘。
2. 检查天平是否水平，若不水平，调节底座螺丝，使气泡位于水平仪中心。
3. 检查硅胶是否变色失效，若是，应及时更换。
4. 接通电源，轻按“ on/off ”键，当显示器显示“0.0000g”时，电子称量系统自检过程结束。

（二）称量练习

1. 直接称量法　将一干燥洁净的小烧杯从侧门放置在秤盘中央，关闭天平门，按“TARE”键清零，显示“0.0000g”后，用药匙从天平侧门将试样加入小烧杯中，关闭天平门，显示值即为试样的质量。

2. 指定质量称量法　精密称取 0.4026g 基准物质 NaCl。将一洁净干燥的小烧杯从侧门放于秤盘中央，关闭天平门，按“TARE”键清零，显示“0.0000g”后，用药匙取 NaCl 从侧门伸入，用左手手指轻击右手腕部，将药匙中样品慢慢震落于小烧杯内，当达到所需质量时停止加样，关闭天平门，记录显示屏上的数值。

指定质量称量法要求称量精度在 0.1mg 以内。如称取 0.5000g 石英砂，则允许质量的范围是 0.4999～0.5001g。超出这个范围的样品均不合格，若加入量超出，则需重称试样，已用试样必须弃去，不能放回到试剂瓶中。操作中不能将试剂撒落到容器以外的地方。称好的试剂必须定量地转入接收器中，不能有遗漏。

3. 减量法 称取三份 0.4～0.5g 的基准物质 NaCl。用手套（或滤纸条）将装有约 10g 的基准物质 NaCl 的称量瓶放在秤盘中央，关闭天平门，按“TARE”键清零，显示“0.0000g”后，取出称量瓶，在锥形瓶的上方倾斜瓶身，用瓶盖轻击瓶口使试样缓缓落入锥形瓶中，同时将瓶身缓缓竖直，用瓶盖敲击瓶口上部，使粘于瓶口的试样落入瓶中，盖好瓶盖。将称量瓶放回秤盘中央，显示屏上显示的负值为倒出试样的质量，重复以上操作，直到显示屏上显示的数值在 0.4～0.5g 之间，记录显示屏上的数值即为第一份样品的质量，同样的操作继续称取第二份、第三份。

若敲出质量多于所需质量时，则需重新称取，已取出试样不能收回，须弃去。

（三）称量结束后的工作

称量结束后，按“TARE”键清零，显示“0.0000g”后，按“OFF”键关闭天平，用软毛刷清扫秤盘，将天平还原。在天平的使用记录本上记下称量操作的时间和天平状态，并签名。整理好台面之后方可离开。

五、注意事项

1. 在开关门放取称量物时，动作必须轻缓，切不可用力过猛或过快，以免造成天平损坏。
2. 对于过热或过冷的称量物，应使其回到室温后方可称量。
3. 称量物的总质量不能超过天平的称量范围。在固定质量称量时要特别注意。
4. 所有称量物都必须置于一定的洁净干燥容器（如烧杯、表面皿、称量瓶等）中进行称量，以免沾染腐蚀天平。
5. 为避免手上的油脂、汗液污染，不能用手直接拿取容器。称取易挥发或易与空气作用的物质时，必须使用称量瓶以确保在称量的过程中物质质量不发生变化。

六、思考题

1. 用分析天平称量的方法有哪些？增量法和减量法各宜在何种情况下采用？
2. 在实验中记录称量数据应准确至几位？为什么？

实训二 常用滴定分析仪器的使用及滴定操作

微课3

一、实训目的

1. 掌握 量瓶、移液管及滴定管的使用方法。

2. 了解 常用容量仪器的种类和适用范围。

二、相关知识

（一）量瓶的操作方法

量瓶是细颈、梨形的平底玻璃瓶（图 3－2），瓶口配有磨口玻璃塞或塑料塞。量瓶瓶塞须用结实的细绳系在瓶颈上，以防止损坏或丢失。量瓶常用于配制一定体积、浓度准确的溶液。量瓶上标有温度和容积，表示在所指温度下，液体的凹液面与量瓶颈部的刻度相切时，溶液体积恰好与瓶上标注的体积相等。常用的量瓶有100ml、250ml、500ml、1000ml等多种。

1. 检漏 量瓶在使用前，首先要检查是否完好，瓶口处是否漏水。检查方法如下：将量瓶中装入水至刻度处，塞紧瓶塞，擦干外壁，用食指顶住瓶塞，另一只手托住瓶底，使其倒立1分钟以上，观察是否漏水，再把塞子旋转180°，再次倒立观察，经检查不漏水的量瓶方可使用（图3-3）。量瓶的瓶塞一般用绳子系在瓶颈上，防止搞混、丢失或沾污。

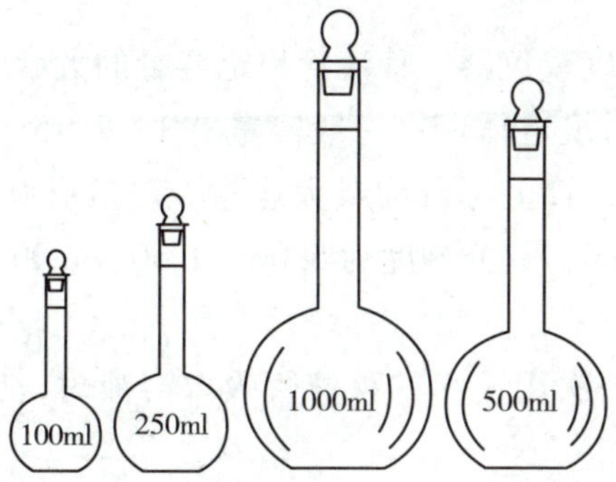

图3-2 量瓶

图3-3 量瓶检漏操作

2. 定量转移溶液 在使用量瓶配制溶液时，如果是固体试剂，应将称好的试剂先放在烧杯里用适量的蒸馏水溶解后，再转移到量瓶中。如果是液体试剂，应将所需体积的液体先移入烧杯中，加入适量蒸馏水稀释后，再转移到量瓶里。转移时，用玻璃棒引流转移入量瓶（图3-4），引流时玻璃棒的下端靠在量瓶瓶颈内壁上，使溶液沿玻璃棒及瓶颈内壁流下，溶液全部流完后将烧杯沿玻璃棒上移，同时直立，使附着在玻璃棒与烧杯嘴之间的溶液流回烧杯中。然后用蒸馏水洗涤烧杯3次，洗涤液一并转入量瓶。这一过程叫作溶液的定量转移。洗涤3次后，加入蒸馏水至容积2/3处，摇动量瓶，使溶液混合均匀，继续加蒸馏水，加至近标线时，继续加水至距刻度标线1cm左右时，用滴管继续滴加至凹液面实线最低处与标线相切为止。随即盖紧瓶塞，使量瓶倒转，并振荡数次，使溶液充分混合均匀（图3-5）。静置后如果液面降低，也不必再加水，可能因瓶颈处湿润消耗，不影响所配制溶液的浓度。

若操作失误，超过标线，必须倒掉洗净后重新配制。

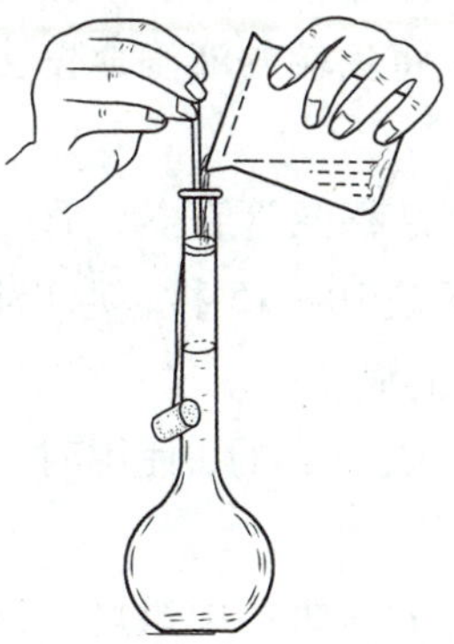
图3-4 量瓶转移溶液操作

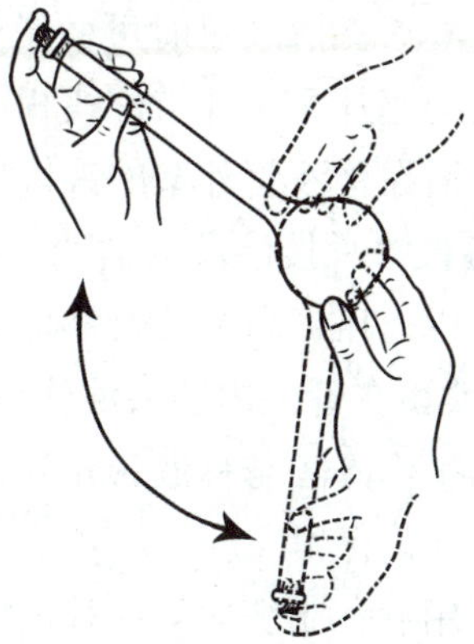
图3-5 量瓶摇匀操作

3. 注意事项

（1）量瓶不能加热，若在溶解或稀释时出现吸热或放热，就必须等待溶液的温度恢复到室温后才能向量瓶中转移，以免因温度变化影响体积。

（2）量瓶只能用于配制溶液，不能用于长期贮存溶液。不可将量瓶当作试剂瓶使用，尤其是碱性溶液会腐蚀瓶塞，使之无法打开。如需将溶液长期保存，应转移到试剂瓶中备用。

（3）量瓶不能用火直接加热或在烘箱中烘烤。如急需使用干燥的量瓶时，可将量瓶洗净后，用乙醇等有机溶剂荡洗后晾干或用电吹风的冷风吹干。

（4）量瓶使用完毕，应洗净、晾干（玻璃磨砂瓶塞应在瓶塞与瓶口处垫张纸条，以免瓶塞与瓶口粘连）。

（二）移液管和吸量管的操作方法

移液管和吸量管都是一种准确量取一定体积液体的精密度量仪器。移液管是定容量的大肚管，只有一条刻度线，无分度刻度线，所以到了刻度线即为定温下的规定体积；一般容量有1、2、5、10、20、25ml等规格。吸量管是一种直线形的带分度刻度的移液管，管上标量为最大容量。一般有0.2、0.5、1、2、5、10ml等规格。例如5ml吸量管，最大容量为5.00ml，其分刻度为5.00、4.50、4.00、…、0；因此，它可移取0～5ml内任意体积的液体，精度比量筒高。

1. 使用前准备 首先要选择量程与移液管类型，当第一次用洗净的移液管吸取溶液时，应先用滤纸将尖端内外的水吸净，否则会因水滴引入改变溶液的浓度。

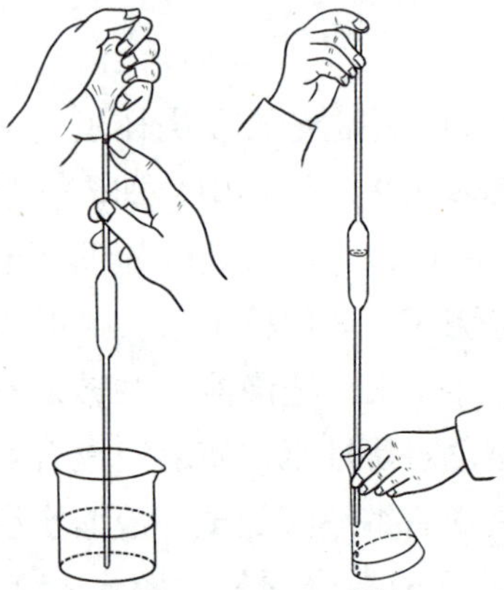

图3－6 移液管操作

2. 润洗 用少量所要移取的溶液，将移液管润洗2～3次，以保证移取的溶液浓度不变。移取溶液时，一般用右手（左手）的大拇指和中指拿住颈标线上方的玻璃管，将下端插入溶液中1～2cm，插入太深会使管外沾附溶液过多，影响量取的溶液体积的准确性；太浅往往会产生空吸，把溶液吸到洗耳球内弄脏溶液。左手（右手）拿洗耳球，先把球内空气压出，然后把洗耳球的尖端接在移液管顶口，慢慢松开洗耳球使溶液吸入管内（图3－6a）。

先吸入该管容量的1/3左右，用右手（左手）食指按住管口，取出横持平握，并转动管使溶液接触到刻度以上部位，以置换内壁的水分，然后将溶液从管的下口放出并弃去置于废液缸内，如此反复洗2～3次后，即可吸取溶液至刻度以上10～20mm，立即用右手（左手）食指按住管口。

3. 吸液后调节液面 将移液管向上提升离开液面，管的末端仍靠在盛溶液器皿的内壁上，管身保持直立，略为放松食指（有时可微微转动吸管）使液面下降。看刻度时，应将移液管的刻度与眼睛平行，直至溶液的弯月面底部与标线相切为止，立即用食指压紧管口。将尖端的液滴靠壁去掉，移去移液管，用滤纸将沾在移液管外壁的液体擦掉，插入承接溶液的器皿中。

4. 释放溶液 承接溶液的器皿若是锥形瓶，应使锥形瓶倾斜30°，移液管直立，管下端紧靠锥形瓶内壁，稍松食指，让管内溶液自然地沿器壁流下，流完后管尖接触瓶壁10～15秒，取出移液管（图3－6b）。切勿把残留在管尖内的溶液吹出，因校准时已考虑了所保留的溶液体积。

吸量管的操作方法与移液管相同，但应注意，凡吸量管上刻有“吹”字的，使用时必须将管尖内的溶液吹出，不允许保留。

移液管使用后，应洗净放在移液管架上。移液管和吸量管都不能放在烘箱中烘烤，以免引起容积变化而影响测量的准确度。

（三）滴定管的操作方法

滴定管是带有刻度的细长玻璃管，下端连有控制液体流量的开关，在滴定时用来测定自管内流出体积的一种测量仪器。滴定管的零刻度在最上面，数值自上而下读取。滴定管根据用途不同分为酸式滴定管和碱式滴定管两种，如图3－7所示。

酸式滴定管的下端带有玻璃活塞，因玻璃活塞会受碱性溶液的腐蚀，所以常用于盛放酸性和氧化性溶液，但不能盛放碱性溶液，因其磨口玻璃塞会被碱性溶液腐蚀，放置久了，活塞将打不开。

碱式滴定管的下端连有一根橡胶管，橡胶管内装有一玻璃珠，通过挤压玻璃珠控制溶液流速。碱式滴定管用于盛放碱性溶液，但不能盛放能与乳胶管起反应的氧化性溶液，如高锰酸钾、碘和硝酸银等。

滴定管除无色的外，还有棕色的，用以盛放见光易分解或有色的溶液，如 $AgNO_3$、$Na_2S_2O_3$、$KMnO_4$ 等溶液。

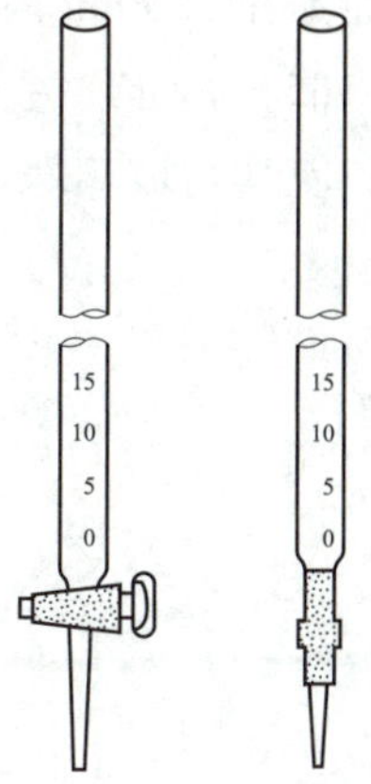

a.酸式滴定管；b.碱式滴定管

图 3-7　滴定管类型

1. 酸式滴定管

（1）试漏　将酸式滴定管装满纯化水，把它垂直夹在滴定管架上，放置 5 分钟。观察管尖处是否有水滴滴下，活塞缝隙处是否有水渗出。若不漏，将活塞旋转 180℃，静置 5 分钟，再观察一次，无漏水现象即可使用。检漏合格的滴定管，需用纯化水洗涤 3 ~ 4 次。

检查发现漏液的滴定管，必须重新装配，直至不漏，滴定管才能使用。涂凡士林的方法：取下活塞，用滤纸将活塞及塞座擦干净；用手指蘸少量凡士林，在活塞两端沿圆周各涂极薄的一层，把活塞径直插入塞座内，向同一方向转动活塞（不要来回转），直到从外面观察时，凡士林均匀透明为止。

（2）装液　①摇匀：首先将试剂瓶中的溶液摇匀，使凝结在瓶内壁上的液珠混入溶液。②转移：溶液应小心地直接倒入滴定管中，不得用其他容器（如烧杯、漏斗等）转移溶液。③润洗：在加满溶液之前，应先用少量此种溶液洗滴定管数次，以除去滴定管内残留的水分，确保溶液的浓度不变。倒入溶液时，关闭活塞，用左手大拇指和食指与中指持滴定管上端无刻度处，稍微倾斜，右手拿住细口瓶往滴定管中倒入溶液，让溶液沿滴定管内壁缓缓流下。操作时两手端平滴定管，慢慢转动，使标准溶液流遍全管，并使溶液与管壁接触 1 ~ 2 分钟，每次都要冲洗滴定管出口管尖，并尽量放尽残留溶液。④装液：装完溶液后关好滴定管活塞，倒入溶液至“0”刻度以上为止。

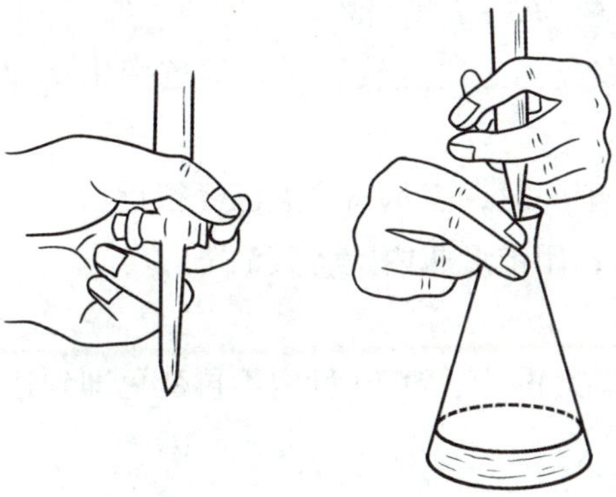

图 3-8　酸式滴定管的操作

（3）排气泡　迅速转动活塞，使溶液很快冲出，将气泡带走。

（4）调零　排尽气泡后，加入溶液使之在“0”刻度以上，再调节液面在 0.00 刻度处备用。如液面不在 0.00ml 时，则要记下初读数。

（5）滴定　用左手控制活塞，无名指和小拇指向手心弯曲，轻轻抵住出口管，拇指在前，食指和中指在后，手指略微弯曲，轻轻向内扣住活塞，手心空握（图 3-8）。

2. 碱式滴定管

（1）试漏　将碱式滴定管装满纯化水直立 5 分钟，若管尖处无水滴滴下即可使用。检查发现漏液的碱式滴定管，必须重新装配，直至不漏，滴定管才能使用。玻璃珠太小，溶液易漏出，并且玻璃珠易于滑动；若太大，则放出溶液时手指会很吃力，极不方便。检漏合格的滴定管，需用纯化水洗涤 3 ~ 4 次。

（2）装液　操作同酸式滴定管加入溶液的方法。润洗时应注意玻璃珠下方的洗涤。

（3）排气泡　用溶液洗完后，将其装满溶液垂直地夹在滴定管架上，左手拇指和食指放在稍高于玻璃珠所在的位置，并使橡皮管向上弯曲，出口管斜向上，往一旁轻轻捏橡皮管（图 3-9），使溶液从管口喷出，再一边捏橡皮管，一边将其放直。这样可排出出口管的气泡，并使溶液充满出口管。

（4）调零　排尽气泡后，加入溶液使之在“0”刻度以上，再调节液面在 0.00 刻度处，备用。如液面不在 0.00ml 时，则要记下初读数。

（5）滴定　左边拇指在前，食指在后。捏住橡皮管中玻璃珠所在位置稍上的地方，向右方挤橡皮管，使其与玻璃珠之间形成一条缝隙，从而放出溶液（图 3－10）。

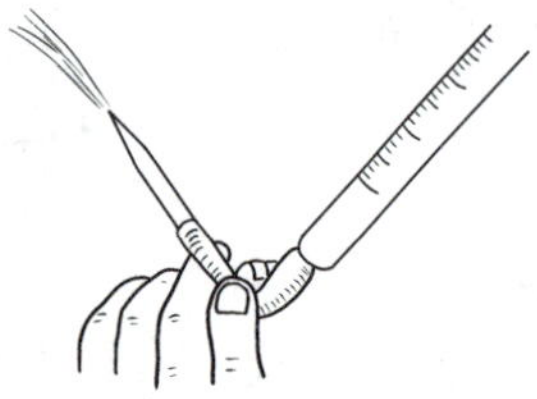

图 3－9　碱式滴定管排气泡方法

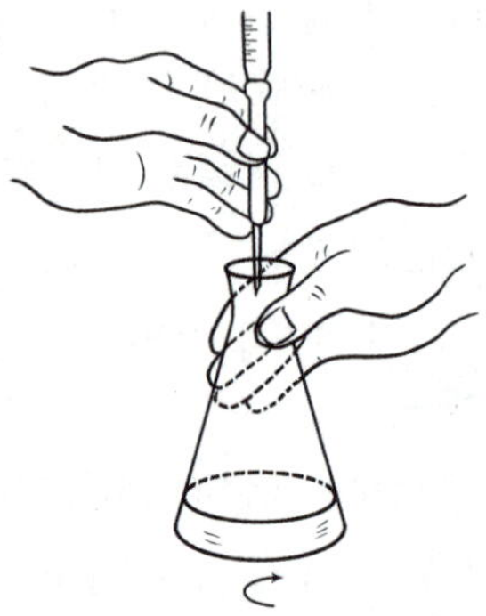

图 3－10　碱式滴定管的操作

3. 滴定操作

（1）滴定通常在锥形瓶中进行，锥形瓶下垫一白瓷板做背景，右手拇指、食指和中指捏住瓶颈，瓶底离瓷板 2～3cm。调节滴定管高度，使其下端伸入瓶口约 1cm。

（2）右手按前述方法操作滴定管，右手运用腕力摇动锥形瓶，使其向同一方向作圆周运动，边滴加溶液边摇动锥形瓶。

（3）在整个滴定过程中，左手一直不能离开活塞任溶液自流。

（4）摇动锥形瓶时，要注意勿使溶液溅出，勿使瓶口碰滴定管口，也不要使瓶底碰白瓷板，不要前后振动。

（5）一般在滴定开始时，无可见的变化，滴定速度可稍快，一般为 3～4 滴/秒。

（6）滴定到一定时候，滴落点周围出现暂时性的颜色变化。在离滴定终点较远时，颜色变化立即消逝。

（7）临近终点时，应该为滴 1 滴，摇几下。等到颜色变化完全消失时，表示离终点已经很近。

（8）微微转动活塞使溶液悬在出口管嘴上形成半滴，但未落下，用锥形瓶内壁将其沾下。

（9）然后将瓶倾斜，把附于壁上的溶液洗入瓶中，再摇匀溶液。

（10）如此反复直到刚刚出现达到终点时出现颜色而又不再消失为止。一般 30 秒内不再变色即到达滴定终点。

（11）滴定完毕，弃去滴定管内剩余的溶液，不得倒回原瓶。

4. 滴定管读数

（1）滴定开始前和滴定终点都要读取数值。

（2）读数时可将滴定管夹在滴定管夹上，也可以从管夹上取下，用右手拇指和食指捏住滴定管上部无刻度处，使管自然下垂，两种方法都应使滴定管保持垂直。

（3）在滴定管中无色或浅色溶液的弯液面下缘比较清晰，易于读数。读数时，使弯液面的最低点与分度线上边缘的水平面相切，视线与分度线上边缘在同一水平面上，以防止视差（图 3－11）。

（4）颜色太深的溶液，如高锰酸钾、碘化物溶液等，弯液面很难看清楚，可读取液面两侧的最高点，此时视线应与该点成水平。

（5）读数时，必须读至小数点后第二位，即要求估计到 0.01ml。滴定管上相邻二个刻度之间为 0.1ml，当液面在相邻刻度之间即为 0.05ml；若液面在此刻度间的 1/3 或 2/3 处，即为 0.03ml 或

0.07ml；当液面在此刻度间的1/5时，即为0.02ml。

5. 注意事项

（1）初读数与终读数应采用同一读数方法。

（2）刚刚添加完溶液或刚刚滴定完毕，不要立即调整零点或读数，而应等0.5～1分钟，以使附着的溶液流下来，使读数准确可靠。读数须准确至0.01ml。

（3）读取初读数前，若滴定管尖悬挂液滴时，应该用锥形瓶内壁将液滴沾去。在读取终读数前，如果出口管尖悬有溶液，此次读数不能取用。

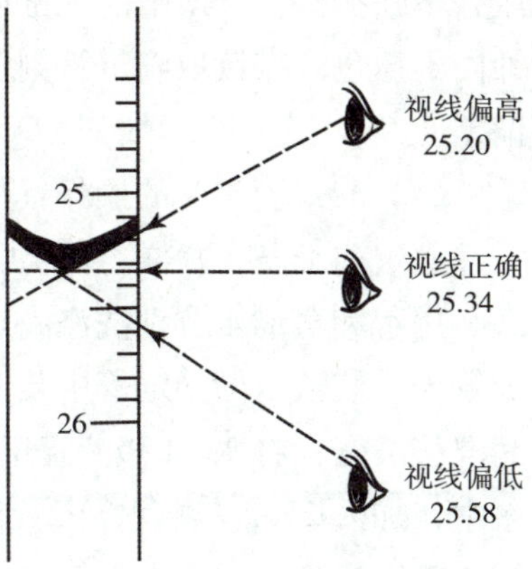

图3－11 读数视线的位置

三、仪器与试剂

1. 仪器 酸式滴定管（50ml）、碱式滴定管（50ml）、锥形瓶（250ml）、移液管（25ml）、量筒（100ml）、量瓶（100ml）。

2. 试剂 氢氧化钠溶液（0.1mol/L）、盐酸溶液（0.1mol/L）、酚酞指示剂（0.1%）、甲基橙指示剂（0.1%）、氯化钠（AR）、凡士林。

四、实训步骤

1. 量瓶操作练习

（1）向烧杯中注入10ml溶液（这里可用水代替），然后将烧杯中的水转移到量瓶中。用少量水洗涤烧杯2～3次，把洗涤液也转移到量瓶中。然后向量瓶中缓慢地注入水到刻度线以下1～2cm处，改用滴管滴加水到刻度（小心操作，切勿超过刻度）。

（2）塞好瓶塞，用食指摁住瓶塞，用另一只手托住瓶底，把量瓶反复倒转，使溶液混合均匀。

（3）取氯化钠固体少许，置小烧杯中，加水约20ml，搅拌使溶解后，定量转移到100ml容量瓶中，稀释至刻线，摇匀。

2. 移液管操作练习

（1）移液管洗涤 自来水洗→蒸馏水洗→待量取溶液润洗。

（2）定量移取溶液 吸液→调节液面至刻度线→放液。

3. 滴定练习 滴定操作步骤：检漏→洗涤→装液→排气泡→调零→滴定→读数。

（1）滴定管准备。

（2）滴定管开关的控制练习。转动活塞（或橡胶管玻璃球阀），控制溶液流出速度，要求做到：逐滴放出→只放出一滴→使溶液成悬而未滴的状态。

反复练习半滴操作：半滴的滴法是将滴定管活塞稍稍转动，使半滴溶液悬于滴定管口，将锥形瓶内壁与管口接触，使溶液靠入锥形瓶中并用蒸馏水冲下。

（3）碱式滴定管的操作（用NaOH标准溶液滴定HCl溶液）。

滴定前准备：检漏、洗涤、润洗、装液、调液面、读数。①检漏。检查碱式滴定管是否漏液。②洗涤。用水和蒸馏水分别洗涤滴定管、锥形瓶（2～3次）。③润洗。用0.1mol/L的氢氧化钠溶液润洗碱式滴定管。④装液。向滴定管中装入0.1mol/L的氢氧化钠溶液，排出尖嘴部位的气泡。⑤调液面。调节液面至零刻度。⑥润洗移液管。将25ml移液管用少量盐酸润洗2～3次。⑦移取25.00ml HCl溶液置于250ml锥形瓶中，加入25ml蒸馏水及2～3滴酚酞指示剂。

滴定操作练习要点：①左手捏住乳胶管中玻璃珠所在部位稍上处，向外侧挤压乳胶管，右手拿锥形瓶并不断振荡。②眼睛注视锥形瓶内溶液颜色的变化。③终点判断，溶液颜色由无色变为微红色且半分钟内不褪色。④读取滴定管刻度并记录消耗 NaOH 溶液的体积。平行操作 3 次，计算平均值及相对平均偏差。

（4）酸式滴定管的操作（用 HCl 标准溶液滴定 NaOH 溶液）。

滴定前准备：检漏、洗涤、润洗、装液、调液面、读数。①检漏。检查酸式滴定管是否漏液。②洗涤。用水和蒸馏水分别洗涤滴定管、锥形瓶（2～3 次）。③润洗：用 0.1mol/L 的盐酸溶液润洗酸式滴定管。④装液。向滴定管中装入 0.1mol/L 的盐酸溶液，排出气泡。⑤调液面：调节液面至零刻度。⑥润洗移液管：将 25ml 移液管用少量氢氧化钠润洗 2～3 次。⑦移取 25.00ml NaOH 溶液置于 250ml 锥形瓶中，加入 25ml 蒸馏水及 2～3 滴甲基橙指示剂。

滴定操作练习要点：①左手握滴定管活塞，右手拿锥形瓶并不断振荡。②眼睛注视锥形瓶内溶液颜色的变化。③终点判断，溶液颜色由黄色变为橙色且半分钟内不褪色。④读取滴定管刻度并记录消耗 HCl 溶液的体积。平行操作 3 次，计算平均值及相对平均偏差。

注意：读数时视线与凹液面水平相切。

五、数据记录与处理

1. NaOH 标准溶液滴定 HCl 溶液 将数据记录于表 3－3。

表 3－3 NaOH 标准溶液滴定 HCl 溶液

试样编号	1	2	3
HCl 溶液体积（ml）	25.00	25.00	25.00
滴定消耗 NaOH 标准溶液体积（ml）			
$\overline{V}$（NaOH）（ml）			
绝对偏差 d			
平均偏差 $\overline{d}$			
相对平均偏差 $R\overline{d}$（%）			

2. HCl 标准溶液滴定 NaOH 溶液 将数据记录于表 3－4。

表 3－4 HCl 标准溶液滴定 NaOH 溶液

试样编号	1	2	3
NaOH 溶液体积（ml）	25.00	25.00	25.00
滴定消耗 HCl 标准溶液体积（ml）			
$\overline{V}$（HCl）（ml）			
绝对偏差 d			
平均偏差 $\overline{d}$			
相对平均偏差 $R\overline{d}$（%）			

六、思考题

1. 用移液管量取溶液时，遗留在管尖内的少量溶液应如何处理？为什么？

2. 用 10ml 刻度吸管移取 7.00ml 溶液时，一般不是从 3.00ml 刻度处将溶液全部释放，而是吸取 10.00ml 溶液，然后从 10.00ml 处释放至 7.00ml 处，为什么？

3. 用移液管量取溶液时，应如何记录体积？滴定管读数时应如何记录体积？

4. 若用 NaOH 标准溶液滴定 HCl 溶液，分析下列操作会对测定结果产生什么影响。

（1）碱式滴定管水洗之后未用标准碱液润洗。
（2）滴定前碱式滴定管中未将气泡赶尽，滴定后气泡消失。
（3）滴定前碱式滴定管中无气泡，但滴定过程中由于捏玻璃珠下部的橡皮管，管内进了气泡。
（4）锥形瓶水洗后用待测酸液润洗。
（5）若使用的锥形瓶水洗之后未干燥，即注入酸并进行滴定。
（6）滴定读数时，开始时平视，结束后仰视。

练习题

答案解析

一、填空题

1. 已知准确浓度的试剂称为__________。
2. 将滴定剂从滴定管逐滴加入到被测物质溶液中的操作过程称为__________。
3. 滴定分析法的滴定方式有__________、__________、__________、__________。
4. 可用于直接配制标准溶液或标定溶液浓度的物质称为__________。
5. 滴定分析适用于测定含量__________的常量组分的分析。

二、选择题

（一）单项选择题

1. 滴定分析中的化学反应必须满足一定条件，以下说法正确的是（　）
   A. 反应必须定量完成
   B. 反应必须有颜色变化
   C. 标准溶液与被测物质必须是 1∶1 的计量关系
   D. 标准溶液必须是基准物质
2. 下列说法中正确的是（　）
   A. 所有的化学反应都能用于滴定分析
   B. 当反应速率较慢时可用返滴定法滴定
   C. 当滴定反应有副反应发生时可用间接滴定法
   D. 当被测物质不能与滴定剂直接反应时可采用置换滴定法
3. 在滴定分析中化学计量点和滴定终点的关系是（　）
   A. 二者含义相同　B. 二者越接近误差越小　C. 二者没有关系　D. 以上都不对
4. 直接法配制标准溶液必须使用（　）
   A. 基准试剂　B. 化学纯试剂　C. 分析纯试剂　D. 优级纯试剂
5. 用 0.1000mol/L HCl 标准溶液滴定 25.00ml NaOH 溶液，终点时消耗 HCl 标准溶液 25.00ml，则 NaOH 溶液的浓度为（　）
   A. 0.1000mol/L　B. 0.0100mol/L　C. 0.001mol/L　D. 0.1mol/L
6. 测定 $CaCO_3$ 的含量时，加入一定量过量的 HCl 标准溶液与其完全反应，过量部分 HCl 用 NaOH 溶液滴定，此滴定方式属于（　）
   A. 直接滴定法　B. 返滴定法　C. 置换滴定法　D. 间接滴定法
7. 0.2000mol/L NaOH 标准溶液对 H_2SO_4 的滴定度是（　）
   A. 0.0004904g/ml　B. 0.004904g/ml　C. 0.0009808g/ml　D. 0.009808g/ml

（二）多项选择题

1. 下列各物质可作为基准物质的是（　）

A. Zn　　B. $Na_2B_4O_7 \cdot 10H_2O$　　C. NaOH

D. HCl　　E. $Na_2S_2O_3$

2. 下列说法不正确的是（　）

A. 指示剂的变色点即为化学计量点

B. 分析纯的试剂均可作基准物质

C. 定量完成的反应均可作为滴定反应

D. 标准溶液又称滴定剂

E. 指示化学计量点到达而能改变颜色的辅助试剂称为指示剂

3. 根据化学反应类型的不同，滴定分析法可分为（　）

A. 酸碱滴定法　　B. 配位滴定法　　C. 氧化还原滴定法

D. 沉淀滴定法　　E. 非氧化还原滴定法

三、简答题

1. 化学计量点和滴定终点有什么不同？

2. 滴定分析法的滴定方式有哪几种？说出各自的适用范围？

3. 什么是滴定度？$T_{KMnO_4/Fe^{2+}}=0.02024g/ml$ 的意义是什么？

四、实例分析

1. 欲配制 0.1013mol/L 的 $K_2Cr_2O_7$ 标准溶液 1000ml，问应称取基准物质的质量应为多少克？

2. 0.1000mol/L 的 NaOH 标准溶液对苯甲酸（$C_7H_6O_2$）的滴定度 $T_{NaOH/C_7H_6O_2}$ 是多少？已知 $M(C_7H_6O_2)=122.12g/mol$。

3. 精密称取基准物质邻苯二甲酸氢钾（KHP）0.5212g，标定 NaOH 溶液，终点时用去 NaOH 溶液 22.20ml，求 NaOH 溶液的物质的量浓度？

书网融合……

本章小结　　微课 1　　微课 2　　微课 3　　题库

第四章

酸碱滴定法

PPT

学习目标

知识目标

1. 掌握 酸碱滴定法的基本概念和指示剂的变色原理、变色范围；强酸与强碱相互滴定、一元弱酸（碱）滴定的基本原理、滴定突跃和指示剂的选择原则；常用的酸碱标准溶液的配制方法及标定其浓度的基准物质。

2. 熟悉 影响酸碱指示剂变色范围的因素、混合指示剂作用原理；固定相和流动相的选择原则及操作方法；定性方法。

3. 了解 多元酸（碱）的滴定条件及指示剂的选择；溶剂的分类方法及溶剂的性质、选择原则

能力目标

学会酸碱标准溶液的配制、标定，判断酸碱滴定的终点；能运用酸碱滴定法测量物质的组成、结构、含量；培养运用酸碱滴定法定性、定量分析药物、食品等各组分的能力。

素质目标

通过本章的学习，讲述化学家波义耳发现指示剂的历史，帮助学生树立努力钻研科学的精神，激发学生热爱科学的兴趣；通过讲述发展史中化学家的事迹培养学生科学探索的创新精神和实验操作精益求精的工匠精神；培养认真严谨的工作作风；通过酸碱滴定实验方案的确定、实施、数据处理等操作，培养责任意识和实事求是的科学精神。

情境导入

情境 17 世纪化学家波义耳是第一个将各种天然植物的汁液用作指示剂的科学家，在实验过程中将植物的汁液（即指示剂）浸在一小片纸上，然后试纸上滴一滴溶液，以此来判断他们所研究的化学反应的某些性质。在这些指示剂中，有的被配成溶液，有的做成试纸，几乎和我们现在所用的方法完全一样。波义耳，1627 年生于爱尔兰的利兹莫尔堡，他所描绘的酸的各种特性中，有一条就是酸能够改变某些植物的汁液的颜色，这也就是人类对指示剂这种物质的最原始的认识。波义耳在他的《颜色的试验》一书中曾描写了怎样用植物的汁液来做指示剂。他曾经使用过的植物的种类很多，其中有紫罗兰、玉米花、玫瑰花、雪米、苏木（即巴西木）、樱草、洋红和石蕊。在书中还介绍了用指示剂制作试纸的方法，以及怎样使用这些试纸。

思考 1. 指示剂的变色原理是什么？

2. 酸碱滴定法在食品、药物分析中有什么应用？

酸碱滴定法是化学分析法中的四大滴定方法之一，是一种以酸碱中和反应为基础的滴定分析方法，

其分析原理是利用滴定剂与被测溶液之间的酸碱中和反应完全达到平衡时，二者的物质的量之比与反应系数之比相等，即达到化学计量点，根据消耗的标准溶液的量计算出被测物质含量的方法。滴定能否准确确定化学计量点，将影响结果的准确性，因此合适的确定计量点的方法能够提高定量分析的准确度。常用的方法是指示剂法，本章将重点介绍。

第一节 酸碱指示剂

一、酸碱指示剂的变色原理

酸碱滴定本身不发生颜色变化，借助指示剂可以观察到滴定溶液的颜色变化，进而判断滴定的终点。酸碱指示剂一般为有机弱酸（弱碱），在溶液的 pH 发生变化时，它的酸式和共轭碱式在溶液中的存在比例不同，因结构不同颜色具有明显差异，利用这种颜色随 pH 变化的性质可以帮助我们判断滴定的终点。例如甲基橙（弱碱）指示剂：

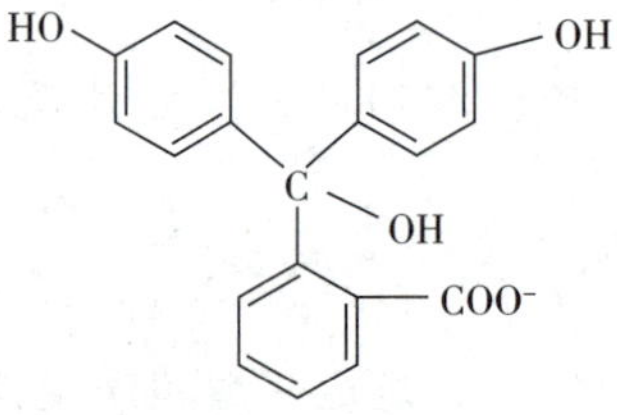

酸式色：红（羟式）

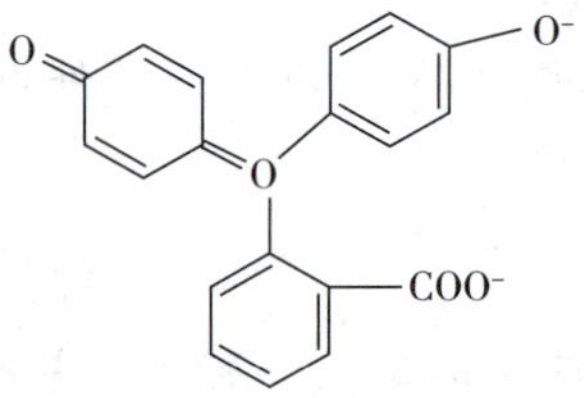

碱式色：黄色（醌式）

酚酞（弱酸）指示剂：

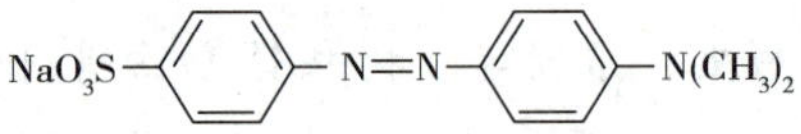

酸式色：无色（羟式）

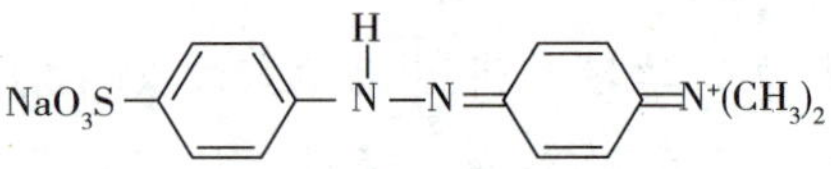

碱式色：红色（醌式）

从以上两个例子中可以看出，酸碱的环境条件改变，即 pH 变化引起了指示剂的结构变化，当结构变化的分子数目足够多，在宏观上就能肉眼可见颜色这一性质的变化。滴定时，若指示剂能够在滴定的化学计量点附近改变颜色，就可以根据颜色变化判断滴定终点。那么 pH 变化多大，才能使指示剂发生颜色变化呢？由指示剂颜色变化判定的滴定终点和理论上的化学计量点之间误差有多大呢？怎样选择指示剂才能减小误差？这些问题的答案在酸碱指示剂变色范围部分的内容中。

二、酸碱指示剂的变色范围

为方便解释，以 HIn 表示弱酸型指示剂，它的颜色称为酸式色；In^- 表示碱式色，在溶液中存在如下平衡：

$$HIn = H^+ + In^-$$

$$K_{HIn} = \frac{[H^+][In^-]}{[HIn]}，则$$

$$pH = pK_{HIn} + \lg\frac{[In^-]}{[HIn]} \quad (4-1)$$

式（4-1）中，当温度、压力等外界条件一定时，K_{HIn} 为酸碱平衡常数，为定值。溶液的 pH 变化，则 $\frac{[In^-]}{[HIn]}$ 比值也随之而变。由于人眼对色彩的分辨有限，理论上：

（1）当比值大于10，主要能看到[In^-]的颜色，即碱式色；

（2）当比值小于0.1，主要看到[HIn]的颜色，即酸式色；

（3）当比值在0.1到10之间，看到的是两者混合的颜色。

（4）其中，当$\frac{[In^-]}{[HIn]}=1$时，$pH=pK_{HIn}$，此时溶液的pH称为指示剂的理论变色点。

指示剂的理论变色范围是指能够明显看到指示剂由酸式色变为碱式色（或者由碱式色变为酸式色）时溶液的pH取值范围，即在理论变色点上下浮动2的pH单位，因此：$pH=pK_{HIn}\pm1$，或者pH在$pK_{HIn}-1$到$pK_{HIn}+1$之间，由此可见，指示剂的理论变色范围与指示剂的解离平衡常数K_{HIn}有关，不同的指示剂平衡常数不同，理论变色点和理论变色范围也不同。

实验时发现，由于人眼对不同颜色的敏感程度不同，加之实验条件（如温度、溶剂、指示剂用量、滴定顺序）的差异，实际测得指示剂的变色范围也不相同。指示剂的变色范围越窄，对pH的变化越敏感，在计量点附近颜色变化越明显，终点误差越小，在选择指示剂要根据实际实验条件选择合适的指示剂。现将常用的酸碱指示剂及其变色范围等相关信息列于表4－1。

表4－1 常见的酸碱指示剂

指示剂	变色范围（pH）	酸式色	碱式色	pK_{HIn}
百里酚蓝	1.2～2.8	红	黄	1.7
甲基黄	2.9～4.0	红	黄	3.3
甲基橙	3.1～4.4	红	黄	3.4
溴酚蓝	3.0～4.6	黄	紫	4.1
溴甲酚绿	3.8～5.4	黄	蓝	4.9
甲基红	4.4～6.2	红	黄	5.1
溴百里酚蓝	6.2～7.6	黄	蓝	7.3
中性红	6.8～8.0	红	黄橙	7.4
酚红	6.7～8.4	黄	红	8.0
酚酞	8.0～10.0	无	红	9.1
百里酚酞	9.4～10.6	无	蓝	10.0

三、混合指示剂

某些酸碱滴定中，pH突跃范围很窄，或者颜色变化不明显，使用一般指示剂不能准确判断终点，此时应改用混合指示剂。混合指示剂具有变色范围窄、变色敏锐的特点。混合指示剂有两种配制方法，一种是在某种指示剂中加入一种惰性染料，例：甲基橙＋靛蓝（紫色→绿色），变色点为暗灰色；另一种配制方法是用两种或两种以上的指示剂按一定比例混合而成，例：溴甲酚绿＋甲基红（酒红色→绿色），变色点为暗灰色。常见的混合指示剂见表4－2。

表4－2 常见的混合指示剂

指示剂组成	变色点	酸式色	碱式色	变色点颜色
0.1%甲基橙：0.25%靛蓝二磺酸钠1：1	4.1	紫	黄绿	灰
0.2%甲基红：0.1%溴甲酚绿1：3	5.1	酒红	绿	灰
0.1%中性红：0.1%亚甲基蓝1：1	7.0	蓝紫	绿	蓝紫
0.1%甲基绿：0.1%酚酞2：1	8.9	绿	紫	浅蓝－紫
0.1%百里酚：0.1%酚酞1：1	9.9	无	紫	玫瑰红－紫

第二节 酸碱滴定类型及指示剂的选择

酸碱滴定法是以酸碱中和反应为基础的滴定分析法，一般用一元强酸或强碱做滴定剂（标准溶液）。按被测物质的酸碱强弱及给出或接受氢离子的数量，一般分为：一元强酸强碱滴定、一元弱酸（弱碱）的滴定及多元酸碱的滴定。在滴定实验中有如下问题要解决：一种具有酸性或碱性的物质能否被准确滴定，滴定过程中的 pH 如何变化，根据 pH 的变化如何选择指示剂。本节结合滴定分析的误差要求（滴定误差小于等于 0.1%），通过计算不同类型酸碱滴定过程的 pH 变化，以 pH 为纵坐标，消耗的标准溶液的体积（或百分比）为横坐标，绘制酸碱滴定曲线，根据滴定曲线的变化确定化学计量点（简称计量点）附近溶液的 pH 变化规律，选择合适的指示剂。

一、强酸（强碱）的滴定

酸碱中和反应：

$$H^+ + OH^- = H_2O$$

以 25℃时 0.1000mol/L 的 NaOH（体积：V_b）溶液滴定 20.00ml 0.1000mol/L 的 HCl（体积：V_a）溶液为例来讨论强碱滴定强酸过程中 pH 的变化情况、滴定曲线的绘制和指示剂的选择。根据滴定误差小于 0.1% 的要求，可将滴定过程分为 4 阶段。

1. 滴定前 $V_b = 0.00$ml，溶液的 $[H^+]$ 等于 HCl 溶液的初始浓度 0.1000mol/L。

$pH = -\lg[H^+] = -\lg 0.1000 = 1.00$

2. 滴定开始至计量点 0.1% 前 V_b取值范围：$0.00 < V_b \leq 19.98$ml，酸过量，溶液的 pH 取决于剩余 HCl 溶液的浓度。

例如：当 $V_b = 19.98$ml，

$$pH = -\lg[H^+] = -\lg\frac{0.1000 \times (20.00 - 19.98)}{20.00 + 19.98} \approx -\lg\frac{0.1000 \times (20.00 - 19.98)}{20.00 + 20.00} = 4.30$$

3. 计量点 $V_b = 20.00$ml，溶液呈中性。

$pH = -\lg[H^+] = -\lg(1.00 \times 10^{-7}) = 7.00$

4. 计量点至计量点后 V_b取值范围：$20.00\text{ml} < V_b$，碱过量，溶液的 pH 取决于过量的 NaOH 溶液的浓度。

例如：当 $V_b = 20.02$ml，

$$pH = 14 - pOH = 14 + \lg\frac{0.1000 \times (20.02 - 20.00)}{20.02 + 20.00} \approx 14 + \lg\frac{0.1000 \times (20.02 - 20.00)}{20.02 + 20.00} = 9.70$$

按 4 个过程取点计算，将结果列于表 4-3 中。作图如图 4-1 所示。

表 4-3 25℃ 0.1000mol/L 的 NaOH 滴定 20.00ml 0.1000mol/L 的 HCl

V_b (ml)	体积分数	V_a (ml)	pH
0.00	0.000	20.00	1.00
18.00	0.900	2.00	2.28
19.80	0.990	0.2	3.30
19.98	0.999	0.02	4.30 *
20.00	1.000	0.00	7.00!

续表

V_b（ml）	体积分数	V_a（ml）	pH
20.02	1.001	0.00	9.70 *
20.20	1.010	0.00	10.70
22.00	1.100	0.00	11.70
40.00	2.000	0.00	12.52

* 突跃范围；！计量点。

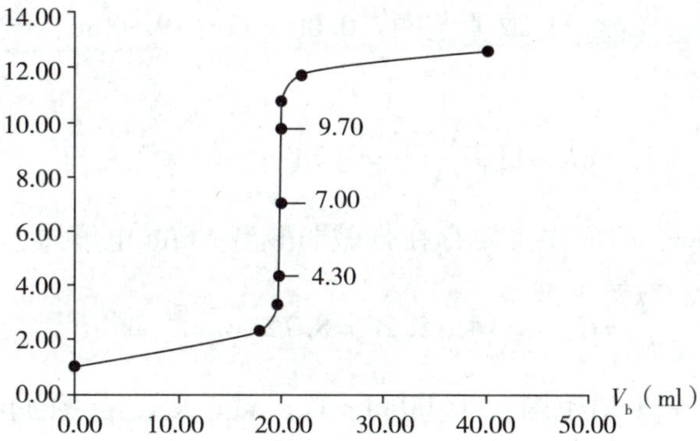

图 4-1　0.1000mol/L 的 NaOH 滴定 20.00ml 0.1000mol/L 的 HCl 滴定曲线

从表 4-3 及图 4-1 中可以看出，V_b在 0.00～19.80ml 时 pH 为 3.30，仅仅变化了 2.3，曲线较平。再加 0.18ml 标准溶液，pH 为 4.30 变化了 1.00，变化速率加快了。当再加入 0.02ml 标准溶液恰好至计量点，溶液 pH 迅速变为 7.00，虽然加入的标准溶液也非常少，但 pH 变化特别大。之后再加入 0.02ml 标准溶液，pH 迅速变为 9.70. 之后 pH 变化率越来越小。

可见计量点前后虽然只加了 0.04ml 的标准溶液，即计量点 ±0.1% 的标准溶液，溶液 pH 从 4.30 迅速上升到 9.70，变化了 5.4，我们将这种溶液 pH 的急剧变化称为滴定突跃。计量点 ±0.1% 的标准溶液引起滴定突跃的溶液 pH 范围称为滴定突跃范围。只要被测酸碱物质的体积确定，滴定突跃范围对应的标准溶液体积就是个定值，因此，滴定突跃范围越大，则被测溶液在临近终点时 pH 的变化范围越宽，可选择的指示剂就越多，基于此可将突跃范围作为指示剂的选择依据。规定指示剂的变色范围与滴定的突跃范围要有重合，且指示剂的理论变色点与滴定的化学计量点尽可能接近。如上所述，滴定可选择甲基橙、甲基红、酚酞作指示剂。

影响强酸（强碱）滴定突跃范围的因素主要是酸碱的浓度，一般浓度越大，滴定突跃范围越大，做实验时需综合考虑实验误差要求、成本、环境污染等条件。强酸滴定强碱的情况与上述类似，pH 变化与上述情况相反，如图 4-2 所示。

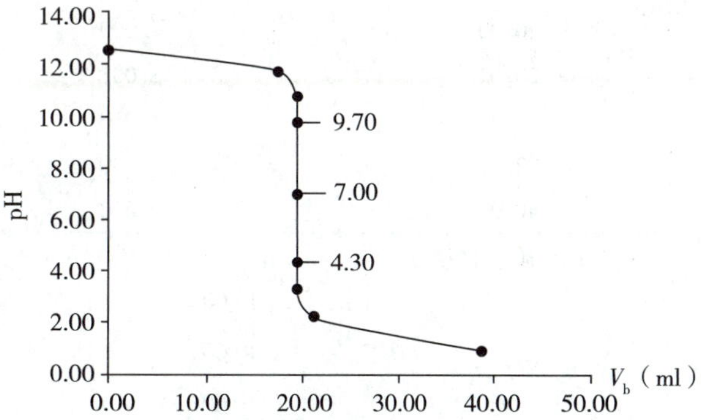

图 4-2　0.1000mol/L 的 HCl 滴定 20.00ml 0.1000mol/L NaOH 的滴定曲线

二、一元弱酸（弱碱）的滴定

滴定弱酸 HA（弱碱 B）时，一般用一元强碱（强酸）做标准溶液。酸碱中和反应如下：

$$HA + OH^- = A^- + H_2O \quad 或 \quad B + H^+ = HB^+$$

以25℃时0.1000mol/L的NaOH（体积：V_b）溶液滴定20.00ml 0.1000mol/L的HAc（醋酸，体积：V_a）溶液为例来讨论强碱滴定弱酸过程中pH的变化情况、滴定曲线的绘制和指示剂的选择。根据滴定误差小于0.1%的要求，可将滴定过程分为4阶段。

1. 滴定前 $V_b = 0.00ml$，HAc溶液的浓度为0.1000mol/L，溶液的H^+浓度为

$$[H^+] = \sqrt{K_{HAc} \times c_{HAc}} = \sqrt{1.8 \times 10^{-5} \times 0.1000} = 1.34 \times 10^{-3} mol/L$$

$$pH = -\lg[H^+] = 2.87$$

2. 滴定开始至计量点0.1%前 V_b取值范围：$0.00 < V_b \leqslant 19.98ml$，酸过量，溶液中存在$HAc - Ac^-$缓冲对，pH可按缓冲体系算得。

例如：当$V_b = 19.98ml$，$pH = pK + \lg\frac{[Ac^-]}{[HAc]} = 7.74$

3. 计量点 $V_b = 20.00ml$，溶液中主要存在强碱弱酸型NaAc电解质，溶液呈碱性。

$$pH = 14 - pOH = 14 + \lg\sqrt{\frac{K_w}{K_{HAc}}C_{Ac^-}} = 14 - 5.28 = 8.72$$

4. 计量点至计量点后 V_b取值范围：$20.00ml < V_b$，碱过量，溶液的pH取决于过量的NaOH溶液的浓度。

例如：当$V_b = 20.02ml$，

$$pH = 14 - pOH = 14 + \lg\frac{0.1000 \times (20.02 - 20.00)}{20.02 + 20.00} \approx 14 + \lg\frac{0.1000 \times (20.02 - 20.00)}{20.02 + 20.00} = 9.70$$

按4个过程取点计算，将结果列于表4-4中。作图如图4-3所示。

表4-4 25℃ 0.1000mol/L的NaOH滴定20.00ml 0.1000mol/L的HAc

V_b（ml）	体积分数	V_a（ml）	pH
0.00	0.000	20.00	2.87
18.00	0.900	2.00	5.70
19.80	0.990	0.2	6.73
19.98	0.999	0.02	7.74 *
20.00	1.000	0.00	8.72!
20.02	1.001	0.00	9.70 *
20.20	1.010	0.00	10.70
22.00	1.100	0.00	11.70
40.00	2.000	0.00	12.52

* 突跃范围；! 计量点。

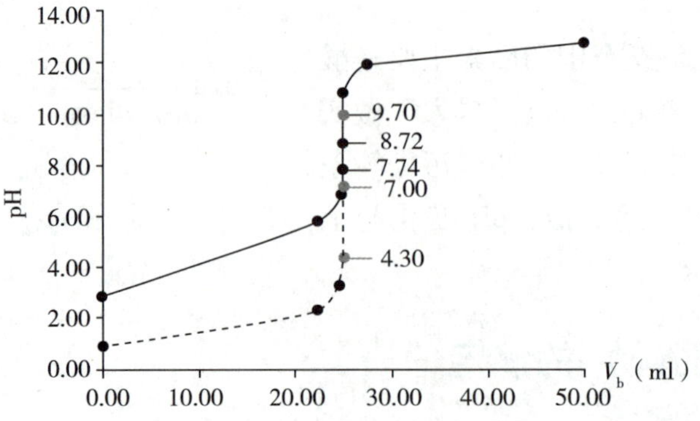

图4-3 0.1000mol/L的NaOH滴定20.00ml 0.1000mol/L的HAc滴定曲线

由表4－4及图4－3中可以看出（对比表4－3及图4－1），相同条件下有以下几点。

（1）起点变高了。滴定前的弱酸HAc溶液pH为2.87，比强酸HCl溶液的pH大了1.87，这是因为弱酸比强酸在溶剂水中的解离度小，$[H^+]$ 减小，pH增大。

（2）曲线形状有差异，计量点前出现两个拐点。滴定开始后，刚开始随着NaOH标准溶液的加入HAc曲线较HCl坡度变大，这主要是因为溶液中的 Ac^- 不断增加，引起同离子效应，抑制了HAc的解离，使溶液中的 $[H^+]$ 减小，pH增大。随着强碱的不断加入，在化学计量点前，曲线趋于平缓，这是溶液中的 $HAc-Ac^-$ 缓冲对起了作用。接近计量点缓冲比减小，缓冲能力减弱，所以继续滴加NaOH溶液的pH变化加快了。计量点之后再加入0.02ml标准溶液，pH迅速变为9.70之后pH变化与HCl基本一致。

（3）化学计量点时呈碱性。溶液的pH大于7.00。此时，溶液中主要是强碱弱酸盐NaAc，因此溶液呈碱性。

（4）滴定的突跃范围变窄了。滴定突跃范围7.74至9.70，变化了1.96，相比于强碱滴定强酸的5.4变窄了很多，可选的指示剂也因此减少了，不能选择甲基橙、甲基红等在酸性范围内变色的指示剂，可以选择酚酞、百里酚酞作为指示剂。

影响弱酸（弱碱）滴定突跃范围的因素主要有两个，一是被测酸碱的强弱，可以平衡常数 K 值的大小衡量，一般 K 值越大，滴定突跃范围越大；二是酸碱的浓度，一般浓度越大，滴定突跃范围越大。做实验时需综合考虑实验误差要求、成本、环境污染等条件，一般要求 $cK_a \geq 10^{-8}$ 或 $cK_b \geq 10^{-8}$。强酸滴定强碱的情况与上述类似，pH变化与上述情况相反，如图4－4所示。

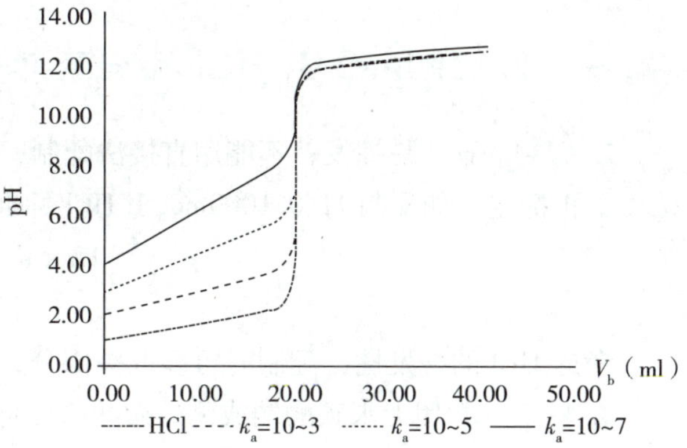

图4－4　0.1000mol/L的NaOH滴定20.00ml 0.1000mol/L不同弱酸的滴定曲线

三、多元酸（碱）的滴定

以25℃时0.1000mol/L的NaOH（体积：V_b）溶液滴定20.00ml 0.1000mol/L的 H_3PO_3（磷酸，体积：V_a）溶液为例来讨论强碱滴定三元酸过程中pH的变化情况、滴定曲线的绘制和指示剂的选择。

酸碱中和反应如下：

$$H_3PO_3 \rightleftharpoons H^+ + H_2PO_3^- \qquad K_{a1} = 7.5 \times 10^{-3}$$

$$H_2PO_3^- \rightleftharpoons H^+ + HPO_3^{2-} \qquad K_{a2} = 6.3 \times 10^{-8}$$

$$HPO_3^{2-} \rightleftharpoons H^+ + PO_3^{3-} \qquad K_{a3} = 4.4 \times 10^{-13}$$

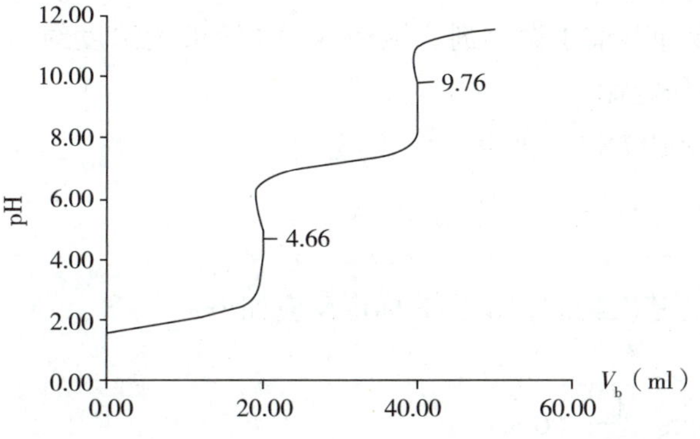

图4－5　0.1000mol/L的NaOH滴定20.00ml 0.1000mol/L磷酸的滴定曲线

多元酸（碱）的计算复杂，一般只算化学计量点。第一步的 H_3PO_3 和第二步的 $H_2PO_3^-$ 分别看成一元酸，出现pH＝4.66和pH＝9.76两个拐点，即化学计量点，分别选择甲基红和酚酞做指示剂进行滴定。第三步 HPO_3^{2-} 的 K_{a3} 太小，不能够直接准确滴定。作图如图4－5所示。

由图4－5可知，多元酸（碱）的滴定可以分成多步一元酸（碱）滴定，选择合适的指示剂，将多步滴定数据合在一起绘制滴定曲线。但当某一步的分级解离常数太小导致滴定突跃太窄，或者两步滴定之间的分级解离常数相差不大，前一步的滴定还未完成，已经开始消耗下一步的 H^+，无法确定滴定终点。所以多元酸（碱）的滴定分步滴定需满足两个原则。

（1）首先根据弱酸滴定条件判断 $C_a K_{ai} \geq 10^{-8}$ 能滴定至哪一级。

（2）根据 $K_{ai}/K_{ai+1} \geq 10^4$ 来判断多元酸相邻存在组分能否分步滴定，否则不能分步滴定。多元碱的滴定类似。

第三节 酸碱标准溶液的配制与标定

水溶液中酸碱滴定最常用的标准溶液（标准溶液）是 HCl 溶液和 NaOH 溶液，浓度一般在 0.01000 ~ 1.000mol/L 之间，最常用的浓度是 0.1000mol/L。

一、0.1000mol/L HCl 标准溶液的配制与标定

1. 配制 HCl 易挥发，不能用直接法配制，可采用标定法。先用市售 12mol/L 的浓盐酸配制成近似浓度，再标定。如配制 1L 0.1000mol/L HCl 标准溶液，根据稀释定律：

$$12 \times V = 0.1000 \times 1000$$

$$得\ V = 8.30ml$$

考虑 HCl 的挥发性，配制时可多取一部分，如取 9.00ml 稀释定容。

2. 标定 常用无水碳酸钠或硼砂做酸溶液标定的基准物质，发生的标定反应如下：

$$Na_2CO_3 + HCl \rightleftharpoons NaHCO_3 + NaCl\ 酚酞$$

$$NaHCO_3 + HCl \rightleftharpoons NaCl + H_2CO_3\ 甲基橙$$

$$Na_2B_4O_7 + 2HCl + 5H_2O \rightleftharpoons 4H_3BO_3 + NaCl\ 甲基红$$

称取一定质量的基准物质，按计量关系滴定并计算出 HCl 标准溶液的准确浓度。如以为无水碳酸钠为基准物质，则：

$$c_{HCl} = \frac{m_{Na_2CO_3}}{M_{Na_2CO_3} V_{HCl}} \times 2 \times 1000$$

具体操作步骤详见本章实训三。

二、0.1000mol/L NaOH 标准溶液的配制与标定

1. 配制 NaOH 在空气中易潮解，也易与空气中的 CO_2 反应生成 Na_2CO_3，利用饱和 NaOH 溶液中 Na_2CO_3 溶解度小的性质，可以先配制饱和溶液，充分静置后取上清液稀释，再标定其准确浓度。因此也用标定法进行配制，为防止其变质，可采用新煮沸的冷却蒸馏水做溶剂。饱和 NaOH 溶液的浓度约为 20mol/L，配制 1L 0.1000mol/L NaOH 标准溶液，根据稀释定律：

$$20 \times V = 0.1000 \times 1000$$

$$得\ V = 5ml$$

配制时可多取一部分，如取 6.00ml 稀释定容。

2. 标定 常用邻苯二甲酸氢钾或草酸做碱溶液标定的基准物质，发生的标定反应如下：

称取一定质量的基准物质，按计量关系滴定并计算出 NaOH 标准溶液的准确浓度。如以邻苯二甲酸

氢钾为基准物质，则：

$$c_{NaOH}=\frac{m_{邻苯二甲酸氢钾}}{M_{邻苯二甲酸氢钾}V_{NaOH}}\times 1000$$

具体操作步骤详见实训四。

三、应用示例 微课

酸碱滴定法在食品、药品行业中在物质定量、结构测定方面的应用非常广泛，许多具有酸碱性的食品、药品如食用醋、药用 NaOH 及铵盐的测定都能用酸碱滴定法。按滴定方式不同一般可分为直接滴定法和间接滴定法。

（一）直接滴定法

能够满足滴定条件的酸（$cK_a \geqslant 10^{-8}$）、碱（$cK_b \geqslant 10^{-8}$）滴定可采用直接滴定法。如食用醋总酸含量的测定，根据酸碱中和原理，用碱液滴定试液中的酸，以酚酞为指示剂确定滴定终点。按碱液的消耗量计算食品中的总酸含量。反应式为：

$$NaOH + HAc = NaAc + H_2O$$

按计量关系滴定并计算出以 HAc 表示的总酸含量。

$$W_{HAc}\% = \frac{c_{NaOH}\times V_{NaOH}\times M_{HAc}}{m_{食用醋}\times 1000}\times 100\%$$

具体步骤详见实训五。

（二）间接滴定法

对于一些极弱的酸，不能用直接法测定，可采用间接法测定。如铵盐中含氮量的测定，常用蒸馏法和甲醛法。蒸馏法测定结果准确，但较费时。甲醛法操作简单，以酚酞作指示剂，用 NaOH 标准溶液滴定至终点。反应式为：

$$4NH_4^+ + 6HCHO = (CH_2)_6N_4 + 4H^+ + 6H_2O$$

按计量关系滴定并计算出铵盐中的氮含量。

$$W_N\% = \frac{c_{NaOH}\times V_{NaOH}\times M_N}{m_{铵盐}\times 1000}\times 100\%$$

具体步骤详见实训六。

知识链接

酸碱滴定法在食品检验中的应用

食品中酸的种类很多，可分为有机酸和无机酸两类。常见的主要为有机酸。食品中常见的有机酸有柠檬酸、苹果酸、酒石酸、草酸、琥珀酸、乳酸及乙酸等，有些是食品所固有的，如果蔬制品中的有机酸，有的是在食品加工中加入的，如汽水中的有机酸，有的是在生产、加工、贮藏过程中产生的，如酸奶、食醋中的有机酸。

食品中的酸不仅作为酸味成分，而且在食品的加工贮运及品质管理等方面被认为是重要的成分，影响食品的色、香、味及稳定性。食品中有机酸的含量和糖含量之比可判断某些果蔬的成熟度。

食品中酸度的表示方法通常有几种：总酸度、有效酸度、挥发酸等。总酸度是指食品中所有酸性成分的总量，又称滴定酸度；有效酸度是指被测液中H^+的浓度，常用pH表示其大小，可通过酸度计（即pH）来测定；挥发酸是指食品中低沸点的有机酸，如甲酸、乙酸及丁酸等低碳链的直链脂肪酸，其含量可通过蒸馏法分离后用标准碱溶液滴定来测量。

当然，食品中的酸还有很多，如乳制品、水果、蔬菜、中药等，都可以用酸碱滴定法进行测定，这里就不再一一赘述。

第四节 非水溶液酸碱滴定

案例分析

案例 速溶咖啡是一种很流行的固体饮料，有兴奋和健胃的功效，咖啡中含一定的咖啡碱（也称咖啡因）。速溶咖啡作为广泛被青年人喜爱的固体饮品，其品质的好坏越来越受到关注。国标规定了固体咖啡碱的最低含量，以确保咖啡类饮品的质量。但目前市场上劣质品较多，如何鉴定速溶咖啡的品质尤为重要。

分析 咖啡碱是一种生物碱，其分子式为$C_8H_{10}O_2N_4 \cdot H_2O$，它是白色、有光泽的柱状结晶体。有苦味，多含在咖啡、可可和茶叶中。它是一种碱性极弱的生物碱，$pK_b = 14 \sim 15$。咖啡碱虽能与强酸如盐酸生成盐，但不稳定，在水中或醇中立即水解，所以不能在水溶液中进行测定，而在非水溶剂冰乙酸和乙酸酐中用高氯酸标准溶液直接进行滴定，就可得到准确的结果。准确称取一定质量的速溶咖啡试样，用乙酸酐－冰乙酸的混合溶剂溶解，冷却后加结晶紫指示剂，用高氯酸标准溶液滴定至终点，根据消耗高氯酸标准溶液的体积可以算出咖啡碱的含量。这为速溶咖啡的品质鉴定提供了重要数据支撑。

舌尖上的健康即食品、药品质量品质的好坏，关乎千家万户，是最为重要的民生问题之一。守护舌尖上的健康安全，分析检测人员责任重大、任重道远，要坚守初心、义不容辞。

非水滴定法是指在非水溶剂中进行的滴定分析方法。酸碱滴定一般是在水溶液中进行，价廉又安全，但是有时会遇到一些瓶颈：如弱酸或弱碱在水溶液中解离平衡常数太小，没有明显的滴定突跃，不能准确滴定；或者有些酸或碱在水中溶解度较小，使滴定反应难以进行；还有一些多元酸（碱）、混合酸（碱）在水中不能分步滴定等问题。采用非水溶剂（有机溶剂或不含水的无机溶剂）作为溶剂，不仅可增大有机物的溶解度，还可改变溶液的酸碱性，克服在水溶液中滴定的困难，从而扩大酸碱滴定的应用范围。各国药典和其他常规分析经常用到非水滴定法。

一、基本原理

（一）非水溶剂的分类

按酸碱质子理论，分为质子溶剂、无质子溶剂两大类。

1. 质子溶剂 能给出或接受质子的溶剂称为质子溶剂。其特点为：极性均较强，能发生质子自递反应。根据其酸碱性的相对强弱，可分为以下三类。

（1）酸性溶剂 是指容易给出质子的溶剂，比水的给质子能力强。如甲酸、醋酸、丙酸、硫酸等，醋酸为常用溶剂。为滴定弱碱性物质的溶剂。

（2）碱性溶剂 是指容易接受质子的溶剂，比水接受质子的能力强。如乙二胺、丁胺等。为滴定弱酸性物质的溶剂。

(3) 两性溶剂　是指既能接受又能给出质子的溶剂，性质与水相似。如甲醇、乙醇、异丙醇等。为滴定较强酸或碱的溶剂。

2. 无质子溶剂　溶剂分子间不发生质子传递的溶剂叫作无质子溶剂，分为以下两类。

(1) 碱性非质子性溶剂　这类溶剂有较弱的接受质子的倾向和形成氢键的能力。如吡啶类、酰胺类、酮类等。

(2) 惰性溶剂　是指既不能给出又不能接受质子的溶剂，溶剂分子在滴定过程中不参与反应，但可以增加被测物质的溶解度。如苯、四氯化碳、三氯甲烷等。

此外，为提高溶剂对被测物质的溶解性和酸碱性，增大滴定突跃范围，减小指示剂的变色范围以增强颜色变化的明显性，提高滴定的准确度，有时将质子溶剂和无质子溶剂混合配制成混合溶剂。

(二) 非水溶剂的性质

溶质的性质受到溶剂的离解性、酸碱性和极性等因素的影响。研究溶剂的性质，以此为基础灵活选择溶剂，能够改变溶质的酸碱性，增大滴定突跃，进而提高滴定分析的准确度。

1. 离解性和酸碱性　和水一样，非水溶剂也能发生质子的自递反应，除了惰性溶剂，其他溶剂都有质子自递反应，如甲醇、乙醇、冰醋酸等，其反应平衡式如下：

$$SH + SH \rightleftharpoons SH_2^+ + S^- \qquad K_s = \frac{[SH_2^+][S^-]}{[SH]^2}$$

反应常数 K_s 称为溶剂的质子自递常数，半反应：

$$SH \rightleftharpoons H^+ + S^- \qquad K_a^{SH} = \frac{[H^+][S^-]}{[SH]}$$

$$SH + H^+ \rightleftharpoons SH_2^+ \qquad K_b^{SH} = \frac{[SH_2^+]}{[SH][H^+]}$$

K_a^{SH} 和 K_b^{SH} 分别为溶剂的固有酸度常数和固有碱度常数，反应溶剂的酸碱性或者质子传递能力。由于溶剂 SH 自身的离解很小，可忽略不计，$[SH]\approx 1$，因此

$$K_s = \frac{[SH_2^+]\ [S^-]}{[SH]^2} = \frac{[SH_2^+]\ [H^+]\ [S^-]}{[SH]\ [H^+]\ [SH]} = K_a^{SH}K_b^{SH} = \ [SH_2^+]\ [S^-] \tag{4-2}$$

如水的质子自递常数就是水的离子积 K_w，同理，其他具有离解性的溶剂与水相似，也能够发生质子自递，表现出酸碱性。不同溶剂 K_s 不同，离解性和酸碱性也不同，一般 K_s 越大，溶剂的离解性越强，溶剂的酸碱性越强，对溶质的影响越大。

2. 极性　溶剂的极性影响溶质的离解性和酸碱性，与溶剂的介电常数 ε 有关，ε 越大溶剂极性越强，不同溶剂具有不同的 ε。可根据溶剂 ε 的大小判断溶质在不同溶剂中的离解情况及酸碱性。

常见几种溶剂的质子自递常数 pK_s 及相对介电常数 ε_r 列于表 4-5 中。

表 4-5　常见溶剂的 pK_s 及 ε_r (25℃)

溶剂	pK_s	ε_r	溶剂	pK_s	ε_r
水	14.00	78.50	乙腈	28.50	36.60
甲醇	16.70	31.50	甲基异丁酮	>30	13.10
乙醇	19.10	24.00	二甲基甲酰胺	18.00 (20℃)	36.70
甲酸	6.22	58.50 (16℃)	吡啶	-	12.30
冰醋酸	14.45	6.13	二氧六烷	-	2.21
醋酸酐	14.50	20.50	苯	-	2.30
乙二胺	15.30	14.20	三氯甲烷	-	4.81

K_s 及 ε_r 都是溶剂的自身性质，从表中数据可知，乙醇的 pK_s 值为19.10，pH 变化范围0.00～19.10比水的（0.00～14.00）大很多。实验证明，溶剂的 pK_s 大（K_s 小），滴定突跃范围将增大，滴定的准确度会提高。在水溶液中无法准确滴定的物质，选择合适的非水溶剂（如乙醇）可以准确滴定。

知识链接

在溶剂中，离子之间的静电引力遵循库仑定律：$F=\frac{q^+q^-}{r^2\varepsilon}$；式中，$F$ 为正负离子间的静电引力。与正负离子的电荷 q^+、q^- 成正比，与溶剂的介电常数 ε 及正负离子间的距离 r 成反比。在其他条件一定时，ε 越大，F 越弱。因此在 ε 大的溶剂中，有利于溶剂化的溶质离子对离解为正负离子，增强溶质的酸碱性。

3. 溶剂对溶质酸碱性的影响 受溶剂性质的影响，物质的酸碱强度会发生变化。以 HA 代表酸，SH 代表质子性溶剂，若将 HA 溶于 SH 中，则发生下列质子转移反应，根据酸碱平衡理论，HA 的酸度用 K_a^{HA} 表示，SH 的碱度用 K_b^{SH} 表示，其反应平衡式如下：

$$HA \rightleftharpoons H^+ + S^- \qquad K_a^{HA}=\frac{[H^+][A^-]}{[HA]}$$

$$SH + H^+ \rightleftharpoons SH_2^+ \qquad K_b^{SH}=\frac{[SH_2^+]}{[SH][H^+]}$$

总反应：

$$HA + SH \rightleftharpoons SH_2^+ + A^-$$

即酸 HA 在溶剂 SH 中的表观离解常数 K_s 可按下式计算：

$$K_s=\frac{[SH_2^+][A^-]}{[HA][SH]}=\frac{[SH_2^+][H^+][A^-]}{[HA][H^+][SH]}=K_a^{SH}K_b^{SH} \qquad (4-3)$$

式（4－3）表明，HA 在 SH 中的表观酸强度决定于 HA 的酸度和 SH 的碱度。同理碱在溶剂中的表观碱强度也是决定于碱的碱度和溶剂的酸度。由此可见，酸性、碱性的强弱具有相对性。弱酸溶于碱性溶剂中，可增强其酸性；弱碱溶于酸性溶剂中，可增强其碱性。非水溶液酸碱滴定法就是利用此原理，通过选择不同酸碱性的溶剂，达到增强溶液酸碱强度的目的。例如碱性很弱的胺类，在水中难以进行滴定，若改用冰醋酸做溶剂，由于冰醋酸给出质子能力较强，使胺在冰醋酸溶液中碱性增强，则可用高氯酸的冰醋酸溶液滴定。

被测物质酸碱的强弱除了与溶剂的质子自递常数 K_s 及相对介电常数 ε_r 有关，还受溶液中各物质之间是否能够形成氢键影响，这里将不再展开说明。

4. 均化效应与区分效应 $HClO_4$、H_2SO_4、HCl、HNO_3 在水溶液中都是强酸，在水的作用下它们几乎全部电离和离解生成水合质子，它们的酸强度在水中全部被均化到水合质子的水平。这种将各种不同强度的酸（碱）均化到溶剂合质子水平使其酸（碱）强度相等的效应称为均化效应，具有均化效应的溶剂为均化性溶剂。所以水是这四种酸的均化性溶剂。因此，水中能够存在的最强酸是 H^+，最强碱是 OH^-。

如果将这四种酸溶解在冰醋酸溶剂中，强度是有差别的，其强度顺序为：

$$HClO_4 > H_2SO_4 > HCl > HNO_3$$

由于冰醋酸的碱性比水弱，这四种酸则不能将质子全部转移给醋酸分子，并且生成的醋酸合质子结构上也有所差别，由四种酸在冰醋酸中的离解常数负对数可说明酸的强弱，pK_a 值从小到大分别为：

$$pK_a = 5.8 < pK_a = 8.2 < pK_a = 8.8 < pK_a = 9.4$$

这种能区分酸（碱）强弱的效应称为区分效应，具有区分效应的溶剂为区分性溶剂。所以冰醋酸是这四种酸的区分性溶剂。

溶剂的均化效应和区分效应与溶质和溶剂的酸碱强弱有关。一般来说，酸性溶剂是碱的均化性溶剂，而是酸的区分性溶剂；碱性溶剂是酸的均化性溶剂，而是碱的区分性溶剂。在非水滴定中，往往利用均化效应测定混合酸（碱）的总量，利用区分效应测定混合酸（碱）中各组分的含量。惰性溶剂没有明显的酸碱性，因此没有均化效应，当物质溶于惰性溶剂时，其酸碱性得以保存，因而是一种良好的区分性溶剂。

二、滴定类型

（一）碱的滴定

1. 溶剂 滴定弱碱常用冰醋酸做溶剂。一般选冰醋酸－醋酐混合做溶剂以去除冰醋酸中的少量水分，可根据等物质的量原则，计算加入醋酐的量。

2. 标准溶液 冰醋酸溶剂中，高氯酸的酸性最强，选高氯酸的冰醋酸溶液作为滴定弱碱的标准溶液。

3. 滴定终点的确定 确定终点的方法常有指示剂法和电位法。滴定弱碱性物质时，可用的指示剂有：结晶紫、喹哪啶红及α－萘酚苯甲醇。其中最常用的是结晶紫，其酸式色为黄色，碱式色为紫色，在不同的酸度下变色较为复杂，由碱区到酸区的颜色变化为：紫、蓝、蓝绿、黄绿、黄。滴定不同强度的碱时，其终点颜色变化不同。滴定较强的碱，以蓝色或蓝绿色为终点；滴定较弱碱，以蓝绿或绿色为终点，并需要做空白试验以减小滴定终点误差。在非水溶液滴定中，有许多物质的滴定，目前尚未找到合适的指示剂，而且在确定终点颜色时，也常需要用电位滴定法作对照。

（二）酸的滴定

用醇类作溶剂，滴定弱酸和极弱酸时，常以碱性溶剂乙二胺或偶极性溶剂二甲基甲酰胺为溶剂；滴定混合酸时常用甲基异丁酮作为区分性溶剂，也常常使用混合溶剂甲醇－苯或甲醇－丙酮。最常用的标准溶液是甲醇钠溶液，甲醇钠是由甲醇与金属钠反应制得。标定碱标准溶液常用的基准物质为苯甲酸。滴定酸时常用百里酚蓝、偶氮紫和溴酚蓝等作为指示剂。

三、应用示例

非水溶液酸碱滴定法，主要应用于测定具有酸碱性基团的化合物，如胺类、氨基酸类、含氮杂环化合物、生物碱、有机碱以及它们的盐。

1. 有机弱碱类 胺类、生物碱类可在冰醋酸溶剂中选择适当指示剂，用高氯酸标准溶液直接滴定或者用冰醋酸－醋酐的混合溶液为溶剂，加入适宜的指示剂，用高氯酸标准溶液直接滴定，如咖啡因的测定。

2. 有机酸的碱金属盐 邻苯二甲酸氢钾、苯甲酸钠、水杨酸钠、乳酸钠及枸橼酸钠（钾）等物质酸性较弱，利用其共轭碱（有机酸根）在冰醋酸较强的碱性用高氯酸的冰醋酸溶液滴定。

此外，还有有机碱的氢卤酸盐、有机碱的有机酸盐等物质都可以用非水滴定法测量。

实训三 盐酸标准溶液的配制与标定

一、实训目的

1. **学会** 配制基准物质无水碳酸钠标定盐酸的方法。
2. **熟练** 掌握容量瓶、移液管及滴定管的使用方法。
3. **掌握** 滴定操作及甲基橙指示剂滴定终点的判断。

二、实训原理

浓盐酸易挥发，因此，HCl 不能采用直接配制法来进行。应先配制成近似浓度的溶液，再用基准物质来标定其准确浓度。也可以用另一已知准确浓度的标准溶液滴定该溶液，根据两标准溶液的体积数求得该溶液的浓度。

标定 HCl 溶液常用的基准物质是无水碳酸钠或硼砂，无水 Na_2CO_3 易制得纯品，价格便宜，但吸湿性强，使用前应在 500～600℃下干燥至恒重，其标定反应如下：

$$Na_2CO_3 + 2HCl = 2NaCl + CO_2\uparrow + H_2O$$

在计量点时，溶液为 pH = 3.9 的 H_2CO_3 饱和溶液，pH 突跃范围 3.5～5.0，可用甲基橙或溴甲酚绿－甲基红混合指示剂指示终点，临近终点时应将溶液剧烈摇动或加热，以减小 CO_2 的影响。

三、仪器与试剂

1. 仪器 电子天平、容量瓶（100ml）、移液管（20ml）、聚四氟乙烯活塞滴定管（50ml）、锥形瓶（250ml）、量筒（10ml）、试剂瓶、烧杯等。

2. 试剂 浓盐酸（相对密度 1.19）、无水 Na_2CO_3（AR，于 500～600℃的烘箱内干燥至恒重，置干燥器内冷却后备用）、甲基橙指示剂（0.1%）。

四、实训步骤

1. 0.1mol/L HCl 溶液的配制 用小量筒量取浓盐酸 4.5ml，倒入预先盛有适量水的试剂瓶中（于通风柜中进行），加水稀释至 500ml，摇匀，贴上标签。

2. HCl 溶液的标定 精密称取 0.06g 无水 Na_2CO_3 三份，分别置于 250ml 锥形瓶中。然后加入 25ml 蒸馏水使之溶解，再加入 2～3 滴甲基橙指示剂，用待标定的 HCl 溶液滴定至溶液的黄色恰变为橙色即为终点，计算 HCl 溶液的浓度。

计算公式：$c_{HCl} = \dfrac{2m_{Na_2CO_3}}{M_{Na_2CO_3} \times V_{HCl}} \times 1000$ （$M_{Na_2CO_3} = 105.99g/mol$）

五、数据记录与处理

表 4－6 数据记录与处理

HCl 溶液浓度的标定	Ⅰ	Ⅱ	Ⅲ
$m(Na_2CO_3)$(g)			
$M(Na_2CO_3)$(g/mol)			
$V(HCl)$(ml)			

续表

HCl 溶液浓度的标定	Ⅰ	Ⅱ	Ⅲ
c(HCl)(mol/L)			
$\bar{c}$(HCl)(mol/L)			
相对平均偏差(%)			

六、注意事项

1. 滴定管在装满前，应用待装溶液润洗滴定管内壁 3 次，以免标准溶液浓度的改变。
2. 在每次滴定结束后，应将标准溶液加至滴定管零刻度，再开始下一份溶液的滴定，以减小误差。

七、思考题

1. 配制盐酸标准溶液时能否用直接配制法？为什么？
2. 为什么无水碳酸钠要灼烧至恒重？
3. 除用基准物质标定盐酸外，还可用什么方法标定盐酸？

实训四 氢氧化钠标准溶液的配制与标定

一、实训目的

1. 掌握 配制标准溶液和用基准物质标定标准溶液浓度的方法；碱式滴定管的滴定操作和酚酞指示终点的判断。

2. 熟悉 用减量法称量固体物质。

二、实训原理

NaOH 易吸潮，也易吸收空气中的 CO_2，使得溶液中含有少量 Na_2CO_3。用它测定酸含量时，将产生一定误差，因此只能用间接法配制不含碳酸盐的标准溶液，然后用基准物质标定其准确浓度。

NaOH 标准溶液（标准溶液）的配制方法很多，最常用的是饱和溶液稀释法，方法：配制 NaOH 饱和水溶液，静置到 Na_2CO_3 沉淀后，量取定量的上层澄清液，稀释至所需浓度，即可得 NaOH 标准溶液。饱和 NaOH 溶液的摩尔浓度约为 20mol/L。配制 NaOH 标准溶液（0. 1000mol/L）1000ml，应取 NaOH 饱和水溶液 5. 00ml，为保证其浓度略大于 0. 1000mol/L，故规定取 6. 00ml。用于配制 NaOH 溶液的水，应为新沸冷蒸馏水，以避免 CO_2、水蒸气等杂质的干扰。

标定碱溶液的基准物质很多，如草酸、苯甲酸、邻苯二甲酸氢钾等。目前最常用的是邻苯二甲酸氢钾，因其有易于干燥、不吸湿、摩尔质量大等优点。滴定反应如下：

计量点时，由于弱酸盐的水解，溶液呈弱碱性，应选用酚酞为指示剂。

三、仪器与试剂

1. 仪器 电子天平、容量瓶（100ml）、移液管（20ml）、聚四氟乙烯活塞滴定管（50ml）、锥形瓶

(250ml)、量筒(10ml)、试剂瓶、烧杯等。

2. 试剂 氢氧化钠(AR)、邻苯二甲酸氢钾(基准试剂)、酚酞指示剂(0.1%乙醇溶液)。

四、实训步骤

1. NaOH 标准溶液的配制

(1)NaOH 饱和水溶液的配制 称取 NaOH 约 120g，加蒸馏水 100ml，振摇使溶液成饱和溶液。冷却后，置聚乙烯塑料瓶中，静置数日，澄清后备用。

(2)NaOH 标准溶液(0.1000mol/L)的配制 量取澄清的饱和 NaOH 溶液 2.8ml，置带有橡皮塞的试剂瓶中，加新煮沸的冷蒸馏水 500ml，摇匀即得。

2. NaOH 标准溶液(0.1mol/L)的标定 精密称取在 105～110℃干燥至恒重的基准物邻苯二甲酸氢钾约 0.6g(若使用 25ml 滴定管，称取量应减少至 0.45g)，置锥形瓶中，加新沸的冷蒸馏水 50ml，小心振摇使之完全溶解，加酚酞指示剂 2 滴，用 NaOH 溶液(0.1mol/L)滴定至溶液呈淡粉红色，且 30 秒不褪色为终点。记录所消耗的 NaOH 溶液的体积。根据邻苯二甲酸氢钾的重量和所消耗 NaOH 溶液的体积计算。

计算公式：$c_{NaOH} = \dfrac{2m_{邻苯二甲酸氢钾}}{M_{邻苯二甲酸氢钾} \times V_{NaOH}} \times 1000$ ($M_{邻苯二甲酸氢钾} = 204.20\text{g/mol}$)

五、数据记录与处理

表 4－7 数据记录与处理

NaOH 溶液浓度的标定	Ⅰ	Ⅱ	Ⅲ
m(邻苯二甲酸氢钾)(g)			
M(邻苯二甲酸氢钾)(g/mol)			
V(NaOH)(ml)			
c(NaOH)(mol/L)			
$\bar{c}$(NaOH)(mol/L)			
相对平均偏差(%)			

六、注意事项

1. 固体 NaOH 应在表面皿上或小烧杯中称量，不能在称量纸上称量。
2. 在每次滴定结束后，应将标准溶液加至滴定管零刻度，再开始下一份溶液的滴定，以减小误差。
3. 邻苯二甲酸氢钾在水中溶解缓慢，在干燥前要尽可能研细，有利于迅速溶解。并应使其完全溶解后再滴定，否则滴定至红色后，仍有邻苯二甲酸氢钾结晶继续溶解而使指示剂褪色。
4. 如终点到达 30 秒后淡粉红色又褪去，是由于空气中 CO_2 的影响，此时不应再滴加标准溶液。

七、思考题

1. 用于滴定的锥形瓶是否需要干燥？为什么？
2. 溶解基准物邻苯二甲酸氢钾所用水的体积是否需要准确？为什么？
3. 邻苯二甲酸氢钾的干燥温度高于 125℃，致使此基准物质中有少部分变成酸酐，用此基准物质标定 NaOH 溶液时，其结果如何？
4. 盛 NaOH 的瓶子为什么不能用玻璃塞？为何每次取出 NaOH 溶液后必须用橡胶塞立即塞紧？

实训五　食用醋中总酸度的测定

一、实训目的

1. 掌握酸碱滴定法测定液体试样方法。
2. 熟悉移液管的使用方法和滴定操作技术。
3. 了解强碱滴定弱酸时指示剂的选择。

二、实训原理

醋酸属弱酸类，其解离常数 $K_a = 1.7 \times 10^3$，可用氢氧化钠标准溶液直接滴定，滴定反应为：

$$NaOH + CH_3COOH = CH_3COONa + H_2O$$

计量点时，溶液呈弱碱性，其突跃范围为 pH = 7.7 ~ 9.7，故通常选酚酞为指示剂，终点由无色至浅粉红色。由于空气中的 CO_2 可使酚酞褪色，故滴至溶液显浅粉红色在 30 秒内不褪色为终点。计量点时，由于弱酸盐的水解，溶液呈弱碱性。按计量关系滴定并计算出以 HAc 表示的总酸含量。

$$W_{HAc}\% = \frac{c_{NaOH} \times V_{NaOH} \times M_{HAc}}{m_{食用醋} \times 1000} \times 100\%$$

三、仪器与试剂

1. 仪器　电子天平、容量瓶（250ml）、移液管（25ml）、聚四氟乙烯活塞滴定管（50ml）、锥形瓶（250ml）、量筒（10ml）、试剂瓶、烧杯等。

2. 试剂　0.1000mol/L NaOH 标准溶液、酚酞指示剂（0.1% 乙醇溶液）、食用白醋。

四、实训步骤

1. 醋酸溶液的配制　精密量取食用白醋 25.0000g 于 250ml 容量瓶中，定容摇匀备用。

2. 总酸含量的测定　精密量取醋酸试液 25.00ml 于锥形瓶中，加蒸馏水 25.00ml，酚酞指示剂 2 滴，用 NaOH 溶液（0.1mol/L）滴至淡粉红色，且在 30 秒内不褪色为止。平行测定三次。

五、数据记录与处理

表 4-8　数据记录与处理

醋酸溶液编号	Ⅰ	Ⅱ	Ⅲ
V 醋酸溶液（ml）	25.00	25.00	25.00
NaOH 初读数（ml）			
NaOH 终读数（ml）			
消耗 V_{NaOH}（ml）			
$W_{HAC}\%$			
$\overline{W}_{HAc}\%$			
相对平均偏差（%）			

六、注意事项

1. 醋酸试液可用食用白醋（主要成分是 HAc 还含有少量其他弱酸如乳酸）配制，这样测量的是食醋的总酸度。

2. 量取试液的移液管要先用待测试液润洗3次后才能准确移取。

七、思考题

1. 以 NaOH 滴定醋酸属于哪种类型的滴定？计量点 pH 如何计算？怎样选择指示剂？

2. 在滴定分析中，滴定管、移液管为何需用操作溶液润洗几次？滴定中使用的锥形瓶或烧杯，是否也要用操作溶液润洗？为什么？

3. 要准确移取（量取）液体试样，应选择哪些容量器皿？蒸馏水冲下，它们对实验结果有何影响？

实训六　铵盐中含氮量的测定

一、实训目的

1. 掌握　甲醛法测定铵态氮的原理及操作方法。

2. 了解　铵盐中含氮量的计算方法。

二、实训原理

硫酸铵，化学式$(NH_4)_2SO_4$，是常用的氮肥之一，氮在自然界的存在形式比较复杂。测定物质中氮含量时可以用总氮、铵态氮、硝酸态氮、酰胺态氮等表示方法。由于铵盐中NH_4^+的酸性太弱（$K_a=5.6\times10^{-10}$），不能用 NaOH 标准溶液直接滴定，故要采用蒸馏法（又称凯氏定氮法）或甲醛法进行测定。

甲醛法反应式为：

$$4NH_4^+ + 6HCHO = (CH_2)_6N_4 + 4H^+ + 6H_2O$$

产物六亚甲基四胺 K_a 为 7.1×10^{-6}，可以用 NaOH 滴定，该反应因此称为弱酸的强化。从反应式中可得氮与 NaOH 的化学计量数比为 1∶1。若试样中含有游离酸加甲醛之前应先以甲基红为指示剂用 NaOH 溶液预中和至甲基红变为黄色（pH≈6）再加入甲醛，以酚酞为指示剂用 NaOH 标准溶液滴定强化后的产物，滴定至浅红色30秒内不褪色为终点。按计量关系滴定并计算出铵盐中的氮含量。

$$W_N\% = \frac{c_{NaOH}\times V_{NaOH}\times M_N}{m_{铵盐}\times 1000}\times 100\%$$

三、仪器与试剂

1. 仪器　电子天平、容量瓶（250ml）、移液管（25ml）、聚四氟乙烯活塞滴定管（50ml）、锥形瓶（250ml）、量筒（10ml）、试剂瓶、烧杯等常用玻璃仪器。

2. 试剂　0.1000mol/L NaOH 标准溶液、酚酞指示剂（0.1% 乙醇溶液）、18% 甲醛溶液、硫酸铵（AR）。

四、实训步骤

1. 甲醛的处理　取原瓶装甲醛上层清液于烧杯中，加水稀释一倍并加入1～3滴酚酞指示剂，用标准碱溶液滴定甲醛溶液至呈现微红色。

2. $(NH_4)_2SO_4$ 试样中氮含量的测定

（1）准确称取 $(NH_4)_2SO_4$ 试样2～3g于小烧杯中，加入少量蒸馏水溶解将溶液定量转移至250ml

容量瓶中，用蒸馏水稀释至刻度，摇匀。

（2）移取 25.00ml 试液置于 250ml 锥形瓶中，加入 1 滴甲基红指示剂，若溶液呈现红色或橙色，用 0.1000mol/L NaOH 标准溶液中和至溶液呈黄色，此时不计体积。

（3）加入 10.00ml 甲醛 - 水溶液（体积比 1∶1），再加 1 ~ 2 滴酚酞指示剂，充分摇匀，放置 1 分钟后用 0.1000mol/L NaOH 标准溶液滴定至溶液呈微橙红色并持续 30 秒不褪色即为终点。要求平行测定三次。

五、数据记录与处理

表 4 - 9　数据记录与处理

编号	Ⅰ	Ⅱ	Ⅲ
$m_{样品}$（g）			
NaOH 初读数（ml）			
NaOH 终读数（ml）			
V_{NaOH}（ml）			
W_N%			
$\overline{W}_N$%			
相对平均偏差（%）			

六、注意事项

1. 甲醛为有机试剂，取用时应佩戴防护用具。
2. 量取试液的移液管要先用待测试液润洗 3 次后才能准确移取。

七、思考题

1. 为什么中和甲醛中的游离酸使用酚酞指示剂，而中和 $(NH_4)_2SO_4$ 试样中的游离酸却使用甲基红指示剂？

2. NH_4^+ 为 NH_3 的共轭酸，为什么不能直接用 NaOH 标准溶液滴定？

3. 一般实验为什么要做空白试验，不做的话有什么影响？

练习题

答案解析

一、填空题

1. 酸碱指示剂的选择原则是________________________。

2. 常用 0.20mol/L NaOH 溶液滴定 0.10mol/L H_2SO_4 和 0.10mol/L H_3PO_4 的混合溶液，在滴定曲线上，可以出现________个突跃范围。

3. 凡是能________质子的物质是酸；凡是能________质子的物质是碱。

4. 各类酸碱反应共同的实质是________。

二、选择题

（一）单项选择题

1. 滴定弱酸应满足的滴定条件是（　）

A. $c = 0.1000$mol/L　　B. $K < 10^{-5}$　　C. $\lg K < 10^{-8}$　　D. $cK \leq 10^{-8}$

2. NaOH 滴定 HAc 时，应选用的指示剂是（　）

A. 甲基橙　　B. 甲基红　　C. 酚酞　　D. 百里酚酞

3. 某弱酸型指示剂在 pH 为 4.5 的溶液中刚好呈现酸式色蓝色，在 pH 为 6.5 的溶液中又刚好呈现碱式色黄色，其指示剂变色点的 pH 为（　）

A. 6.5　　B. 5.5　　C. 4.5　　D. 7.0

4. 用 HCl 滴定硼砂溶液，其计量点时的 pH = 5.0，若要使终点误差最小，应选用的指示剂是（　）

A. 甲基橙　　B. 甲基红　　C. 酚酞　　D. 百里酚酞

5. 标定 NaOH 标准溶液最佳选用的基准物质是（　）

A. 无水 Na_2CO_3　　C. 硼砂　　B. 邻苯二甲酸氢钾　　D. 草酸钠

6. 滴定分析中需要用待装溶液润洗的量器是（　）

A. 锥形瓶　　B. 容量瓶　　C. 滴定管　　D. 量筒

7. 用 NaOH(0.1000mol/L)测定苯甲酸 0.2500g，需 NaOH 标准溶液量是（　）（M = 122g/mol）

A. 19.98ml　　B. 20.50ml　　C. 21.50ml　　D. 30.20ml

（二）多项选择题

1. 下列关于酸碱指示剂的描述不准确的是（　）

A. 无机物　　B. 有机物　　C. 有机酸

D. 有机弱酸或弱碱　　E. 生物碱

2. 导致酸碱指示剂发生颜色变化条件是（　）

A. 溶液的温度　　B. 溶液的 pH　　C. 溶液的电离度

D. 溶液的酸碱度　　E. 指示剂的结构

3. 标定 HCl 标准溶液的基准物质是（　）

A. 硼砂　　B. Na_2CO_3　　C. HAc

D. $NH_3 \cdot H_2O$　　E. NaOH

三、计算题

1. 某学生标定 NaOH 溶液，测得其浓度为 0.1026mol/L。但误将其暴露于空气中，致使吸收了 CO_2。为测定 CO_2 的吸收量，取该碱液 50.00ml，用 0.1143mol/L HCl 溶液滴定至酚酞终点，计耗去 HCl 溶液的体积为 44.62ml。计算每升该碱液吸收了 CO_2 多少克（M_{CO_2} = 44.00g/mol）？

2. 精密称取基准物质无水碳酸钠 0.1326g 置 250ml 锥形瓶中，加纯化水适量，溶解完全后，用待标定的盐酸溶液滴定，消耗盐酸溶液 24.51ml，试求该盐酸溶液的物质的量浓度（$M_{Na_2CO_3}$ = 105.99g/mol）。

3. 标定 NaOH 溶液的浓度，称取 $H_2C_2O_4 \cdot H_2O$ 基准物 0.2048g，用 0.1mol/L NaOH 滴定至终点时，计算消耗 NaOH 溶液的体积（$M_{H_2C_2O_4 \cdot H_2O}$ = 126.07g/mol）。

4. 配制高氯酸冰醋酸溶液（0.05000mol/L）1000ml，需用 70% $HClO_4$ 2ml，所用的冰醋酸含量为 99.8%，相对密度 1.05，应加含量为 98%、相对密度 1.087 的醋酐多少毫升，才能完全除去其中的水分？

书网融合……

本章小结　　微课　　题库

第五章

沉淀滴定法和重量分析法

PPT

学习目标

知识目标

1. **掌握** 铬酸钾指示剂法、铁铵矾指示剂法和吸附指示剂法的基本原理和测定条件；沉淀重量法对沉淀形式和称量形式的要求；沉淀条件的选择。

2. **熟悉** 银量法的概念和分类；沉淀重量法的基本原理和基本操作。

3. **了解** 沉淀滴定反应必须满足的条件；重量分析法的概念和分类；挥发法和萃取重量法的基本原理和基本操作。

能力目标

能正确运用铬酸钾指示剂法、铁铵矾指示剂法和吸附指示剂法测定样品含量；能说出沉淀重量法对沉淀形式和称量形式的要求；能根据要求选择合适的沉淀条件。

素质目标

通过本章的学习，讲述法国物理学家兼化学家盖－吕萨克在滴定分析领域的重要贡献和主要事迹，帮助学生树立实事求是、坚持真理的科学精神，激发学生对科学的兴趣；通过银量法的基本操作技术，培养学生的团结合作能力和创新能力。

情境导入

情境 【“滴定分析之父”盖－吕萨克】

法国的物理学家兼化学家盖－吕萨克（Gay－Lussac，1778—1850）是滴定分析的创始人。他继承前人的分析结果对滴定分析作了深入研究，对滴定法的进一步发展特别是在提高滴定分析法的准确度方面做出了重要贡献，他所提出的银量法至今仍在应用。由于他对滴定分析的巨大贡献，后人称其为“滴定分析之父”。

盖－吕萨克具有敏捷的思维、高超的实验技巧和强烈的事业心，善于运用经验性、规律的科学方法，尤其难得的是他尊重事实、不迷信权威，甚至当他的导师与别人争论学术问题的时候，也能如实汇报与导师意见相左的实验结果。因此，他能够洞察人们所不知的奥秘，发现科学真理。

沉淀滴定法在盖－吕萨克银量法的启发下有了较大发展。其中最重要的是，1856 年，莫尔（Karl Friedrich Mohr，1808—1879）提出以铬酸钾为指示剂的银量法，这便是广泛应用于测定氯化物的“莫尔法”；1874 年，佛尔哈德（Jacob Volhard，1834—1910）报告了硫氰酸盐滴定法测定银以及间接测定能被银定量沉淀的氯、溴、碘化物，此法在酸性介质中进行，使用可溶性指示剂，优于莫尔法，与盖－吕萨克银量法相比，结果同样精确而简便，速度则远过之；沉淀滴定法的另一个关键进展是，1923 年法扬司（K. Kasimir Fajans，1887—1975）发现，荧光黄及其衍生物能清楚地指示银离子溶液滴定卤化物样品的终点。

思考 1. 什么是沉淀滴定法？
2. 沉淀滴定法的分类及各类方法的应用范围。

第一节 沉淀滴定法 微课

沉淀滴定法是以沉淀反应为基础的一类滴定分析方法。虽然能生成沉淀的反应很多，但是能用于沉淀滴定的反应并不多。用于沉淀滴定的反应必须符合下列条件。

（1）反应必须按一定的化学式定量进行，且被测组分和标准溶液之间具有确定的化学计量关系。

（2）沉淀反应的速度要快。

（3）能够用适当的指示剂或其他方法确定滴定终点。

（4）生成沉淀的溶解度要小（一般小于 10^{-6} g/ml），沉淀的吸附现象不影响滴定结果。

能够满足滴定分析要求的沉淀反应主要有生成难溶性银盐的反应，这也是目前应用较为广泛的沉淀滴定反应。例如：

$$Ag^+ + Cl^- \longrightarrow AgCl\downarrow$$

$$Ag^+ + SCN^- \longrightarrow AgSCN\downarrow$$

这种利用生成难溶性银盐来进行测定的方法叫作银量法。银量法的标准溶液通常为硝酸银和硫氰酸铵，可以测定的离子有 Cl^-、Br^-、I^-、SCN^-、Ag^+ 等，也可以测定经过处理能定量转化为这些离子的有机化合物。

银量法按照指示剂的不同可分为铬酸钾指示剂法（莫尔法）、铁铵矾指示剂法（佛尔哈德法）和吸附指示剂法（法扬司法）。

一、铬酸钾指示剂法

铬酸钾指示剂法又称为莫尔法，是用铬酸钾（K_2CrO_4）作为指示剂的一种银量法。在中性或弱碱性溶液中，用 $AgNO_3$ 作为标准溶液直接测定 Cl^- 或 Br^- 的含量。

铬酸钾指示剂法能测 Cl^- 和 Br^-，但不宜用于测定 I^- 和 SCN^-。因为 AgI 或 AgSCN 沉淀具有较强的吸附作用，能够强烈吸附 I^- 和 SCN^-，使终点过早出现，且终点变化不明显，从而产生较大的测定误差。也可用该法测定 Ag^+，操作时应在试液中加入一定量过量的 NaCl 标准溶液，然后用 $AgNO_3$ 标准溶液返滴过量的 Cl^-。

（一）滴定原理

以 $AgNO_3$ 滴定 Cl^- 为例讨论其测定原理。由于 AgCl 的溶解度（1.33×10^{-5} mol/L）小于 Ag_2CrO_4 的溶解度（6.54×10^{-5} mol/L），根据分步沉淀的原理，溶解度小的先沉淀，即先析出白色的 AgCl 沉淀。随着 $AgNO_3$ 标准溶液的不断加入，AgCl 沉淀不断生成，溶液中的 Cl^- 浓度越来越小。当溶液中的 Cl^- 完全沉淀后，稍过量的 $AgNO_3$ 就会使溶液中的$[Ag^+]^2\cdot[CrO_4^{2-}]\geqslant K_{sp}(Ag_2CrO_4)$，从而立即出现砖红色的 Ag_2CrO_4 沉淀，指示滴定终点。其反应式为：

终点前：$Ag^+ + Cl^- \longrightarrow AgCl\downarrow$（白色）

终点时：$2Ag^+ + CrO_4^{2-} \longrightarrow Ag_2CrO_4\downarrow$（砖红色）

（二）滴定条件

1. 滴定介质的酸度 铬酸钾指示剂法测定的最适宜 pH 范围是 6.5 ~ 10.5。

若在酸性介质中，将发生如下反应：

$$2CrO_4^{2-} + 2H^+ \rightleftharpoons Cr_2O_7^{2-} + H_2O$$

将导致溶液中$[CrO_4^{2-}]$减小，Ag_2CrO_4 沉淀出现过迟，甚至不出现沉淀。

若碱度过高，将出现 Ag_2O 沉淀（棕黑色），反应式如下：

$$Ag^+ + OH^- = AgOH\downarrow$$

$$2AgOH = Ag_2O + H_2O$$

若溶液酸性太强，可用 $NaHCO_3$、$CaCO_3$ 或硼砂中和；若碱性太强，可先用稀 HNO_3 中和至甲基红变橙色，再滴加稀 NaOH 至橙色变黄色。

2. 避免氨的影响 不能在含有氨或其他能与 Ag^+ 生成配合物的溶液中滴定，因为 AgCl 与 Ag_2CrO_4 均可形成$[Ag(NH_3)_2]^+$而溶解，会增大 AgCl 和 Ag_2CrO_4 的溶解度，影响测定结果。若试液中有氨存在，应当先用 HNO_3 中和；若有 NH_4^+ 存在时，pH 较大时会有 NH_3 生成，因此滴定的 pH 范围应控制在 6.5～7.2 之间。

3. 指示剂用量 K_2CrO_4 的浓度直接影响终点误差。若 K_2CrO_4 浓度过高，卤离子尚未沉淀完全即有 Ag_2CrO_4 的砖红色沉淀生成，使终点提前，产生负误差，且溶液颜色过深，影响终点的观察；而若 K_2CrO_4 浓度过低，则在滴定至计量点后，稍过量的 $AgNO_3$ 不能形成 Ag_2CrO_4 沉淀，使终点推后，产生正误差。指示剂的用量应当控制在化学计量点附近恰好生成 Ag_2CrO_4 沉淀为宜。

根据溶度积原理可以计算出计量点时恰好析出 Ag_2CrO_4 沉淀所需$[CrO_4^{2-}]$的理论值。

计量点时：$[Ag^+]_{sp} = [Cl^-]_{sp} = \sqrt{K_{sp}(AgCl)}$

此时溶液中的 CrO_4^{2-} 的浓度为：

$$[CrO_4^{2-}] = \frac{K_{sp}(Ag_2CrO_4)}{[Ag^+]_{sp}^2} = \frac{K_{sp}(Ag_2CrO_4)}{K_{sp}(AgCl)} = \frac{2.0\times10^{-12}}{1.8\times10^{-10}} = 1.1\times10^{-2}\text{mol/L}$$

但在实际滴定中，由于 CrO_4^{2-} 显黄色，浓度较高时会掩盖 Ag_2CrO_4 沉淀的砖红色，对终点的观察不利，所以指示剂的实际用量应该略低于理论值。另外，考虑到只有当溶液中析出的 Ag_2CrO_4 沉淀达到一定量时，才能观察到明显的颜色变化而确定终点。实验证明，滴定终点时控制$[CrO_4^{2-}]$约为 5×10^{-3} mol/L 比较合适。在实际滴定中，一般终点时溶液的总体积为 50～100ml，通常需要加入 50g/L 的铬酸钾指示剂 1～2ml 即可。

4. 标准溶液浓度 在滴定过程中，$AgNO_3$ 标准溶液的浓度应该适当，若标准溶液体积消耗量过小，或标准溶液浓度过稀，都会使测定结果的相对误差增大。应控制 $AgNO_3$ 标准溶液的浓度为 0.1mol/L 左右为宜。

5. 避免离子干扰 铬酸钾指示剂法的选择性较差，溶液中能与 CrO_4^{2-} 生成沉淀的阳离子（如 Ba^{2+}、Pb^{2+}、Bi^{3+} 等）、能与 Ag^+ 生成沉淀的阴离子（如 S^{2-}、PO_4^{3-}、CO_3^{2-}、$C_2O_4^{2-}$ 等）、有色离子、在中性或弱碱性溶液中易水解的离子（如 Fe^{3+}、Al^{3+}）等，对滴定测定均有干扰，应预先掩蔽或分离。

6. 应剧烈振摇 铬酸钾指示剂法测定时，由于生成的 AgCl 具有吸附作用，使 Cl^- 被沉淀吸附，导致 $AgNO_3$ 标准溶液的消耗量减少。因此滴定速度不能太快，以防止局部沉淀过量。滴定时应剧烈振摇，使被吸附的 Cl^- 及时解吸出来，防止 Ag_2CrO_4 砖红色沉淀提前出现而导致终点提前。

二、铁铵矾指示剂法

铁铵矾指示剂法又称佛尔哈德法，是以硫氰酸铵 NH_4SCN 作为标准溶液，铁铵矾 $NH_4Fe(SO_4)_2$ 作为指示剂的一种银量法，采用的滴定方式有直接滴定和返滴定两种方式。该方法较铬酸钾指示剂法的优点是干扰少、应用范围广。

（一）直接滴定法

1. 滴定原理 直接滴定法是在酸性介质中，用 NH_4SCN 或 KSCN 作为标准溶液，直接测定 Ag^+ 的含量。待 AgSCN 沉淀完全，稍微过量的 SCN^- 与指示剂中的 Fe^{3+} 反应生成红色产物，指示滴定终点的到达。其反应式为：

终点前：$Ag^+ + SCN^- = AgSCN\downarrow$（白色）

终点时：$Fe^{3+} + SCN^- = [FeSCN]^{2+}$（红色）

2. 滴定条件

（1）指示剂用量　为了能在滴定终点观察到明显的红色，通常在 50ml 的溶液中加入 1ml 40% 的铁铵矾指示剂，即可使终点时 Fe^{3+} 的浓度控制在 0.015mol/L 左右。

（2）应剧烈振摇　由于 AgSCN 沉淀能够吸附 Ag^+，使终点提前，滴定时应剧烈摇动，使被吸附的 Ag^+ 释放出来。

（3）避免干扰物质的影响　如铜盐、汞盐及强氧化剂等，应预先分离或掩蔽。

（4）溶液的酸度　滴定应在强酸性介质中进行，可用 0.1～1mol/l HNO_3 溶液调节溶液酸度，既可防止 Fe^{3+} 水解，又可避免在中性溶液中干扰离子（如 PO_4^{3-}、CO_3^{2-} 等）的影响，提高方法的选择性。

（二）返滴定法

1. 滴定原理 采用返滴定法可测定 Cl^-、Br^- 和 I^- 的含量。在酸性介质中，向待测溶液中加入定量且过量的 $AgNO_3$ 标准溶液，待卤离子生成卤化银沉淀后，再以 $NH_4Fe(SO_4)_2$ 为指示剂，用 NH_4SCN 返滴定剩余的 Ag^+，以测定卤化物的含量。其反应式为：

终点前：Ag^+（定量且过量）$+ Cl^- = AgCl\downarrow$（白色）

Ag^+（剩余）$+ SCN^- = AgSCN\downarrow$（白色）

终点时：$Fe^{3+} + SCN^- = [FeSCN]^{2+}$（红色）

2. 滴定条件 返滴定法的滴定条件中，指示剂用量、溶液酸度、干扰物质的处理方法等都和直接滴定法相同。

由于 AgCl 沉淀的溶解度比 AgSCN 大，近终点时 AgCl 沉淀可能转化为 AgSCN，将多消耗 NH_4SCN 标准溶液而引入较大的误差。为避免此现象，可采用以下措施。

（1）滴定前向溶液中加入少量有机溶剂。如硝基苯、异戊醇、邻苯二甲酸二丁酯等，可保护 AgCl 沉淀。加入有机溶剂的主要作用是，使其包裹在沉淀颗粒的表面上，可以避免 AgCl 沉淀在返滴定过程中转换为 AgSCN 沉淀。

（2）滴定终点前，可剧烈振摇。

（3）临近终点时，摇动不能太剧烈，以免发生沉淀的转化。测定溴化物或碘化物时，由于 AgBr 和 AgI 沉淀的溶解度都比 AgSCN 沉淀的溶解度小，则不必添加有机溶剂。

三、吸附指示剂法

吸附指示剂法又称法扬司法，是用吸附指示剂确定滴定终点，以 $AgNO_3$ 为标准溶液测定卤化物，或者用 NaCl 标准溶液测定银离子的银量法。吸附指示剂是根据吸附到沉淀上的颜色与其在溶液中的颜色不同而指示滴定终点。

（一）滴定原理

吸附指示剂是一种有色的有机染料，其阴离子在溶液中能被带正电荷的胶状沉淀吸附，称阴离子吸附指示剂；而阳离子能被带负电荷的胶状沉淀吸附，称阳离子吸附指示剂。

吸附指示剂在溶液中电离出的离子呈现出某种颜色，当其被带异电荷的胶体沉淀微粒表面吸附之后，结构发生改变而导致其颜色变化，以指示滴定终点的到达。例如，以荧光黄为指示剂，用 $AgNO_3$ 标准溶液测定 Cl^- 时的作用原理如下。

荧光黄本身是一种有机弱酸，可用 HFIn 来表示，在水溶液中存在如下电离：

$$HFIn \rightleftharpoons H^+ + FIn^-$$

化学计量点前，荧光黄不被吸附，呈现黄绿色。

终点时的吸附反应可用下列式子表示：

$$AgCl \cdot Ag^+ + FIn^-(\text{黄绿色}) \Longrightarrow AgCl \cdot Ag^+ + FIn^-(\text{粉红色})$$

化学计量点后，微过量的银离子使氯化银沉淀吸附银离子带正电荷，此时它吸附荧光黄的阴离子，使指示剂结构发生改变，由黄绿色变为粉红色，即为滴定终点。

（二）指示剂的选择

选择吸附能力适当的指示剂，沉淀对指示剂离子的吸附能力应略小于对被测离子的吸附能力。若胶体沉淀对指示剂离子的吸附能力大于对被测离子的吸附能力，则在计量点前，指示剂离子即取代被吸附的待测离子而使溶液变色，滴定终点提前，测定结果偏低；沉淀对指示剂离子的吸附能力也不能太小，若沉淀对指示剂离子的吸附能力太弱，则会在到达计量点时不能被吸附变色，使滴定终点推迟，测定结果偏高。

卤化物和几种常用的吸附指示剂的吸附能力大小顺序如下：$I^- > SCN^- > Br^- >$ 曙红 $> Cl^- >$ 荧光黄。

常见的吸附指示剂及变色情况见表 5－1。

表 5－1　常用的吸附指示剂及变色情况

名称	被测组分	起点颜色	终点颜色	滴定条件（pH）
荧光黄	Cl^-	黄绿色	粉红色	7～10
二氯荧光黄	Cl^-	黄绿色	红色	4～10
二甲基二碘荧光黄	I^-	橙红色	蓝红色	中性
曙红	Br^-、I^-、SCN^-	橙色	红色	2～10

（三）滴定条件

1. 保持沉淀呈胶体状态　当指示剂阴离子被沉淀胶粒表面吸附后，指示剂空间构型发生改变而发生明显颜色变化以指示终点的到达。终点时不是溶液颜色发生变化，而是沉淀表面颜色发生变化，这是吸附指示剂的特点。因此，胶体沉淀颗粒越小，比表面积越大，吸附的指示剂离子越多，颜色越明显。为使沉淀保持胶体状态，防止沉淀聚集，在滴定前应加入糊精或淀粉等亲水性的高分子化合物，作为胶体保护剂，使终点颜色变化敏锐。还应避免大量中性盐存在，以防止胶体聚沉。

2. 控制适宜的酸度　吸附指示剂大多是有机弱酸，被吸附而起指示作用的是其共轭碱阴离子。为了使指示剂主要以阴离子形态存在，必须控制酸度在适宜的范围内。适宜的酸度与指示剂的 K_a 有关；K_a 越大（酸性较强的指示剂），允许的酸度越高（pH 越小）；K_a 越小（酸性较弱的指示剂），允许的酸度越低（pH 越大）。常用指示剂的适宜 pH 见表 5－2。

表 5－2　常用指示剂的适宜 pH

名称	K_a	pH
荧光黄	10^{-7}	7～10
二氯荧光黄	10^{-4}	4～10
曙红	10^{-2}	2～10

3. 滴定时要避免强光照射 因卤化银胶体沉淀对光敏感，遇光照射会分解析出金属银，使沉淀变为灰黑色，影响滴定终点的观察，故滴定过程要避免强光照射。

4. 溶液中被滴定的离子浓度不能太低 因为浓度太低，沉淀太少，观察终点比较困难。如 $AgNO_3$ 作标准溶液滴定 Cl^- 时，用荧光黄作指示剂，Cl^- 的浓度要求在 0.006mol/L 以上。

四、标准溶液的配制与标定

银量法所用的标准溶液是硝酸银和硫氰酸铵（或硫氰酸钾）。

（一）硝酸银标准溶液的配制与标定

硝酸银（$AgNO_3$）标准溶液的配制可以用直接配制法和间接配制法。

直接配制法：精密称取一定量的 $AgNO_3$ 基准物质（经过 110℃干燥至恒重），用纯化水配制成一定体积的溶液，计算其准确浓度，并储存于棕色试剂瓶中，贴上标签备用。

间接配制法：称取一定量的分析纯 $AgNO_3$，先配制成近似浓度的溶液，再用基准物质 NaCl（经过 110℃干燥至恒重）标定。计算其准确浓度。

（二）硫氰酸铵标准溶液的配制与标定

由于 NH_4SCN 易吸湿，并常含有杂质，很难达到基准试剂所要求的纯度，故配制 NH_4SCN 标准溶液只能用间接配制法。先配制成近似浓度的溶液，然后以铁铵矾为指示剂，用基准物质 $AgNO_3$（经过 110℃干燥至恒重）标定，或者用 $AgNO_3$ 标准溶液比较法标定。

（三）应用与示例

1. 0.1mol/L $AgNO_3$ 标准溶液的配制与标定 配制方法：称取 8.5g 的 $AgNO_3$，溶于 500ml 不含 Cl^- 的纯化水中，贮存于带玻璃塞的棕色试剂瓶中，摇匀，置于暗处保存，待标定。

标定方法：准确称取 1.5g 基准试剂 NaCl，置于 100ml 烧杯中，加 40ml 蒸馏水溶解，定量转入 250ml 量瓶中，加水稀释至标线，摇匀。精密移取 25.00ml NaCl 标准溶液于 250ml 锥形瓶中，加25ml 水、1ml 的 K_2CrO_4 指示液，在充分摇动下，用配好的 $AgNO_3$ 溶液滴定至溶液呈砖红色即为终点。记录消耗 $AgNO_3$ 标准滴定溶液的体积。平行测定三次。根据 NaCl 的用量和滴定所消耗的 $AgNO_3$ 标准溶液体积，计算 $AgNO_3$ 标准溶液的浓度。

2. 0.1mol/L NH_4SCN 溶液的配制与标定 配制：称取 3.8g 的 NH_4SCN，溶于 500ml 纯化水中，贮存于试剂瓶中，摇匀，待标定。

标定：精密移取 $AgNO_3$ 标准溶液 25.00ml，置于 250ml 锥形瓶中，加 50ml 水，摇匀。加入 4mol/L 硝酸溶液 4ml、$NH_4Fe(SO_4)_2$ 指示剂 1ml，用配好的 NH_4SCN 标准溶液滴定，终点前摇动溶液至完全清亮后，继续滴定至溶液呈浅红色且 30 秒不褪色即为终点。记录消耗的 NH_4SCN 标准溶液的体积，平行测定 3 次。

知识链接

沉淀滴定法在食品检验中的应用

沉淀滴定法主要应用于食品、饮用天然矿泉水中氯化物的测定以及食品添加剂硝酸钠的含量测定。现行的国家标准 GB 5009.44—2016《食品中氯化物的测定》中规定食品中氯化物的测定第二法采用佛尔哈德法（间接沉淀法），GB 8538—2016《饮用天然矿泉水检验方法》中规定饮用天然矿泉水中氯化物的测定采用莫尔法，GB 1886.5—2015《食品添加剂 硝酸钠》中规定食品添加剂硝酸钠的测定采用莫尔法等。

例如，食品添加剂硝酸钠的含量测定：称取约 0.8g 预先在 105 ~ 110℃ 条件下干燥至恒重的试样（也可以直接称样，计算结果时减掉水分），精确至 0.0002g，置于一个小烧杯中。加 20ml 盐酸溶液，盖上表面皿，在蒸汽浴（或可调电炉）上蒸发至干。再加 20ml 盐酸溶液溶解残留物，再次蒸发至干。继续加热，直至残留物溶于水时对石蕊显中性。将溶液转移至 100ml 量瓶中，稀释至刻度，摇匀。移取 25ml 溶液置于 150ml 烧杯中，加 4 滴铬酸钾指示液，在均匀搅拌下，用硝酸银标准滴定溶液滴定，至呈现稳定的淡橘红色悬浊液即为终点，同时做空白试验。

第二节　重量分析法

重量分析法是通过物理或化学反应将试样中的待测组分与其他组分分离后，转化为一定的称量形式，然后用称量的方法称得待测组分或它的难溶化合物的质量，计算出待测组分在试样中的百分含量。重量分析法实际包括了分离和称量两个过程。根据待测组分与其他组分分离方法的不同，重量分析法可分为挥发重量法、萃取重量法和沉淀重量法。

重量分析法的全部数据都是直接用分析天平称量而获得分析结果，不需要标准试样或基准物质进行比较，因此对于高含量组分的测定，重量分析法具有准确度较高的优点，测定的相对误差一般不大于 0.1%。但是，该法操作繁琐，耗时较长，使用面窄，不适用于微量、痕量组分的测定。

知识链接

重量分析法简史

重量分析法是最早的定量分析技术，公元前 3000 年，埃及人已经掌握了一些称量的技术，在公元前 1300 年的《莎草纸卷》上已有等臂天平的记载。罗蒙诺索夫首先使用天平称量法研究了化学反应重量关系，证明了质量守恒定律（1756 年），为重量分析法打下了基础。德国的克拉普鲁特改进了质量分析的步骤，创立一系列定量操作方法，如灼烧、恒重、干燥等，是质量分析法方法的奠基人。贝采利乌斯发明了灵敏度达 1mg 的天平以及坩埚、干燥器、过滤器、水浴锅、无灰滤纸等，对重量分析做出了重大贡献。重量分析法广泛应用于化学分析，随着称量工具的改进，重量分析法也不断发展，目前分析天平称量准确度可达 0.1mg（万分之一）、0.01mg（十万分之一）和 0.001mg（百万分之一）等，石英晶体微天平的测量精度则可达纳克级，理论上可以测到相当于单分子层或原子层的几分之一的质量变化。

一、挥发重量法

挥发重量法简称挥发法，该法是利用待测组分具有挥发性或将其转化成挥发性物质，称取挥发前后挥发组分的质量，计算其含量。挥发法根据称量对象的不同可分为直接挥发法和间接挥发法。

（一）直接挥发法

直接挥发法是利用加热或其他方法使试样中的待测组分逸出，用适宜的吸收剂将其吸收至吸收剂恒重，然后测定吸收剂增加的重量来计算该组分含量的方法。由于在最后的称量中有待测组分存在，故称为直接挥发法。例如，试样中水分的测定，是将试样加热到适当的温度，以高氯酸镁为吸收剂，将逸出的水分吸收，则高氯酸镁增加的质量就是试样中水分的质量。

测定中若有几种挥发性物质并存时，应选用合适的吸收剂，以适当的吸收次序分别加以吸收，从而达到分别测量的目的。例如，有机化合物中的元素分析，取一定的试样，将其在氧气流中燃烧，其中的碳和氢分别生成 CO_2 和 H_2O，用碱石灰吸收 CO_2，用高氯酸镁吸收 H_2O，最后分别称量各吸收剂的质量，根据各吸收剂增加的质量，即可计算出试样中的含氢量和含碳量。

案例分析

案例 水分是影响食品质量的因素之一。控制食品中的水分含量，对于保持食品的感官性状、维持食品中其他组分的平衡关系、保证食品的稳定性十分重要，控制水分是保障食品不变质的手段之一。对食品分析来说，最基本最重要的方法之一就是对水分含量的测定。水分测定对于计算生产中的物料平衡、实行工艺控制与监督等方面，都具有重要意义。

分析： 面粉中水分含量的测定实验步骤

取洁净铝制或玻璃制的扁形称量瓶，置于101～105℃干燥箱中，瓶盖斜支于瓶边，加热1.0小时，取出，盖好，置干燥器内冷却0.5小时，称重，并重复干燥至恒重。称3～5g（准确至0.001g）面粉样品，放入此称量瓶中，样品厚度应均匀，约5mm加盖，精密称量后，置于101～105℃干燥箱中，瓶盖斜支于瓶边，干燥2～4小时后，盖好取出，放入干燥器内冷却0.5小时后称量。然后放入101～105℃干燥箱中干燥1小时左右，取出，放干燥器内冷却0.5小时后再称量。至前后2次质量差不超过2mg，即为恒重。

树立安全意识，强化食品安全责任意识，为食品的安全保驾护航。

（二）间接挥发法

间接挥发法是利用加热或其他方法使试样中的待测组分挥发逸出至试样恒重（恒重是指供试品连续两次干燥或炽灼后称重的差异在0.3mg以下的重量），然后根据试样减轻的重量，计算试样中该组分含量的方法。因为在最后被称量的质量中没有被测物质，所以称为间接挥发法。例如：要测定粮食贮藏中吸湿水的量，可将一定量的粮食样品加热，使水分逸出，根据粮食样品质量的减轻算出试样中水分的含量。

在间接法中，样品的干燥是关键，常用的干燥方法有如下几种。

1. 常压加热干燥法 将样品置于电热干燥箱中，在常压（100kPa）条件下，温度控制在105～110℃，加热干燥至恒重。常压加热干燥适用于性质稳定，受热不易挥发、氧化或分解变质的试样。

2. 减压干燥法 恒温减压干燥法是在恒温减压干燥器中进行的，适用于受热不稳定、熔点低或难驱除水分的试样。在减压条件下，水或其他挥发性物质沸点降低，大大缩短干燥时间、降低干燥温度。

3. 干燥器干燥法 干燥器干燥法适用于能升华或不能加热干燥的试样，干燥器干燥法又分常压、减压两种。例如氯化铵干燥失重：取本品，置硫酸干燥器中干燥至恒重。若常压下干燥，水分不易除去，可置于减压干燥器中干燥。另外，盛有干燥剂的干燥器，在重量分析中经常被用作短时间存放刚从烘箱或高温炉取出的热的干燥器皿或试样，目的是在低湿度的环境中冷却，减少吸水，以便称量。但十分干燥的试样不宜在干燥器中长时间放置，尤其是很细的粉末，由于表面吸附作用，可吸收水分。

二、萃取重量法

萃取重量法简称萃取法，该法是采用不相溶的两种溶剂，将待测组分从一种溶剂萃取到另一种溶剂中来，然后将萃取液中的溶剂蒸去，干燥至恒重后称重，再计算出待测组分的含量。应用萃取法可从固体或液体混合物中萃取出所需要的物质，如天然产物中各种生物碱、脂肪、蛋白质、芳香油等都可用萃取的方法从动植物中获得。

（一）基本原理

物质在水相和与水互不相溶的有机相中都有一定的溶解度，在液-液萃取分离时，待萃取物质在有机相和水相中的浓度之比称为分配比，用 D 表示，分配比随着溶质和有关溶剂的浓度而改变。其计算公式如下。

$$D=\frac{c_{\text{有机相}}}{c_{\text{水相}}} \tag{5-1}$$

当两液相体积相等时，若 $D>1$，说明经萃取后进入有机相的物质量比留在水中的物质量多。在实际工作中，一般要求至少 $D>10$。若 D 较小时，应采用少量多次连续萃取以提高萃取率。

（二）基本操作

萃取分离物质的操作步骤是：取一定规格的分液漏斗，依次从上口倒入适量的需萃取的溶液和定量有机溶剂（常用等体积的两相），塞好并旋紧玻璃塞。握住分液漏斗进行振摇。反复振摇数分钟后将漏斗静置，待两相分层后，打开上面的塞子，旋开活塞，放出下层，待分离完毕，立即关闭活塞，把上层从分液漏斗上口倒出。操作时应根据所用溶剂的密度准确判断上下两层分别是水相还是有机相，正确保留所需要相进行后续操作。若需要多次萃取，需将水层溶液再倒入分液漏斗中，用新的有机溶剂按同法再重复上述操作。最后合并萃取液，过滤，滤液在水浴上蒸干，干燥，称重，直至恒重，即可计算样品中被萃取物的含量。

三、沉淀重量法

沉淀重量法简称沉淀法，是重量分析的主要方法。该法是利用沉淀反应使待测组分生成溶解度很小的沉淀，将沉淀过滤、洗涤后，烘干或灼烧成组成一定的物质，然后称量其重量，计算待测组分的含量。

（一）基本原理

1. 沉淀法对沉淀形式和称量形式的要求 在沉淀重量法中，向试液中加入适当的沉淀剂，使待测组分沉淀出来，这样获得的沉淀称为沉淀形式。沉淀形式经过滤、洗涤、烘干或灼烧后，供最后称量的物质，称为称量形式。沉淀形式和称量形式的化学组成可以相同，也可以不同。例如，用 $BaSO_4$ 沉淀法测定 SO_4^{2-} 的含量，沉淀形式和称量形式都是 $BaSO_4$，沉淀形式和称量形式相同，过程如下。

$$\text{试样}\xrightarrow{\text{溶解}}SO_4^{2-}\xrightarrow{\text{沉淀剂}}\underset{\text{（沉淀形式）}}{BaSO_4}\xrightarrow{\text{过滤、洗涤}}\xrightarrow{800℃\text{灼烧}}\underset{\text{（称量形式）}}{BaSO_4}$$

若用 CaC_2O_4 沉淀重量法测定 Ca^{2+} 的含量时，沉淀形式是 $CaC_2O_4\cdot H_2O$，经灼烧后称量形式为 CaO，沉淀形式和称量形式不同，过程如下。

$$\text{试样}\xrightarrow{\text{溶解}}C_2O_4^{2-}\xrightarrow{\text{沉淀剂}}\underset{\text{（沉淀形式）}}{CaC_2O_4\cdot H_2O}\xrightarrow{\text{过滤、洗涤}}\xrightarrow{800℃\text{灼烧}}\underset{\text{（称量形式）}}{CaO}$$

（1）对沉淀形式的要求

①沉淀的溶解度必须足够小，这样才能保证待测组分沉淀完全。通常要求分析过程中沉淀的溶解损失不超过 0.2mg。

②沉淀必须纯净，尽量避免其他杂质的沾污。

③沉淀形式应易于过滤和洗涤，易于转化为称量形式，这样可以降低能耗和简化操作，应是沉淀选择的理想目标。

（2）对称量形式的要求

① 组成确定且与化学式完全相符，否则无法计算分析结果。

②稳定性要高，不易吸收空气中的水分和二氧化碳，不易被空气中的氧所氧化。

③摩尔质量要大，这样可增大称量形式的质量，减小称量的相对误差，提高分析结果的准确度。

2. 沉淀的溶解度及其影响因素 沉淀重量法要求沉淀反应尽可能完全，沉淀的溶解损失要小于0.2mg，为了满足这一要求，需要了解影响沉淀溶解度的因素。影响沉淀溶解度的因素很多，主要有同离子效应、盐效应、酸效应、配位效应等。此外，温度、介质、沉淀结构和颗粒大小等对沉淀的溶解度也有影响。本节主要介绍同离子效应、盐效应、酸效应、配位效应。

（1）同离子效应 当沉淀反应达到平衡时，向溶液中再加入含有某一构晶离子的试剂，使沉淀溶解度减小的现象，称为同离子效应。例如，25℃时，$BaSO_4$ 在水中的溶解度为：

$$S=\sqrt{K_{SP}(BaSO_4)}=\sqrt{1.1\times10^{-10}}=1.05\times10^{-5}(mol/L)$$

如果使溶液中 $[Ba^{2+}]$ 增加至0.1mol/L，此时 $BaSO_4$ 的溶解度为：

$$S=\frac{K_{SP}(BaSO_4)}{[Ba^{2+}]}=\frac{1.1\times10^{-10}}{0.10}=1.1\times10^{-9}(mol/L)$$

由此可见，加入过量沉淀剂，可大大降低沉淀溶解度。所以，同离子效应是保证沉淀完全的重要措施之一。实际工作中，一般不挥发沉淀剂过量20%～30%，挥发性沉淀剂过量50%～100%。

（2）盐效应 沉淀反应达到平衡时，由于强电解质的存在或加入其他强电解质，使沉淀的溶解度增大，这种现象称为盐效应。因此，利用同离子效应降低沉淀的溶解度时，应考虑盐效应的影响，即沉淀剂不能过量太多。

例如，在 $PbSO_4$ 饱和溶液中加入 Na_2SO_4，就同时存在着同离子效应和盐效应，而哪种效应占优势，取决于 Na_2SO_4 的浓度。表5-3为 $PbSO_4$ 溶解度随 Na_2SO_4 浓度变化的情况。从表中可知，初始时由于同离子效应，使 $PbSO_4$ 溶解度降低，可是当加入 Na_2SO_4 浓度大于0.04mol/L时，盐效应超过同离子效应，使 $PbSO_4$ 溶解度反而逐步增大。

表5-3 $PbSO_4$ 在 Na_2SO_4 溶液中的溶解度

Na_2SO_4 浓度（mol/L）	$PbSO_4$ 溶解度（mg/L）	Na_2SO_4 浓度（mol/L）	$PbSO_4$ 溶解度（mg/L）
0	45	0.001	7.3
0.01	4.9	0.02	4.2
0.04	3.9	0.10	4.9
0.20	7.0		

通过上述讨论得知：同离子效应与盐效应对沉淀溶解度的影响恰好相反，所以在沉淀时应避免加入过多的沉淀剂。如果沉淀剂本身的溶解度很小，一般来说可以不考虑盐效应的影响。

（3）酸效应 溶液酸度对沉淀溶解度的影响称为酸效应。酸效应的发生主要是由于溶液中 H^+ 浓度的大小对弱酸、多元酸或难溶酸离解平衡的影响。因此，酸效应对于不同类型沉淀的影响情况不一样，若沉淀是强酸盐（如 $BaSO_4$、AgCl 等），其溶解度受酸度影响不大，但对弱酸盐（如 CaC_2O_4、氢氧化物、难溶酸等）则酸效应影响就很显著。如 CaC_2O_4 沉淀在溶液中有下列平衡。

$$CaC_2O_4 \rightleftharpoons Ca^{2+}\ C_2O_4^{2-}$$

当溶液中的 H^+ 浓度增大时，将生成 $H_2C_2O_4$，破坏了 CaC_2O_4 的沉淀溶解平衡，致使 $C_2O_4^{2-}$ 浓度降低，CaC_2O_4 沉淀的溶解度增加。所以，对于弱酸盐的沉淀，如碳酸盐、草酸盐、磷酸盐等，受酸度影响较大，为了减少对沉淀溶解度的影响，通常应在较低的酸度下进行沉淀。

（4）配位效应　进行沉淀反应时，若溶液中存在能与构晶离子生成可溶性配合物的配位剂，则可使沉淀溶解度增大，甚至不产生沉淀，这种现象称为配位效应。配位剂主要来自两方面：一是沉淀剂本身作为配位剂；二是加入的其他试剂。例如：用 Cl^- 沉淀 Ag^+ 时，得到 AgCl 白色沉淀，若向此溶液中加入氨水，则因 NH_3 配位生成 $[Ag(NH_3)_2]^+$，使 AgCl 的溶解度增大，甚至全部溶解。如果在沉淀 Ag^+ 时加入过量的 Cl^-，则 Cl^- 能与 AgCl 沉淀进一步形成 $[AgCl_2]^-$ 和 $[AgCl_3]^{2-}$ 等配离子，也使 AgCl 沉淀逐渐溶解，这时 Cl^- 沉淀剂本身就是配位剂。由此可见，在用沉淀剂进行沉淀时，应严格控制沉淀剂的用量，同时注意外加试剂的影响。

在实际工作中应根据具体情况考虑哪种效应是主要的。对无配位反应的强酸盐沉淀，主要考虑同离子效应和盐效应；对弱酸盐或难溶酸、氢氧化物的沉淀，多数情况主要考虑酸效应；对于有配位反应且沉淀的溶度积又较大，易形成稳定配合物时，则应主要考虑配位效应。

3. 沉淀条件的选择　在重量分析法中，为了获得准确的分析结果，要求沉淀完全、纯净且易于过滤洗涤。因此，要根据沉淀的形态，选择不同的沉淀条件。沉淀根据其物理性质的不同，大致分为晶形沉淀和非晶形沉淀（无定形沉淀）两大类。

（1）晶形沉淀的沉淀条件　晶形沉淀是指具有一定形状的晶体，由较大的沉淀颗粒组成，内部排列规则有序，结构紧密，吸附杂质少，极易沉降，有明显的晶面，易于过滤和洗涤，如 $BaSO_4$。但是，晶形沉淀的溶解度通常都比较大，所以要注意沉淀的溶解损失。晶形沉淀的沉淀条件如下。

①应在适当稀的热溶液中进行沉淀。一方面可降低溶液的相对过饱和度，以减少成核数量，使聚集速率减小，得到颗粒大的晶形沉淀；另一方面又能减少杂质的吸附，有利于得到纯净的沉淀。为了防止沉淀在热溶液中的溶解损失，应当在沉淀作用完毕后，将溶液冷却至室温再过滤，以减少沉淀损失。对溶解度较大的沉淀，溶液不能太稀。

②在不断搅拌的情况下慢慢加入沉淀剂。这样可使沉淀剂有效地分开，避免溶液局部形成过饱和溶液而产生大量细小的晶粒。

③过滤前应进行陈化处理。陈化是指在沉淀生成后，为了减少吸附和夹带的杂质离子，经放置或加热得到易于过滤的粗颗粒沉淀的过程。沉淀经陈化作用后，沉淀晶体颗粒长大，而且沉淀更为纯净。

（2）非晶形沉淀的沉淀条件　非晶形沉淀是指无晶体结构特征的一类沉淀，它是由许多聚集在一起的微小颗粒组成的，内部排列杂乱无序、结构疏松，易胶溶，常常是体积庞大的絮状沉淀，不能很好地沉降，无明显的晶面，不易过滤和洗涤，如 $Fe_2O_3 \cdot xH_2O$。非晶形沉淀的溶解度一般很小，因此溶液中相对过饱和度相当大，很难通过降低溶液的相对过饱和度来改变沉淀的物理性质。为了获得较紧密的沉淀，对非晶形沉淀主要是设法破坏胶体，防止胶溶，加速沉淀微粒的凝聚。非晶形沉淀的沉淀条件如下。

①应在较浓的溶液中进行沉淀，加入沉淀剂的速度可适当加快。这样得到的沉淀结构较紧密。在较浓的溶液中进行沉淀，吸附的杂质较多，故在沉淀反应完毕后，应立即加入较大量热水冲稀并搅拌，使吸附的部分杂质转入溶液。

②应在热溶液中进行沉淀。这样可以防止胶体的生成，减少沉淀表面对杂质的吸附。

③溶液中应加入适当的电解质。这样可使带电的胶体粒子相互凝聚，加快沉降速度，有利于形成较紧密的沉淀。

④ 趁热过滤、洗涤，不必陈化。否则非晶形沉淀因放置时间较长失去水分，聚集得更紧，使吸附的杂质难以洗去。在进行洗涤时，为防止沉淀重新变为难以过滤和洗涤的胶体，一般选用热的、稀的电解质溶液作洗涤液。非晶形沉淀吸附杂质较严重，若一次沉淀不纯净，必要时应进行再沉淀。

知识链接

沉淀的形成过程

沉淀的形成是一个复杂的过程，一般经过晶核形成和晶核长大两个过程。

晶核的形成有两种情况：一种是均相成核，即在过饱和溶液中，构晶离子通过静电作用而缔合，从溶液中自发地产生晶核的过程。溶液越饱和，均相成核的数目越多，生成的沉淀颗粒就越小。另一种是异相成核，指沉淀介质和容器中不可避免存在的一些外来固体微粒，它们起到晶种的作用，诱导构晶离子在其周围排列形成晶核的过程。固体微粒越多，异相成核数目越多。

当晶核形成后，溶液中的构晶离子向晶核表面扩散，并沉积在晶核上，晶核逐渐长大成沉淀颗粒。沉淀颗粒大小由聚集速度和定向速度的相对大小决定。如果定向速度大于聚集速度，即离子较缓慢地聚集成沉淀，有足够的时间进行晶格排列，得到的是晶形沉淀，如 $BaSO_4$、CaC_2O_4 等。如果聚集速度大于定向速度，即离子很快地聚集成沉淀微粒，来不及进行晶格排列，沉淀就已生成，这样得到的沉淀为非晶形沉淀，如 $Fe(OH)_3$、$Al(OH)_3$ 等。晶形沉淀和非晶形沉淀的沉淀颗粒大小不同，晶形沉淀的颗粒直径 0.1 ~ 1μm，非晶形沉淀颗粒直径一般小于 0.02μm。

（二）基本操作

1. 溶解 将试样溶解制成溶液的过程称为溶解。试样溶解的方法取决于试样及待测组分的性质。应确保待测组分全部溶解而无损失，加入的试剂不应干扰以后的分析。

2. 沉淀 在适宜的条件下，向上述溶液中加入适当的沉淀剂，使其与待测组分发生沉淀反应，生成沉淀并析出的过程称为沉淀。沉淀是称量分析最重要的一步操作，应根据沉淀的性质采用不同的沉淀条件和操作方式。

3. 过滤和洗涤 使沉淀与母液分离的过程称为过滤。一般采用无灰滤纸或微孔玻璃过滤器过滤。对于需要灼烧的沉淀常用滤纸过滤，而对于过滤后只需烘干即可称重的沉淀，可用微孔玻璃坩埚或漏斗过滤。洗涤沉淀是为了除去不挥发的盐类杂质和母液。洗涤沉淀时应遵循“少量多次”的原则。

4. 烘干或灼烧 烘干通常是在 105 ~ 120℃ 烘干至恒重，除去沉淀中的水分和挥发性物质得到沉淀的称量形式。沉淀在烘箱烘干后，取出置于干燥器中冷却至室温后称量。反复烘干、称量，直至恒重为止。

灼烧是在 800℃ 以上，彻底去除水分和挥发性物质，并使沉淀分解为组成恒定的称量形式。灼烧是在预先已烧至恒重的瓷坩埚中进行的。每次灼烧完毕都应该在空气中稍冷再移入干燥器中，冷却至室温后称量。多次灼烧、冷却、称量，直至恒重。

如 $BaSO_4$ 沉淀水分不易除去、$Fe(OH)_3 \cdot xH_2O$ 沉淀形式组成不固定，再经高温 800℃ 以上灼烧至恒重后转变成组成固定的形式 $BaSO_4$、Fe_2O_3，方可进行称量。

（三）分析结果的计算

沉淀重量分析中，多数情况下称量形式与待测组分的形式不同，这就需要将称得的称量形式的质量换算成待测组分的质量。试样中待测组分含量按下式计算。

$$\text{试样中待测组分百分含量} = \frac{\text{称量形式的质量} \times \text{换算因数}}{\text{试样的质量}} \times 100\% \qquad (5-2)$$

换算因数又称化学因数，可用 F 表示。F 是指待测组分的摩尔质量与称量形式的摩尔质量之比，是一常数。计算公式如下。

$$F=\frac{a\times 待测组分的摩尔质量}{b\times 称量形式的摩尔质量} \quad (5-3)$$

式中，a、b 为待测组分和称量形式的系数，乘以系数后使得分子与分母中含待测元素的原子数相等。几种常见沉淀的换算因数见表5-4。

表5-4 几种常见沉淀的换算因数

待测组分	沉淀形式	称量形式	换算因数
Ag^+	$AgCl$	$AgCl$	$Ag^+/AgCl$
Cl^-	$AgCl$	$AgCl$	$Cl^-/AgCl$
Fe	$Fe(OH)_3\cdot xH_2O$	Fe_2O_3	$2Fe/Fe_2O_3$
MgO	$MgNH_4PO_4$	$Mg_2P_2O_7$	$2MgO/Mg_2P_2O_7$
Na_2SO_4	$BaSO_4$	$BaSO_4$	$Na_2SO_4/BaSO_4$

例5-1 测定某试样中 P_2O_5 的含量时，在氨溶液中用 $MgCl_2$ 和 NH_4Cl 使P沉淀为 $MgNH_4PO_4$，最后灼烧成 $Mg_2P_2O_7$，称量，试求 $Mg_2P_2O_7$ 对 P_2O_5 的换算因数。

解： $P_2O_5\rightarrow Mg_2P_2O_7$

$$F=\frac{M_{P_2O_5}}{M_{Mg_2P_2O_7}}=\frac{141.94}{222.55}=0.6378$$

例5-2 测定某试样中 MgO 的含量时，先将 Mg^{2+} 沉淀为 $MgNH_4PO_4$，再灼烧成 $Mg_2P_2O_7$，称量。若试样质量为0.1200g，得到 $Mg_2P_2O_7$ 的质量为0.0965g，计算试样中 MgO 的质量分数是多少？

解： $Mg_2P_2O_7$ 对 MgO 的换算因数为：

$$F=\frac{2M_{MgO}}{M_{Mg_2P_2O_7}}=\frac{2\times 40.31}{222.55}=0.3623$$

$$\omega_{MgO}=\frac{m_{Mg_2P_2O_7}\times F}{S_{样品}}=\frac{0.0965\times 0.3623}{0.1200}\times 100\%=29.13\%$$

知识链接

重量分析法在食品检验中的应用

重量分析法在检验食品中一般成分方面具有举足轻重的地位。比如食品中水分的测定，灰分、粗制纤维的测定等，均采用重量分析法检测。GB 5009.3—2022《食品安全国家标准 食品中水分的测定》，其中第一种检测方法就是采用直接干燥法的重量分析法，比如面粉中水分的测定等。食品灰分的检测是衡量食品营养成分的重要指标，也是判断食品品质质量的控制指标，在食品中灰分的检测，根据 GB 5009.4—2016《食品安全国家标准 食品中灰分的测定》，用重量分析法来测定食品中的灰分，比如面粉中总灰分的测定。根据 GB 5009.88—2014《食品安全国家标准 食品中膳食纤维的测定》，膳食中的纤维测定方法有非酶-重量法、酶-重量法和酶化学法。

实训七 硝酸银标准溶液的配制与标定

一、实训目的

1. 掌握 $AgNO_3$ 标准溶液的配制和标定方法。

2. 熟悉 沉淀滴定法中以铬酸钾为指示剂判断滴定终点的方法。

二、实训原理

硝酸银（$AgNO_3$）标准溶液可以用经过预处理的基准试剂 $AgNO_3$ 直接配制。但非基准试剂 $AgNO_3$ 中常含有杂质，如金属银、氧化银、游离硝酸、亚硝酸盐等，因此也可用间接法配制。间接配制法要求先配制成近似浓度的溶液，再用基准物质 NaCl 标定，通过计算即可得到 $AgNO_3$ 标准溶液的准确浓度。

以 NaCl 作为基准物质，在中性或弱碱性溶液中，以 K_2CrO_4 作为指示剂，用 $AgNO_3$ 标准溶液滴定。由于 AgCl 的溶解度小于 K_2CrO_4 的溶解度，所以，当 AgCl 定量沉淀后，即生成砖红色的沉淀，表示达到终点，其化学反应式如下。

终点前：$Ag^+ + Cl^- \longrightarrow AgCl\downarrow$（白色）

终点时：$2Ag^+ + CrO_4^{2-} \longrightarrow Ag_2CrO_4\downarrow$（砖红色）

三、仪器与试剂

1. 仪器 台秤、电子天平、棕色试剂瓶、锥形瓶、移液管、酸式滴定管。

2. 试剂 $AgNO_3$（AR）、NaCl（基准物质、在 500～600℃灼烧至恒重）、K_2CrO_4 指示液（5%）。

四、实训步骤

1. 0.1mol/L $AgNO_3$ 标准溶液的配制 称取 8.5g 的 $AgNO_3$，溶于 500ml 不含 Cl^- 的纯化水中，贮存于带玻璃塞的棕色试剂瓶中，摇匀，置于暗处保存，待标定。

2. 0.1mol/L $AgNO_3$ 标准溶液的标定 准确称取 1.5g 基准物质 NaCl，置于 100ml 烧杯中，加 40ml 蒸馏水溶解，定量转入 250ml 量瓶中，加水稀释至标线，摇匀。精密移取 25.00ml 的 NaCl 标准溶液于 250ml 锥形瓶中，加 25ml 水、1ml 的 K_2CrO_4 指示液，在充分摇动下，用配好的 $AgNO_3$ 溶液滴定至溶液呈砖红色即为终点。记录消耗 $AgNO_3$ 标准滴定溶液的体积。平行测定三次。

根据 NaCl 的用量和滴定所消耗的 $AgNO_3$ 标准溶液体积，根据下面公式计算 $AgNO_3$ 标准溶液的浓度。

$$c_{AgNO_3} = \frac{\frac{25}{250} \times m_{NaCl}}{M_{NaCl} \times V_{AgNO_3}}$$

五、注意事项

1. $AgNO_3$ 试剂及其溶液具有腐蚀性，破坏皮肤组织，注意切勿接触皮肤及衣服。

2. 配制 $AgNO_3$ 标准溶液的蒸馏水应无 Cl^-，否则配成的 $AgNO_3$ 溶液会出现白色浑浊，不能使用。

3. 实验完毕后，盛装 $AgNO_3$ 溶液的滴定管应先用蒸馏水洗涤 2～3 次后，再用自来水洗净，以免 AgCl 沉淀残留于滴定管内壁。

六、思考题

1. 用 $AgNO_3$ 标准溶液滴定 NaCl 时，为什么要充分摇动溶液？若不充分摇动溶液，对测定结果有何影响？

2. 指示剂 K_2CrO_4 的用量太多和太少对测定结果有何影响？

七、数据记录与处理

表5－5 数据记录与处理

试样编号	1	2	3
称量瓶＋NaCl的总质量（初次读数）（g）			
称量瓶＋NaCl的总质量（递减后读数）（g）			
基准物NaCl质量（g）			
移取NaCl溶液体积（ml）			
滴定消耗$AgNO_3$溶液的体积（ml）			
c_{AgNO_3}(mol/L)			
$\bar{c}_{AgNO_3}$(mol/L)			
相对平均偏差（%）			

实训八 硫氰酸铵标准溶液的配制与标定

一、实训目的

1. 掌握 NH_4SCN标准溶液的配制和标定方法。

2. 熟悉 沉淀滴定法中以铁铵矾为指示剂判断滴定终点的方法。

二、实训原理

硫氰酸铵(NH_4SCN)试剂一般含有杂质，如硫酸盐、氯化物等，纯度仅在98%以上，因此NH_4SCN标准溶液要用间接法配制，即先配制成近似浓度的溶液，再用基准物质$AgNO_3$（经过110℃干燥至恒重）标定或$AgNO_3$标准溶液标定。标定方式可采用佛尔哈德法的直接滴定法或返滴定法。直接滴定法用$NH_4Fe(SO_4)_2$为指示剂，用配好的NH_4SCN溶液滴定一定体积的$AgNO_3$标准溶液，当溶液变为红色时即到达滴定终点。其化学反应式如下：

终点前：$Ag^+ + SCN^- = AgSCN\downarrow$（白色）

终点时：$Fe^{3+} + SCN^- = [FeSCN]^{2+}$(红色)

由于指示剂中Fe^{3+}在中性或碱性溶液中水解，因此佛尔哈德法应该在酸度大于0.3mol/L的溶液中进行。

三、仪器与试剂

1. 仪器 台秤、电子天平、锥形瓶、移液管、酸式滴定管。

2. 试剂 NH_4SCN(AR)、$NH_4Fe(SO_4)_2$指示剂（40%）、硝酸溶液(1∶3)、$AgNO_3$标准溶液(0.05mol/L)。

四、实训步骤

1. 0.1mol/L NH_4SCN溶液的配制 称取3.8g的NH_4SCN溶于500ml纯化水中，贮存于试剂瓶中，摇匀，待标定。

2. 0.1mol/L NH_4SCN 标准溶液的标定 精密移取 $AgNO_3$ 标准溶液 25.00ml，置于 250ml 锥形瓶中，加 50ml 水，摇匀。加入 4mol/L 的硝酸溶液 4ml，$NH_4Fe(SO_4)_2$ 指示剂 1ml，用配好的 NH_4SCN 标准溶液滴定，终点前摇动溶液至完全清亮后，继续滴定至溶液呈浅红色，且 30 秒不褪色，即为终点。记录消耗的 NH_4SCN 标准溶液的体积，平行测定 3 次。根据下面公式计算 NH_4SCN 标准溶液的浓度。

$$c_{NH_4SCN} = \frac{c_{AgNO_3} \times V_{AgNO_3}}{V_{NH_4SCN}}$$

五、注意事项

实验完毕后，将装 $AgNO_3$ 溶液的滴定管先用蒸馏水冲洗 2～3 次后再用自来水洗净，以免 AgCl 残留于管内。

六、思考题

1. 本实验为什么用硝酸酸化？可否用盐酸或硫酸？
2. 分析本实验主要的误差来源是什么？如何减少误差？

七、数据记录与处理

表 5－6 数据记录与处理

试样编号	1	2	3
移取 $AgNO_3$ 溶液体积（ml）			
滴定消耗 NH_4SCN 溶液的体积（ml）			
c_{NH_4SCN}(mol/L)			
$\bar{c}_{NH_4SCN}$(mol/L)			
相对平均偏差（%）			

实训九 食盐中氯含量的测定

一、实训目的

1. **掌握** 用铬酸钾指示剂法测定食盐中氯含量的方法。
2. **了解** 铬酸钾指示剂的正确使用。

二、实训原理

在中性或弱碱性溶液中，用 $AgNO_3$ 标准溶液滴定样品中的 Cl^-，以 K_2CrO_4 为指示剂，达到化学计量点时，稍过量的 Ag^+ 与 CrO_4^{2-} 反应生成砖红色 Ag_2CrO_4 沉淀，指示滴定终点。

AgCl 的溶解度比 Ag_2CrO_4 的小，所以在溶液中先析出 AgCl 沉淀，当 AgCl 定量沉淀后，过量 $AgNO_3$ 溶液即与 CrO_4^{2-} 离子生成砖红色 Ag_2CrO_4 沉淀，指示终点到达。此滴定最适宜的 pH 范围是6.5～10.5，酸度过高会因 CrO_4^{2-} 质子化而不产生 Ag_2CrO_4 沉淀；酸度过低，则形成 Ag_2O 沉淀。

三、仪器与试剂

1. **仪器** 分析天平、酸式滴定管、移液管、量瓶、锥形瓶等。

2. 试剂 5% K_2CrO_4 溶液、$AgNO_3$ 标准溶液（0.1mol/L）、NaCl 试样（粗食盐）。

四、实训步骤

1. 试样溶液制备 称取约5g试样（精确至1mg）于50ml烧杯中，定量转移至100ml量瓶中，加水稀释至刻度，摇匀，用滤纸过滤，弃去最初滤液，取部分续滤液测定。

2. 测定 精密移取50.00ml试液于250ml锥形瓶中，加入50ml水和1ml铬酸钾溶液（5%）。滴加1~2滴硝酸银标准滴定溶液，此时，标准溶液应变为棕红色，如不出现这一现象，应补加1ml铬酸钾溶液（10%），再边摇动边滴加硝酸银标准滴定溶液，颜色由黄色变为橙黄色（保持1分钟不褪色）。记录消耗硝酸银标准滴定溶液的体积。平行测试3次。根据下面公式计算食盐中的氯含量。

$$\omega = \frac{c_{AgNO_3} \times V_{AgNO_3} \times M_{NaCl}}{\frac{50}{100} m_S} \times 100\%$$

五、注意事项

1. 滴定最适宜的pH范围是6.5~10.5，若有铵盐存在，为避免生成$Ag(NH_3)^+$，溶液的pH范围应控制在6.5~7.2为宜。

2. $AgNO_3$ 见光易分解，故需保存在棕色瓶中。

3. $AgNO_3$ 若与有机物接触，则起还原作用，加热颜色变黑，所以不要使 $AgNO_3$ 与皮肤接触。

4. 实验结束后，盛装 $AgNO_3$ 溶液的滴定管应先用蒸馏水冲洗2~3次，再用自来水洗，以免产生氯化银沉淀，难以洗净。

5. 含银废液应予以回收，且不能随意倒入水槽。

六、思考题

分析用莫尔法测定NaCl中氯含量时，其主要的误差来源是什么？如何减少误差？

七、数据记录与处理

表5-7 数据记录与处理

试样编号	1	2	3
称取样品质量（g）			
滴定消耗 $AgNO_3$ 溶液的体积（ml）			
ω（%）			
$\bar{\omega}$（%）			
相对平均偏差（%）			

实训十 食品中水分及挥发性物质的测定

一、实训目的

1. 掌握 重量分析法的基本操作；明确恒重的标准。

2. 了解 本实验中误差的来源及消除方法。

二、实训原理

水分是食物的天然成分，虽不看作营养素，但它是动植物体内不可缺少的重要成分，具有十分重要的生理意义。控制食物水分的含量，可防止食物的腐败变质和营养成分的水解。

食物中的水分一般是指在（100±5）℃直接干燥的情况下所失去物质的总量。直接干燥法适用于在95～105℃条件下，不含或含其他挥发性物质甚微的食物。根据干燥前后的质量可用以下公式计算水分含量。

$$X=\frac{m_1-m_2}{m_1-m_3}\times 100\%$$

式中，X 为样品中水分的含量，g/100g；m_1 为称量瓶（或蒸发皿加海砂、玻璃棒）和样品的质量，g；m_2 为称量瓶（或蒸发皿加海砂、玻璃棒）和样品干燥后的质量，g；m_3 为称量瓶（或蒸发皿加海砂、玻璃棒）的质量，g。

三、仪器与试剂

1. 仪器 恒温干燥箱、称量瓶、干燥器、蒸发皿等。

2. 试剂 盐酸（1∶1）、氢氧化钠溶液（240g/L）。

海砂：取用水洗去泥土的海砂或河砂，先用盐酸（1∶1）煮沸0.5小时，用水洗至中性，再用氢氧化钠溶液（240g/L）煮沸0.5小时，用水洗至中性，经（100±5）℃干燥备用。

四、实训步骤

1. 固体样品

（1）取洁净铝制或玻璃制的扁形称量瓶，置于（100±5）℃干燥箱中，瓶盖斜支于瓶边，加热0.5～1.0小时，取出，盖好，置干燥器内冷却0.5小时，称量，并重复干燥至恒重。

（2）称取2.00～10.0g切碎或磨细的样品，放入此称量瓶中，样品厚度约5mm。加盖，精密称量后，置(100±5)℃干燥箱中，瓶盖斜支于瓶边，干燥2～4小时后，盖好取出，放入干燥器内冷却0.5小时后称量。

（3）然后放入(100±5)℃干燥箱中干燥1小时左右，取出，放入干燥器内冷却0.5小时后再称量。至前后两次质量差不超过2mg即为恒重。

2. 半固体或液体样品

（1）取洁净的蒸发皿，内加10.0g海砂及一根小玻璃棒，置于（100±5）℃干燥箱中，干燥0.5～1.0小时后取出。放入干燥器内冷却0.5小时后称量，并重复干燥至恒重。

（2）精密称取5～10g样品，置于蒸发皿中，用小玻璃棒搅匀放在沸水浴上蒸干，并随时搅拌，擦去皿底的水滴，置（100±5）℃的干燥箱中干燥4小时后盖好取出，放入干燥器内冷却0.5小时后称量。

（3）然后放入（100±5）℃干燥箱中干燥1小时左右，取出，放入干燥器内冷却0.5小时后再称量。至前后两次质量差不超过2mg。

五、注意事项

1. 本法设备操作简单，但时间较长，且不适宜胶体、高脂肪、高糖食物及含有较多的高温易氧化、易挥发物质的食物。

2. 本法测得的水分还包括微量的芳香油、醇、有机酸等挥发性物质。

3. 加入海砂，是为了增大受热与蒸发面积，防止食品结块，加速水分蒸发，缩短分析时间。
4. 水分蒸净与否，无直观指标，只能依靠恒重来判断。
5. 本方法最低检出量为0.002g，取样量为2g时，方法检出限为0.10g/100g，方法相对误差 ≤5%。

六、思考题

1. 如何确定样品恒重？本方法中规定恒量的范围是什么？
2. 哪些样品可以使用直接干燥法测定水分及挥发组分含量？

七、数据记录与处理

表5-8 数据记录与处理

称量项目	称量瓶质量（m_1）	干燥前称量瓶+样品总质量（m_2）	干燥后称量瓶+样品总质量（m_3）
质量（g）			

练习题

答案解析

一、填空题

1. 银量法根据指示剂的不同可分为______、______、______。
2. 铁铵矾指示剂法中，Ag^+的含量测定采用______（方法），Cl^-、Br^-和I^-的含量测定采用______（方法）。

二、选择题

（一）单项选择题

1. 用吸附指示剂法在中性或弱碱性条件下测定氯化物应选用的指示剂为（ ）
   A. 二甲基二碘荧光黄　B. 曙红
   C. 荧光黄　D. 甲基紫
2. 法扬司法采用的指示剂是（ ）
   A. 铬酸钾　B. 吸附指示剂　C. 铁铵矾　D. 自身指示剂
3. 能使沉淀溶解度减小的有（ ）
   A. 同离子效应　B. 盐效应　C. 酸效应　D. 配位效应
4. 下述说法正确的是（ ）
   A. 称量形式和沉淀形式应该相同
   B. 称量形式和沉淀形式必须不同
   C. 称量形式和沉淀形式可以不同
   D. 称量形式和沉淀形式中都不能含有水分子
5. 以重量分析法测定某试样中砷含量，首先使之形成Ag_3AsO_4沉淀，然后转化成AgCl沉淀，以AgCl的量计算试样中As_2O_3含量时使用的换算因数是（ ）
   A. $As_2O_3/AgCl$　B. $As_2O_3/3AgCl$　C. $As_2O_3/6AgCl$　D. $6AgCl/As_2O_3$
6. 下列离子能用铬酸钾指示剂法测定的是（ ）
   A. Cl^-　B. Ag^+　C. SCN^-　D. I^-

7. 用 $AgNO_3$ 标准溶液滴定氯化物时，以曙红为指示剂的最适宜酸度条件是（　）

A. pH 6.5 ~ 10.5　　B. pH 4 ~ 10　　C. pH 7 ~ 10　　D. pH 2 ~ 10

（二）多项选择题

1. 铁铵矾指示剂法返滴定法的滴定条件为（　）

A. 滴定终点时指示剂的浓度应控制在 0.015mol/L 左右

B. 滴定前向溶液中加入少量有机溶剂以避免沉淀的转化

C. 滴定时应剧烈摇动

D. 滴定终点前，可剧烈振摇；临近终点时，摇动不能太剧烈

E. 滴定应在强酸性介质中进行

2. 沉淀重量法对沉淀形式的要求有（　）

A. 沉淀的溶解度必须足够小，这样才能保证待测组分沉淀完全

B. 通常要求分析过程中沉淀的溶解损失不超过 0.2mg

C. 沉淀必须纯净，尽量避免其他杂质的沾污

D. 沉淀形式应易于过滤和洗涤，易于转化为称量形式

E. 摩尔质量要大

3. 沉淀重量法对称量形式的要求有（　）

A. 组成确定且与化学式完全相符

B. 稳定性要高

C. 摩尔质量要大

D. 应易于过滤和洗涤，易于转化

E. 沉淀的溶解度必须足够小

三、计算题

1. 用莫尔法测定食盐中 NaCl 的含量。精密称取食盐 0.2011g 溶于水后，以铬酸钾为指示剂，用 $AgNO_3$ 标准溶液（0.1001mol/L）滴定至终点，消耗 24.40ml，计算食盐中 NaCl 的含量为多少？（已知 $M_{NaCl}=58.44g/mol$）

2. 称取某可溶性盐 0.1616g，用 $BaSO_4$ 重量分析法测定其含硫量，称得 $BaSO_4$ 沉淀为 0.1491g，计算试样中 SO_3 的质量分数。

3. 称取磁铁矿试样 0.1666g，经溶解后将 Fe^{3+} 沉淀为 $Fe(OH)_3$，最后灼烧为 Fe_2O_3（称量形式），其质量为 0.1370g，求试样中 Fe_3O_4 的质量分数。

（陈晓姣）

书网融合……

本章小结　　微课　　题库

第六章

配位滴定法

PPT

学习目标

知识目标

1. **掌握** EDTA的性质及其与金属离子配位的特点。
2. **熟悉** 常见金属指示剂的变色原理和选用要求；配位滴定法的影响因素和滴定条件选择。
3. **了解** 配位滴定法的应用。

能力目标

能够正确地配制和标定EDTA标准溶液；学会应用配位滴定法测定常见的金属离子；学会选用适合的金属指示剂指示终点。

素质目标

通过本章的学习，提高学生学以致用的能力；通过实训环节，帮助学生树立实验安全意识，培养求真务实和精益求精的工匠精神。

情境导入

情境 【南北方水质的差异】南方的小伙伴总是抱怨北方的水太“硬”了，一点也不好喝。南方和北方的水，真的有差异吗？确实有，东南沿海地区的降水充沛，其饮用水大都来自江河湖等地表水，水质总体偏“软”，不易结水垢。而北方气候总体偏干旱，降水量较少，生活用水大多是抽取地下水，水质相对较“硬”，水质越硬口感越差。

那究竟什么是硬水和软水？喝哪种水更好呢？水的硬度指的是水中所含的钙镁离子的浓度，浓度越高的水质就越硬，反之越软。其实水的软硬程度对健康并没有实质影响。钙、镁都是人体必需的元素，WHO《饮用水水质准则》中明确说明，对那些缺乏钙和镁的人来说，饮用水可以作为补充钙和镁的主要来源。

思考 1. 如何测定水样的硬度呢？

2. 我国对水的硬度是否有规定？

第一节 配位滴定法概述

配位滴定法是以配位反应为基础的滴定分析方法，常用于测定金属离子的含量，也可间接测定其他离子的含量。在化学反应中，配位反应非常普遍，但由于许多配合物的稳定性不高，存在分步配位等特点，不适合用于滴定分析。适用于配位滴定的反应，必须满足以下条件。

（1）反应物之间需有固定的反应式定量，即配位数必须固定。

（2）生成的配合物要有足够的稳定性，且反应完全。

（3）配位反应速度要足够快。

（4）有适当的方法指示终点。

配位滴定法一般是以配位剂作为标准溶液（滴定剂）进行滴定的，其中大多数无机配位剂形成的配合物的稳定性不高，且存在逐级配位的现象，导致化学计量关系不明确，所以无机配位剂很少用于配位滴定分析中。而许多有机配位剂由于常含有两个以上的配位原子，能与被测金属离子形成稳定而且组成一定的螯合物，因此在分析化学中得到广泛的应用。目前使用最多的是氨羧配位剂，其中应用最广泛的是乙二胺四乙酸（EDTA）。

一、EDTA 的性质

乙二胺四乙酸的结构如下。

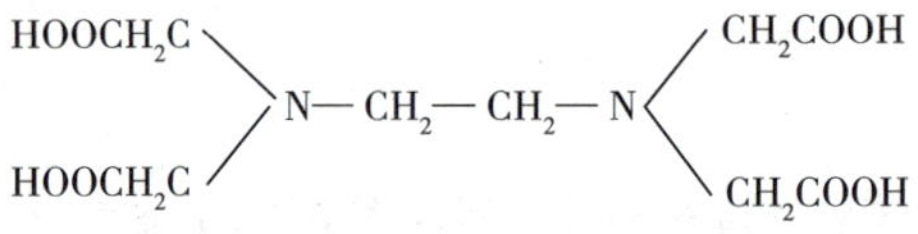

从结构图中可以看出 EDTA 是一种四元酸，常用 H_4Y 表示。由于其在水中溶解度小，故常用其二钠盐 $Na_2H_2Y \cdot 2H_2O$，一般也简写为 EDTA。在水溶液中，EDTA 两个羧基上的 H^+ 可转移到氨基氮上，形成双偶极离子结构。

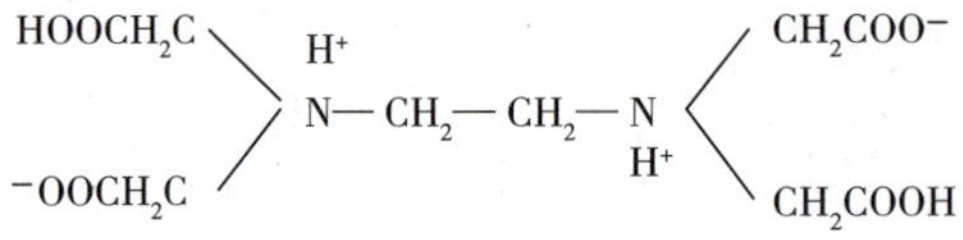

当溶液的酸度较大时，两个羧基可再结合两个 H^+，此时 EDTA 则变成六元酸 H_6Y^{2+}，在此溶液中，EDTA 存在以下六级解离平衡。

$$H_6Y^{2+} \rightleftharpoons H_5Y^+ \rightleftharpoons H_4Y \rightleftharpoons H_3Y^- \rightleftharpoons H_2Y^{2-} \rightleftharpoons HY^{3-} \rightleftharpoons Y^{4-}$$

从以上解离方程式中可知，EDTA 在水溶液中以 H_6Y^{2+}、H_5Y^+、H_4Y、H_3Y^-、H_2Y^{2-}、HY^{3-} 和 Y^{4-} 七种型体存在，各种型体的浓度随溶液 pH 的变化而变化，其主要存在型体如表 6－1 所示。

表 6－1　不同 pH 条件下 EDTA 的主要存在型体

pH	<1	1～1.6	1.6～2	2～2.7	2.7～6.2	6.2～10.3	>10.3
主要存在型体	H_6Y^{2+}	H_5Y^+	H_4Y	H_3Y^-	H_2Y^{2-}	HY^{3-}	Y^{4-}

在上述的各种型体中，只有 Y^{4-} 可与金属离子直接配位。因此溶液 pH 越高，Y^{4-} 浓度越大，EDTA 的配位能力越强，因此，溶液的 pH 是影响 EDTA 配合物稳定性和配位能力的重要因素。

二、EDTA 与金属离子配位的特点

EDTA 分子含有两个氨氮原子和四个羧氧原子，这六个原子都有孤对电子，即 EDTA 有 6 个配位原子，因此，EDTA 能与大多数的金属离子形成多个五元环结构的配合物。

EDTA 在配位滴定中具有广泛的应用，基于以下几个特点。

1. 配位比简单　EDTA 的 6 个配位原子在空间位置上均能与同一金属离子结合，而大多数金属离子的配位数是 4 或 6，因此 EDTA 与大多数金属离子（不论金属离子价态多少）以 1∶1 螯合，所以计算简单。

2. 稳定性好　EDTA 有很强的配位能力，几乎能与所有的金属离子反应形成三个或五个五元环的螯

合物，具有较高的稳定性。

3. 可溶性 形成的螯合物易溶于水。

4. 配合物的颜色 无色的金属离子与 EDTA 生成无色的配合物，这有利于指示剂确定终点。但与有色的金属离子配位时，一般可形成颜色更深的螯合物。例如：与 NiY^{2-} 配位时，其螯合物呈蓝绿色；与 CuY^{2-} 配位时，其螯合物呈深蓝色；与 FeY^{-} 配位时，其螯合物呈黄色。因此，滴定这些离子时要控制其浓度切勿过大，否则使用指示剂确定终点将发生困难。

以上这些特点使 EDTA 滴定剂完全符合滴定分析的要求，被广泛使用。

知识链接

螯合物

根据配位原子的多少，配体可分为单齿配体和多齿配体。多齿配体是指含有两个及两个以上的配位原子（如 N、O、S、P）能同时与中心离子键合，键合得到的配合物即为螯合物。环状结构是螯合物最显著的特征，我们把由于成环使配合物稳定性剧增的现象称之为螯合效应。一般情况下，成环数量越多，结构越稳定。大多数螯合物都是含有多个五元环或六元环，如 EDTA 就是典型的螯合剂，其结构中含有 6 个配位原子，可与金属 M 形成含有 5 个五元环的螯合物，结构如图所示。

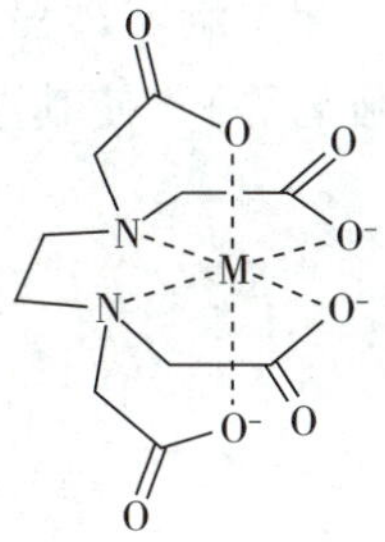

第二节 配位解离平衡及影响因素

微课 1

一、配合物的稳定常数

EDTA 与大多数金属离子形成 1∶1 的配合物，其配位反应可表示如下。

$$M^{n+} + Y^{4-} \rightleftharpoons MY^{4-n}$$

书写时常省略电荷：

$$M + Y \rightleftharpoons MY$$

反应达平衡时，配合物的稳定常数称为绝对稳定常数，用 K_{MY} 表示。

$$K_{MY} = \frac{[MY]}{[M][Y]} \tag{6-1}$$

K_{MY} 越大，说明 [MY] 越大，[M]、[Y] 越小，即配合物 MY 越稳定。由于 K_{MY} 数值一般很大，因此常用其对数值 $\lg K_{MY}$ 来表示。

EDTA 与常见金属离子形成的配合物的稳定常数见表 6-2。

表 6-2 EDTA 与常见金属离子形成的配合物的稳定常数（$T=20℃$）

阳离子	$\lg K_{MY}$	阳离子	$\lg K_{MY}$	阳离子	$\lg K_{MY}$
Na^{+}	1.66	Ce^{3+}	15.98	Ti^{3+}	21.30
Li^{+}	2.79	Al^{3+}	16.30	Hg^{2+}	21.80
Ag^{+}	7.32	Co^{2+}	16.31	Sn^{2+}	22.10
Ba^{2+}	7.86	Pt^{2+}	16.31	Th^{4+}	23.20
Mg^{2+}	8.69	Cd^{2+}	16.49	Cr^{3+}	23.40

续表

阳离子	$\lg K_{MY}$	阳离子	$\lg K_{MY}$	阳离子	$\lg K_{MY}$
Sr^{2+}	8.73	Zn^{2+}	16.50	Fe^{3+}	25.10
Be^{2+}	9.20	Pb^{2+}	18.04	U^{4+}	25.80
Ca^{2+}	10.69	Y^{3+}	18.09	Bi^{3+}	27.94
Mn^{2+}	13.87	Ni^{2+}	18.60	Co^{3+}	36.00
Fe^{2+}	14.33	Cu^{2+}	18.80	Ga^{2+}	20.30
La^{3+}	15.50				

二、配位滴定中的影响因素

配位滴定过程中由于某些干扰离子或分子的存在（如溶液中的 H^+、OH^-，其他共存离子、缓冲剂、掩蔽剂等），使其涉及到的化学反应比较复杂，除了 M 和 Y 的主反应之外，常伴随有一系列副反应。

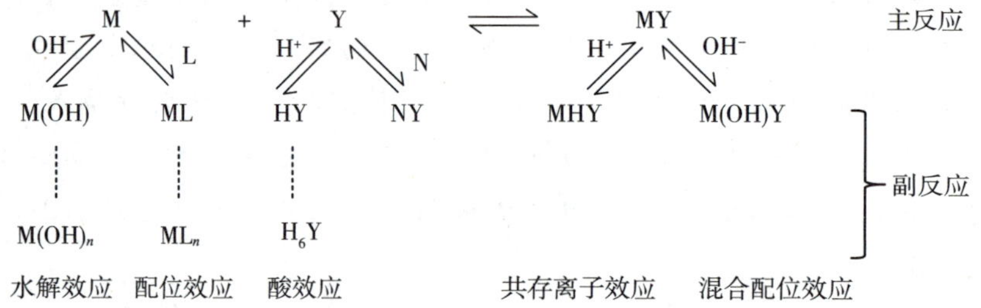

其中，L 为其他配位剂，N 为共存离子，各种副反应进行程度可由其相应的副反应系数（α）表示。下面主要讨论配位平衡的两个主要影响因素：EDTA 的酸效应和金属离子的配位效应。

（一）酸效应

由于 H^+ 的存在，使 EDTA 参加主反应的能力下降的现象称为酸效应，其影响程度的大小用酸效应系数 $\alpha_{Y(H)}$ 来衡量。

$$\alpha_{Y(H)} = \frac{[Y']}{[Y]} \tag{6-2}$$

式中，[Y] 为平衡时未配位的游离 Y^{4-} 浓度；[Y′] 为未与 M 配位的 EDTA 所有存在型体的总浓度。

$$[Y'] = [Y] + [HY] + [H_2Y] + \cdots + [H_6Y]$$

$\alpha_{Y(H)}$ 反映了在一定 pH 下未与 M 配位的 EDTA 各种存在型体的总浓度 [Y′] 与游离 [Y] 的浓度之比。溶液的 pH 越小，[Y] 越小，$\alpha_{Y(H)}$ 就越大。不同 pH 时的 $\alpha_{Y(H)}$ 见表 6-3。

表 6-3　不同 pH 时的 $\lg\alpha_{Y(H)}$ 值

pH	$\lg\alpha_{Y(H)}$	pH	$\lg\alpha_{Y(H)}$	pH	$\lg\alpha_{Y(H)}$
0.0	23.64	3.4	9.70	6.8	3.55
0.4	21.32	3.8	8.85	7.0	3.32
0.8	19.08	4.0	8.44	7.5	2.78
1.0	18.01	4.4	7.64	8.0	2.27
1.4	16.02	4.8	6.84	8.5	1.77
1.8	14.27	5.0	6.45	9.0	1.28
2.0	13.51	5.4	5.69	9.5	0.83
2.4	12.19	5.8	4.98	10.0	0.45
2.8	11.09	6.0	4.65	11.0	0.07
3.0	10.60	6.4	4.06	12.0	0.01

从表中可以看出，多数情况下 $\alpha_{Y(H)}$ 不等于 1（即 $\lg\alpha_{Y(H)} \neq 0$），代表［Y′］总是大于［Y］，只有当 pH > 12 时，$\alpha_{Y(H)}$ 才接近 1，EDTA 几乎完全解离为 Y^{4-}，此时 EDTA 的配位能力最强。

（二）配位效应

由于溶液中其他配位剂（辅助配体、缓冲溶液中的配体、掩蔽剂）存在使金属离子参加主反应能力降低的现象称为金属离子的配位效应。当有配体效应存在时，未与 Y 配位的金属离子，除了游离的 M 之外，还有 ML、ML_2、…、ML_n 等，用［M′］表示未与 Y 配位的金属离子总浓度，表示如下。

$$[M'] = [M] + [ML] + [ML_2] \cdots + [ML_n]$$

各级平衡：

$$M + L = ML \qquad K_1 = \frac{[ML]}{[M][L]}$$

$$ML + L = ML_2 \qquad K_2 = \frac{[ML_2]}{[ML][L]}$$

$$\vdots \qquad\qquad \vdots$$

$$ML_{n-1} + L = ML_n \qquad K_n = \frac{[ML_n]}{[ML_{n-1}][L]}$$

由于 L 与 M 配位导致［M］降低，使 M 与 Y 的主反应能力下降，其影响程度的大小用配位效应系数 $\alpha_{M(L)}$ 来表示：

$$\alpha_{M(L)} = \frac{[M']}{[M]} \qquad (6-3)$$

$\alpha_{M(L)}$ 反映了在未与 Y 配位的金属离子的各种型体的总浓度［M′］与游离金属离子的浓度［M］之比。

将平衡常数表达式代入式（6－3）中，整理可得：

$$\alpha_{M(L)} = 1 + [L]K_1 + [L]^2K_1K_2 + \cdots + [L]^nK_1K_2\cdots K_n$$

从式中可以看出游离配体浓度［L］越大，或其配合物稳定常数 K 越大，则游离的［M］越小，致使配位效应系数 $\alpha_{M(L)}$ 越大，不利于主反应进行。

三、条件稳定常数

从以上的分析可知，M、Y 的配位反应影响因素众多，常存在各种副反应，因此绝对稳定常数 K_{MY} 不能准确地反映主反应进行的程度。实际情况下的稳定常数，要考虑副反应的影响，一般采用条件稳定常数 K'_{MY} 来表示。

$$K'_{MY} = \frac{[MY]}{[M'][Y']} \qquad (6-4)$$

在大多数情况下，影响 EDTA 配合物稳定性的主要因素为“酸效应”和“配位效应”，则上式变为：

$$K'_{MY} = \frac{[MY']}{[M'][Y']} = \frac{[MY]}{\alpha_{M(L)}[M]\alpha_{Y(H)}[Y]} = \frac{K_{MY}}{\alpha_{M(L)}\alpha_{Y(H)}} \qquad (6-5)$$

两边取对数，得：

$$\lg K'_{MY} = \lg K_{MY} - \lg\alpha_{M(L)} - \lg\alpha_{Y(H)} \qquad (6-6)$$

在所有的副反应中以 EDTA 的酸效应影响最大，若只考虑 EDTA 的酸效应，忽略其他副反应的影响，则上式可简化为：

$$\lg K'_{MY} = \lg K_{MY} - \lg\alpha_{Y(H)} \tag{6-7}$$

式（6-7）表明 MY 的条件稳定常数主要受到溶液酸度的影响，因此，在实际配位滴定分析过程中，应特别注意酸度条件的控制。

四、滴定条件的选择

EDTA 具有相当强的配位能力，能与大多数金属离子生成稳定的配合物。假设不存在其他配位剂，若要准确滴定溶液中单一金属离子 M，则意味着测定结果应满足化学分析的误差要求≤0.1%，用等浓度的 EDTA 标准溶液滴定初始浓度为 c_M 的金属离子 M，则根据相关公式可推导出准确滴定单一金属离子的条件为：

$$\lg(c_M K'_{MY}) \geqslant 6 \tag{6-8}$$

在金属离子初始浓度 $c_M = 0.01\text{mol/L}$ 的条件下，上式可简化为：

$$\lg K'_{MY} \geqslant 8 \tag{6-9}$$

式（6-9）是在上述条件下准确滴定金属离子时的条件。

在 EDTA 滴定中，产生的副反应较多，因此要控制好滴定条件，减少干扰离子的影响，从而提高配位滴定选择性。以下将从酸度的选择和掩蔽剂的使用两个方面来讨论滴定条件的选择。

（一）酸度的选择

前面已经提到，在配位滴定中的副反应酸效应和配位效应主要取决于溶液的酸度。酸度越高，则酸效应强，酸度越低，则配体效应强。因此需严格控制溶液 pH 在适当范围。

1. 配位滴定的最低 pH 当溶液酸度很高时，副反应以酸效应为主，此时条件稳定常数应该符合式（6-7），为获得准确的滴定结果，要求

$$\lg K'_{MY} = \lg K_{MY} - \lg\alpha_{Y(H)} \geqslant 8$$

即

$$\lg\alpha_{Y(H)} \leqslant \lg K_{MY} - 8 \tag{6-10}$$

将各金属离子的 $\lg K_{MY}$ 代入上式，即可求出对应的最大 $\lg\alpha_{Y(H)}$ 数值，查表 6-3，得到对应的 pH，即为滴定该金属离子所允许的最低 pH。

用同样的方法可以算出准确滴定各种金属离子所允许的最低 pH，以最低 pH 为纵坐标，对应的 $\lg\alpha_{Y(H)}$ 或 $\lg K_{MY}$ 为横坐标，即可得到 EDTA 的酸效应曲线（图 6-1）。利用酸效应曲线可查得单独滴定某种金属离子所允许的最低 pH，还可以看出混合离子溶液中哪些离子在一定的 pH 范围内会对被测离子有所干扰。

需要注意的是酸效应曲线是在金属浓度 0.01mol/L，允许终点误差为 ±0.1%，且滴定时只考虑 EDTA 酸效应的前提下得出，若以上条件不符合，则曲线也会有所变化。

2. 配位滴定的最高 pH 在配位滴定中，如果溶液的 pH 过高，酸效应会减小，但配位效应会增强，表现为金属离子会产生水解效应析出氢氧化物沉淀而影响滴定，因此为了避免金属离子沉淀，在没有其他配位剂存在时，溶液最高 pH 可由氢氧化物的溶度积求得。

$$[OH^-] = \sqrt[n]{\frac{K_{SP}}{c_M}} \tag{6-11}$$

式中，K_{sp} 为 $M(OH)_n$ 的溶度积；c_M 为金属离子 M 的摩尔浓度。

根据以上分析，由 EDTA 的酸效应可以确定滴定所允许的最低 pH，根据金属离子水解效应可估算允许的最高 pH，从而得出滴定适宜的 pH 范围。在实际滴定过程中，除了要考虑以上两个因素之外，还需要兼顾指示剂的颜色变化对 pH 的要求。

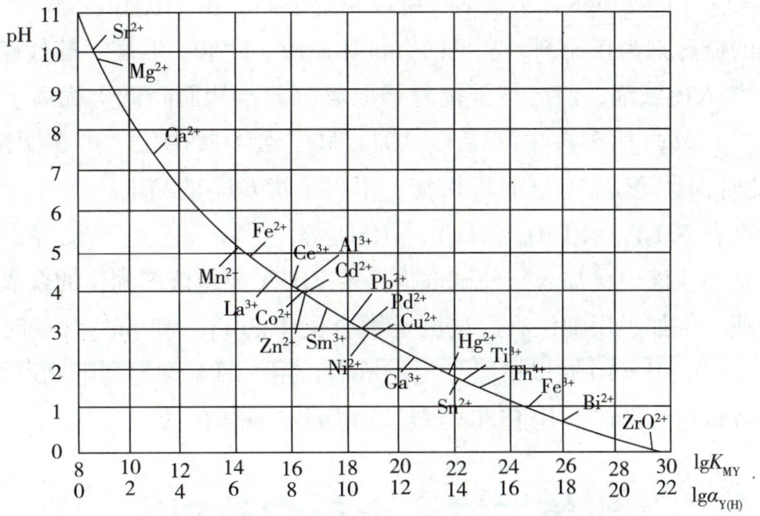

图 6-1 EDTA 的酸效应曲线

（金属离子浓度 0.01mol/L，允许终点误差为 ±0.1%）

（二）掩蔽剂的使用

若待测离子和干扰离子的 $\Delta \lg K_{MY}<5$，则不能用控制酸度的方法消除干扰。可采用掩蔽的方法，降低干扰离子的浓度，达到消除干扰的目的。

1. 配位掩蔽法 加入掩蔽剂，使其与干扰离子形成稳定配合物以降低干扰离子的浓度，从而消除干扰的方法。此法应用最为广泛。例如，用 EDTA 测定水中的 Ca^{2+}、Mg^{2+} 时，水中存在的 Fe^{3+}、Al^{3+} 对测定有干扰，可在滴定前加入三乙醇胺作为掩蔽剂，使其与 Fe^{3+}、Al^{3+} 生成更稳定的配合物，从而消除干扰。

常见的配位掩蔽剂见表 6-4。

表 6-4 常见的配位掩蔽剂

名称	pH 范围	被掩蔽离子	备注
KCN	>8	Co^{2+}、Ni^{2+}、Cu^{2+}、Zn^{2+}、Hg^{2+}、Cd^{2+}、Ag^{+}	
NH_4F	4~6	Al^{3+}、Ti^{4+}、Sn^{4+}、Zr^{4+}、W^{6+}	
	10	Al^{3+}、Mg^{2+}、Ca^{2+}、Sr^{2+}、Ba^{2+}、稀土元素离子	
三乙醇胺	10	Al^{3+}、Ti^{4+}、Sn^{4+}、Fe^{3+}	与 KCN 并用更好
	11~12	Al^{3+}、Fe^{3+}	
二巯基丙醇	10	Bi^{3+}、Zn^{2+}、Hg^{2+}、Cd^{2+}、Ag^{+}、Pb^{2+}、As^{3+}、Sn^{4+}、少量 Co^{2+}、Ni^{2+}、Cu^{2+}、Fe^{3+}	
铜试剂	10	能与 Hg^{2+}、Cu^{2+}、Cd^{2+}、Pb^{2+}、Bi^{3+} 生成沉淀，故使用量应少于 2μg/ml Cu^{2+} 和 10μg/ml Bi^{3+}	
	1.2	Sb^{3+}、Fe^{3+}、Sn^{4+}、Cu^{2+}（少于 5μg/ml）	
	2	Fe^{3+}、Sn^{4+}、Mn^{2+}	
酒石酸	5.5	Al^{3+}、Fe^{3+}、Sn^{4+}、Ca^{2+}	在抗坏血酸存在下
	6~7.5	Cu^{2+}、Mg^{2+}、Al^{3+}、Fe^{3+}、Sb^{3+}、Mo^{4+}、W^{6+}	
	10	Sn^{4+}、Al^{3+}	

2. 氧化还原掩蔽法 加入掩蔽剂，使之与干扰离子发生氧化还原反应，改变干扰离子的价态，从而降低干扰离子的浓度以消除干扰的方法。例如，用 EDTA 滴定 Bi^{3+}、Fe^{3+} 混合液中的 Bi^{3+} 时，由于 $\lg K_{BiY}=27.94$，$\lg K_{FeY^-}=25.1$ 两者相近，所以 Fe^{3+} 对测定有干扰。可在滴定前加入抗坏血酸将 Fe^{3+} 还原

成 Fe^{2+}，由于 $\lg K_{FeY^{2-}}=14.33$，比 $\lg K_{BiY}$ 小很多，所以滴定中 Fe^{2+} 不干扰 Bi^{3+} 测定。

氧化还原掩蔽法的掩蔽剂为还原剂，常见的有抗坏血酸、羟胺、联胺、硫代硫酸钠等。

3. 沉淀掩蔽法 加入掩蔽剂，使之与干扰离子形成沉淀，从而降低干扰离子浓度以消除干扰的方法。例如，在含有 Ca^{2+}、Mg^{2+} 的溶液中测定 Ca^{2+} 时，Mg^{2+} 会干扰测定。可在滴定前加入 NaOH 溶液，使溶液的 pH > 12。此时 Mg^{2+} 形成 $Mg(OH)_2$ 沉淀，不再干扰 Ca^{2+} 的测定。

常见的沉淀掩蔽剂有 NH_4F、K_2CrO_4、Na_2S、H_2SO_4 等。

在金属离子配合物的溶液中，加入一种试剂将已被 EDTA 或掩蔽剂配位的金属离子释放出来再进行滴定，这种方法叫解蔽。例如，用配位滴定法测定铜合金中的 Pb^{2+} 和 Zn^{2+} 含量时，在碱性条件下加入 KCN 掩蔽 Zn^{2+} 和 Cu^{2+}，在 pH = 10 时以铬黑 T 为指示剂，用 EDTA 滴定测定 Pb^{2+} 含量。加入 1∶8 的甲醛，使 $Zn(CN)_4^{2-}$ 解蔽转化为 Zn^{2+}，用 EDTA 继续滴定测定 Zn^{2+} 含量。

第三节　金属指示剂

配位滴定中广泛采用金属指示剂来指示滴定终点。

一、金属指示剂变色原理

金属指示剂（用 In 表示）大多是一些有机配位剂，在一定条件下能与被滴定的金属离子反应，形成与指示剂本身颜色不同的配合物（用 MIn 表示）。

$$M + In(\text{甲色}) \rightleftharpoons MIn(\text{乙色})$$

滴定开始前，在含有上述金属离子的溶液中加入少量指示剂，此时有少量 MIn 生成，溶液呈现乙色。随着 EDTA 的滴入，游离的金属离子 M 逐步被 EDTA 配位形成配合物 MY，直到游离的金属离子全部与 EDTA 配位后，继续滴入 EDTA 时，由于配合物 MY 的条件稳定常数大于 MIn 的条件稳定常数，稍过量的 EDTA 将夺取 MIn 中的金属离子 M，使指示剂游离出来，溶液呈现游离指示剂 In 的颜色（甲色），指示滴定终点的到达。

$$MIn(\text{乙色}) + Y \rightleftharpoons MY + In(\text{甲色})$$

例如：用 EDTA 标准溶液滴定溶液中的镁离子，以铬黑 T（用 EBT 表示）为指示剂，铬黑 T 在pH = 10 的缓冲溶液中本身为蓝色，与镁离子生成的配合物为酒红色。

$$Mg + EBT(\text{蓝色}) \rightleftharpoons Mg-EBT(\text{酒红色})$$

滴入 EDTA 达化学计量点时，稍过量的 EDTA 即夺取配合物 Mg－EBT 中的 Mg^{2+} 而生成了更稳定的配合物 MgY，释放出铬黑 T。

$$Mg-EBT(\text{酒红色}) + EDTA \rightleftharpoons MgY + EBT(\text{蓝色})$$

当溶液由酒红色变为蓝色时即为滴定终点。

二、金属指示剂应具备的条件

从以上的分析可看出，要作为配位滴定的金属指示剂需具备以下几个条件。

（1）金属指示剂与金属离子形成的配合物（MIn）的颜色与游离指示剂（In）本身的颜色应有明显区别，从而使终点颜色变化明显。且 MIn 应易溶于水。

（2）根据配位平衡移动原理，MIn 的稳定性应低于 MY 的稳定性，才能保证 EDTA 可夺取 MIn 中的 M，使 In 游离出来指示终点。但如果 MIn 稳定性太低，会使终点提前，而且变色不灵敏；如果稳定性太高，就会使终点滞后，甚至有可能使 EDTA 不能夺出其中的金属离子，终点时无法显色或观察不到终点。综合来说，一般要求 $K'_{MY}/K'_{MIn}>10^2$。

（3）金属指示剂与金属离子的配位显色反应要灵敏、迅速，有良好的变色可逆性。

知识链接

金属指示剂在使用时可能出现的问题

1. 封闭现象 有些指示剂与金属离子形成的配合物 MIn 的稳定性超过相应的金属离子 M 与 EDTA 的配合物 MY，即 $K'_{MY}<K'_{MIn}$，导致终点时 MIn 仍不能被 EDTA 置换，这种现象称为指示剂的封闭现象。解决的办法是加入掩蔽剂，使干扰离子生成更稳定的配合物，不再与指示剂作用。如测定水的总硬度时，采用铬黑 T 为指示剂，常加入少量三乙醇胺（掩蔽 Al^{3+}、Fe^{3+}）和 KCN（掩蔽 Co^{2+}、Ni^{2+}）以消除干扰。

2. 僵化现象 配合物 MIn 在水中的溶解度小，或其稳定性略小于 MY，导致 MIn 与 EDTA 的置换速度很慢，终点颜色变化不明显或延后，这种现象称为指示剂的僵化现象。此时可适当加入有机溶剂或加热，以增大溶解度。

3. 氧化变质现象 大多金属指示剂都是具有双键的有机物，易被日光、空气等氧化；或在水中不稳定，易变质，因此常配成固体混合物或加入还原性物质再配成溶液使用。如铬黑 T 溶液配制常加盐酸羟胺等还原剂以防变质。

三、常用金属指示剂

（一）铬黑 T

铬黑 T（EBT 或 BT）为 *O*,*O'* - 二羟基偶氮类染料，化学名称为 1 -（1 - 羟基 - 2 - 萘偶氮）- 6 - 硝基 - 2 - 萘酚 - 4 - 磺酸钠。铬黑 T 为黑色粉末，略带金属光泽，溶于水时，磺酸基上的 Na^+ 全都解离形成 H_2In^-，在溶液中，存在如下酸碱平衡。

	H_2In^- $\rightleftharpoons$	HIn^{2-} $\rightleftharpoons$	In^{3-}
pH	<6.3	6.3 ~ 11.6	>11.6
颜色	紫红色	蓝色	橙色

因此，在使用时必须控制适宜的 pH 范围。当 pH<6.30 或 pH>11.60 时，指示剂本身的颜色与其金属配合物 MIn 的红色接近，不适合用于滴定终点判定。实验研究显示，使用铬黑 T 的最适宜酸度是 pH=9 ~ 10.5。在 pH=10 的缓冲溶液中，用 EDTA 直接滴定 Mg^{2+}、Zn^{2+}、Cd^{2+}、Pd^{2+} 和 Hg^{2+} 等离子时，铬黑 T 是良好的指示剂，但 Al^{3+}、Fe^{3+}、Co^{2+}、Ni^{2+}、Cu^{2+}、Ti^{4+} 等对指示剂有封闭作用。

使用时应注意以下几点。

（1）固体铬黑 T 性质稳定，但其水溶液易发生聚合反应而变质。在 pH<6.30 的溶液中聚合现象更严重。在配制溶液时可加入三乙醇胺，减慢聚合速度。

（2）在碱性溶液中，铬黑 T 易被氧化而褪色，加入盐酸羟胺或抗坏血酸等还原剂，可防止其氧化。

（3）为便于保存，常将铬黑 T 与氯化钠或硝酸钾等中性盐按照 1∶100 的比例混合研磨均匀后使用，使用时注意控制用量。

（二）钙指示剂

钙指示剂（简称 NN 或钙红指示剂）属于吡啶偶氮类显色剂，化学名称是 2 - 羟基 - 1 -（2 - 羟基 -

4－磺基－1－萘基偶氮)－3－萘甲酸。钙指示剂为紫黑色粉末，自身很稳定，其水溶液不稳定，通常与氯化钠固体粉末按1∶100混合研磨均匀使用。此指示剂的性质与铬黑T相似，在水溶液中存在如下酸碱平衡。

	H_2In^-	⇌	HIn^{2-}	⇌	In^{3-}
pH	<8		8～13		>13
颜色	酒红色		蓝色		酒红色

钙指示剂能与Ca^{2+}形成酒红色配合物，在pH＝12～13时，可用于钙镁混合物中钙含量的测定，滴定终点由酒红色变为蓝色，颜色变化十分敏锐，在此条件下Mg^{2+}已生成$Mg(OH)_2$沉淀不被滴定。

（三）二甲酚橙

二甲酚橙（XO）属于三苯甲烷类显色剂，外观为红棕色结晶性粉末，易吸湿且易溶于水，不溶于无水乙醇。二甲酚橙作为指示剂使用时常配制成0.2%的水溶液。当溶液pH>6.3时，呈现红色；pH<6.3时，呈现黄色；pH＝pK_a＝6.3时，呈现中间色。二甲酚橙与金属离子形成的配合物为紫红色，因此它适用于在pH<6.3的酸性溶液中。

二甲酚橙可用于许多金属离子的直接滴定，如ZrO^{2+}（pH<1）、Bi^{3+}（pH＝1～2）、Zn^{2+}（pH＝5～6）等，终点由紫红色转变为亮黄色，变色敏锐。但Al^{3+}、Fe^{3+}、Ni^{2+}、Ti^{4+}等离子对指示剂有封闭作用，应加入相应的掩蔽剂以消除封闭现象。

常用的金属指示剂及使用条件见表6－5。

表6－5 常用金属指示剂及使用条件

指示剂	适宜pH范围	颜色变化		直接滴定的离子	指示剂配制	注意事项
		In	MIn			
铬黑T（EBT）	8～10	蓝	酒红	pH＝10，Mg^{2+}、Zn^{2+}、Cd^{2+}、Pb^{2+}、Mn^{2+}、稀土元素离子	1∶100	Fe^{3+}、Al^{3+}、Cu^{2+}、Ni^{2+}等离子封闭EBT
钙指示剂（NN）	12～13	蓝	酒红	pH＝12～13，Ca^{2+}	1∶100	Fe^{3+}、Al^{3+}、Cu^{2+}、Ni^{2+}、Co^{2+}、Mn^{2+}、Ti^{4+}等离子封闭NN
二甲酚橙（XO）	<6	亮黄	红	pH<1，ZrO^{2+} pH＝1～3.5，Bi^{3+}、Tb^{4+} pH＝5～6，Tl^{3+}、Zn^{2+}、Pb^{2+}、Cd^{2+}、Hg^{2+}、稀土元素离子	0.5%水溶液	Fe^{3+}、Al^{3+}、Cu^{2+}、Ni^{2+}、Ti^{4+}等离子封闭XO
酸性铬蓝K	8～13	蓝	红	pH＝10，Mg^{2+}、Zn^{2+}、Mn^{2+} pH＝13，Ca^{2+}	1∶100	
PAN	2～12	黄	紫红	pH＝2～3，Th^{4+}、Bi^{3+} pH＝3～5，Cu^{2+}、Ni^{2+}、Pb^{2+}、Cd^{2+}、Zn^{2+}、Mn^{2+}、Fe^{2+}	0.1%乙醇溶液	MIn在水中溶解度小，为防止PAN僵化，滴定时需加热
磺基水杨酸（SSA）	1.5～2.5	无色	紫红	pH＝1.5～2.5，Fe^{3+}	5%水溶液	SSA本身无色，FeY呈黄色

注：将铬黑T固体与干燥NaCl按1∶100混合研细，密闭保存。1∶100表示指示剂与100倍NaCl固体粉末配成混合物。

第四节 标准溶液配制与标定

一、EDTA标准溶液的配制与标定

乙二胺四乙酸难溶于水，因此常用其二钠盐（$Na_2H_2Y\cdot 2H_2O$，简称EDTA）配制标准溶液。实验室配制时通常采用间接法，常用浓度为0.01～0.05mol/L。配制时，称取一定量的EDTA（$M_{Na_2H_2Y \cdot 2H_2O}$ = 372.2g/mol），用去离子水溶解后稀释至所需体积，充分摇匀后，贮存于玻璃瓶或聚乙烯瓶中待标定。

需要注意的是，在溶液配制过程中使用去离子水应符合要求（GB/T 6682－2008《分析实验室用水规格和试验方法》）。若水中含有干扰离子或待测离子，将导致指示剂封闭或消耗过量标准溶液，使结果不准确。

可用于标定EDTA标准溶液的基准物质很多，如Zn、ZnO、Cu、$CaCO_3$、$MgSO_4 \cdot 7H_2O$ 等，要求其纯度应高于99.99%。为了提高测定结果的准确性，标定的条件应尽量与测定条件相同。条件允许的话，尽量采用被测元素的纯金属或化合物作为基准物质。原因在于不同金属离子与EDTA反应的进行程度有所不同；不同指示剂的变色范围不同；不同条件下溶液中干扰离子的影响程度不同，特别是溶液的pH应与测定时接近。

二、$ZnSO_4$ 标准溶液的配制与标定

用 $ZnSO_4 \cdot 7H_2O$ 配制标准溶液时，由于其结晶水易挥发，实验室常用间接法配制。配制时，称取一定量的 $ZnSO_4 \cdot 7H_2O$ 晶体，用去离子水溶解后稀释至所需体积，充分摇匀后，贮存于玻璃瓶或聚乙烯瓶中待标定。

常用已标定好的EDTA标准溶液对 $ZnSO_4$ 标准溶液进行标定。具体过程如下：精密移取 $ZnSO_4$ 标准溶液25.00ml，加入1滴甲基红指示剂，滴加氨溶液至溶液呈黄色，再加25ml纯化水，在pH＝10的 NH_3-NH_4Cl 缓冲液中进行滴定，以铬黑T为指示剂，用EDTA标准溶液滴定，确定终点。根据滴定消耗的EDTA的体积，计算 $ZnSO_4$ 标准溶液的准确浓度。

三、应用示例

（一）水的总硬度测定

水的硬度指标在工业用水中非常重要。如锅炉的给水过程，可为水的处理提供依据。水的总硬度指的是水中 Ca^{2+}、Mg^{2+} 两种离子的总含量。一般采用配位滴定，即在pH＝10的 NH_3-NH_4Cl 缓冲液中，以铬黑T为指示剂，用EDTA标准溶液直接滴定，由于 $K_{CaY} > K_{MgY} > K_{Mg-EBT} > K_{Ca-EBT}$，铬黑T先与部分 Mg^{2+} 配位为Mg－EBT（酒红色），当EDTA滴入时，EDTA与 Ca^{2+}、Mg^{2+} 配位，终点时EDTA夺取Mg－EBT的 Mg^{2+}，将EBT置换出来，溶液由红色变为蓝色，即为终点。滴定时 Al^{3+}、Fe^{3+} 的干扰可用三乙醇胺掩蔽，Cu^{2+}、Pb^{2+} 和 Zn^{2+} 等重金属离子可用KCN、Na_2S 来掩蔽。

国际上水的硬度有多种表示方法，常以水中 Ca^{2+}、Mg^{2+} 的总含量换算为CaO或 $CaCO_3$ 的含量来表示，单位为mg/L。我国的国家标准对生活饮用水总硬度的要求是不能超过450mg/L（以 $CaCO_3$ 计）。

（二）铝盐含量的测定

用EDTA测定 Al^{3+} 时，由于 Al^{3+} 与EDTA反应速度慢；对二甲基橙、铬黑T等多种指示剂有封闭作用；在pH较高时，易发生水解，故不能采用直接滴定法，而用返滴定法测定。

具体做法：滴定前在铝盐溶液中先加入准确且过量的EDTA标准溶液，调节溶液pH＝3.5左右，并加热煮沸使 Al^{3+} 与EDTA反应完全，冷却后调节溶液pH＝5～6，以二甲酚橙为指示剂，用锌标准溶液返滴定剩余的EDTA，以溶液颜色由黄色变成紫红色作为实验终点。

采用返滴定法应注意滴定用的金属离子与EDTA配合物应该具有足够的稳定性，又不能超过待测离子与EDTA配合物的稳定性，才能保证分析结果的准确性。

实训十一 EDTA标准溶液的配制与标定

一、实训目的

掌握 EDTA标准溶液的配制和标定方法；用铬黑T指示剂判定终点的方法。

二、实训原理

用ZnO作基准物质标定EDTA标准溶液浓度，以铬黑T作指示剂，用pH=10的NH_3-NH_4Cl缓冲液控制溶液的pH，滴定至溶液酒红色变为纯蓝色，即为终点。滴定过程反应如下。

滴定前：$Zn^{2+}EBT \rightleftharpoons Zn-EBT$（酒红色）

滴定开始至化学计量点前：$Zn^{2+}EDTA \rightleftharpoons Zn-EDTA$（无色）

化学计量点时：$EDTA + Zn-EBT \rightleftharpoons Zn-EDTA + EBT$（纯蓝色）

三、仪器与试剂

1. 仪器 酸式滴定管、锥形瓶（250ml）、容量瓶（250ml）、移液管（25ml）、分析天平。

2. 试剂 乙二胺四乙酸二钠（$Na_2H_2Y \cdot 2H_2O$, AR）、基准氧化锌（GR）、HCl溶液（1∶1）、10%氨水。

3. 标准液配制

5g/L铬黑T指示剂：称取0.5g铬黑T，溶于含有25ml三乙醇胺的100ml无水乙醇溶液中，置于低温下保存，100天内使用。

NH_3-NH_4Cl缓冲溶液（pH=10）：称取67.5g氯化铵，溶于300ml蒸馏水中，加570ml浓氨水（$\rho_{20}=0.90$g/ml），用水稀释至1000ml。

四、实训步骤

1. 0.01mol/L EDTA标准溶液的配制 称取乙二胺四乙酸二钠4g，加入1000ml水，加热使之溶解，冷却后摇匀，如浑浊应过滤后使用。置于玻璃瓶中，避免与橡皮塞、橡皮管接触。贴上标签。

2. 锌标准溶液的配制 准确称取0.2g于800℃±50℃中灼烧至恒重的基准氧化锌，置于小烧杯中，加入2ml盐酸溶液（1∶1），移入250ml容量瓶，加水稀释至刻度，混匀。

3. EDTA溶液浓度的标定 吸取25.00ml锌标准溶液于250ml锥形瓶中，加入25ml水，用10%氨水中和至pH=7~8（溶液出现浑浊），再加10ml氨水-氯化铵缓冲液（pH=10），加入少许铬黑T指示剂，用配好的EDTA溶液滴定至溶液自酒红色转变为纯蓝色。记录消耗EDTA的体积，同时做空白试验。要求平行测定三次。

五、注意事项

1. 配制好的铬黑T应注意保存条件，超过或临近保质期应弃去重新配制。
2. 滴定前要保证溶液的pH在10左右，可用pH试纸进行检测，否则容易导致实验失败。
3. 实验终点应该是纯蓝色，而不是蓝紫色，最好准备一个已达终点的纯蓝色溶液进行对照，否则实验的平行性会较差。

六、思考题

1. 用HCl溶液溶解ZnO基准物质时，操作中应注意什么？

2. 为什么在用 ZnO 为基准物质标定 EDTA 溶液时要加 NH_3-NH_4Cl 缓冲溶液?
3. 如果用 HAc－NaAc 缓冲溶液，能否用铬黑 T 作指示剂? 为什么?
4. 滴定过程中，如果过量滴加 EDTA 标准溶液，锥形瓶中的溶液会出现什么颜色?

七、数据记录与处理

表 6－6　数据记录与处理

试样编号	1	2	3	空白溶液
基准 ZnO 质量 m（g）				
滴定吸取锌标准溶液体积 V（ml）				
滴定消耗体积 V_{EDTA}（ml）				
c_{EDTA}（mol/L）				\
$\bar{c}_{EDTA}$（mol/L）				
相对平均偏差				

实训十二　水总硬度的测定

微课 2

一、实训目的

1. 掌握　配位滴定法测定自来水总硬度的原理和方法。

2. 熟悉　铬黑 T 指示剂的应用和终点颜色判断。

二、实训原理

水的总硬度测定一般采用配位滴定，即在 pH＝10 的 NH_3-NH_4Cl 缓冲液中，以铬黑 T 为指示剂，用 EDTA 标准溶液直接测定 Ca^{2+}、Mg^{2+} 的总量。由于 $K_{CaY}>K_{MgY}>K_{Mg-EBT}>K_{Ca-EBT}$，因此滴定过程反应如下。

滴定前：　$Mg^{2+}+EBT \rightleftharpoons Mg-EBT$（酒红色）

滴定开始至化学计量点前：　$Ca^{2+}+EDTA \rightleftharpoons Ca-EDTA$（无色）

$Mg^{2+}+EDTA \rightleftharpoons Mg-EDTA$（无色）

化学计量点时：　$EDTA+Mg-EBT \rightleftharpoons Mg-EDTA+EBT$（纯蓝色）

根据我国的国家标准 GB 8538—2016，生活饮用水的总硬度计算公式如下。

水的总硬度计算公式为：

$$\rho(CaCO_3)=\frac{(V_{EDTA}-V_0)\times c_{EDTA}\times 100.09}{V_{水样}}\times 1000$$

式中，$\rho(CaCO_3)$为水的总硬度（以 $CaCO_3$ 计），mg/L；V_{EDTA}为水样消耗 EDTA 标准溶液体积，ml；V_0 为空白消耗 EDTA 标准溶液体积，ml；c_{EDTA}为 EDTA 标准溶液的浓度，mol/L；100.09 为 $CaCO_3$ 的摩尔质量，g/mol。

三、仪器与试剂

1. 仪器　酸式滴定管、锥形瓶、移液管、量筒。

2. 试剂 EDTA 标准溶液（约0.01mol/L，已标定）、NH_3-NH_4Cl 缓冲溶液（pH=10）、铬黑T溶液（5g/L）、三乙醇胺溶液（1∶2）、硫化钠溶液（50g/L）、氰化钾（100g/L）、盐酸羟胺溶液（10g/L）。

四、实训步骤

1. 准确吸取50.0ml水样（若硬度过大，可少取水样，用水稀释至50ml，若硬度过低，改用100ml），置于锥形瓶中。

2. 加入一定体积的 NH_3-NH_4Cl 缓冲溶液调节溶液 pH=10 左右，加入数滴铬黑T指示剂，使溶液呈紫红色，立即用EDTA标准溶液滴定至溶液从紫红色成为纯蓝色，同时做空白试验，记录消耗EDTA的体积。要求平行测定三份。

五、注意事项

1. 若水样中含有金属干扰离子，使滴定终点延迟或颜色发暗，可另取水样，加入3ml三乙醇胺、0.5ml盐酸羟胺及1ml硫化钠溶液或0.5ml氰化钾溶液再行滴定。

2. 水样中钙、镁含量较大时，要预先用盐酸酸化水样，并加热除去二氧化碳，以防碱化后生成碳酸盐沉淀，滴定时不易转化。

3. EBT指示剂加入的量应该适宜，过多过少都会导致终点颜色变化不好判定。

六、思考题

1. 测定饮用水的总硬度时，常见的干扰离子有哪些？一般可以采用什么方法消除？

2. 若想分别测定水中的 Ca^{2+}、Mg^{2+} 的含量，请设计一个合理的实验方案。

七、数据记录与处理

表6-7 数据记录与处理

试样编号	1	2	3	空白溶液
吸取水样体积 V(ml)				
c_{EDTA}(mol/L)				
滴定消耗体积 V_{EDTA}(ml)				
$\rho(CaCO_3)$(mg/L)				\
$\bar{\rho}(CaCO_3)$(mg/L)				
相对平均偏差				

实训十三 葡萄糖酸钙口服液总含量的测定

一、实训目的

1. 掌握 配位滴定法测定葡萄糖酸钙含量的原理和方法。

2. 熟悉 钙指示剂的应用和终点颜色判断。

二、实训原理

葡萄糖酸钙口服液是补充人体钙的药剂，含有9.0%～10.5%的葡萄糖酸钙（$C_{12}H_{22}O_{14}Ca \cdot H_2O$），可采用配位滴定法测定钙元素含量来间接测定葡萄糖酸钙含量。在碱性溶液中（pH = 12 ~13），以钙试剂为指示剂，用 EDTA 标准溶液直接测定 Ca^{2+}。Ca^{2+} 与钙指示剂生成红色配合物，滴定至计量点时，EDTA 从 Ca^{2+} 与钙指示剂生成的配合物中将钙指示剂置换出来，游离的钙指示剂显示出本身的纯蓝色。在此条件下，镁离子形成氢氧化镁沉淀，不干扰测定。

实验结果若以钙含量计算，$M_{Ca} = 40.08 g/mol$，则：

$$\rho_{Ca} = \frac{(V_{EDTA} - V_0) \times c_{EDTA} \times 40.08}{V_{口服液}} \times 1000(mg/L)$$

三、仪器与试剂

1. 仪器 酸式滴定管、锥形瓶、移液管、量筒、电子天平。

2. 试剂 EDTA 标准溶液（约 0.05mol/L，已标定）、葡萄糖酸钙口服液、钙指示剂（与无水硫酸钠 1∶100 研磨混匀）、NaOH 溶液（1mol/L）。

四、实训步骤

精密移取葡萄糖酸钙口服液 5.00ml，置于锥形瓶中，加水稀释到 100ml，加 NaOH 溶液 15ml 与钙指示剂 0.1g，用 EDTA 标准溶液滴定至溶液由红色变为纯蓝色，同时做空白试验，记录消耗 EDTA 的体积。要求平行测定三份。

五、思考题

1. 本实验如果采用铬黑 T 作为指示剂，是否可行？
2. 实验中如存在干扰离子是否需要除去，为什么？

六、数据记录与处理

表 6-8 数据记录与处理

试样编号	1	2	3	空白溶液
吸取葡萄糖酸钙口服液体积 V(ml)				
c_{EDTA} (mol/L)				
滴定消耗体积 V_{EDTA}(ml)				
ρ_{Ca}(mg/L)				\
$\bar{\rho}_{Ca}$(mg/L)				
相对平均偏差				

练习题

答案解析

一、单项选择题

1. 在配位滴定法中，如果金属指示剂与金属离子配合物的稳定性大于 EDTA 与金属离子配合物的稳定性，称为指示剂的（ ）

   A. 失效　B. 封闭　C. 僵化　D. 氧化

2. EDTA 与金属离子形成的配合物的配位比一般为（ ）

   A. 1∶3　B. 1∶2　C. 1∶1　D. 不确定

3. 影响 EDTA 配位滴定最重要的因素是（ ）

A. 溶液的酸度　　B. EDTA 与金属离子配合物不稳定

C. 其他离子干扰严重　　D. 能选择的指示剂很少

4. 用碳酸钙基准物质标定 EDTA 时所用的指示剂是（ ）

A. 二甲酚橙　　B. 铬黑 T　　C. 钙指示剂　　D. 六亚甲基四胺

5. 产生金属指示剂僵化现象是因为（ ）

A. 指示剂不稳定　　B. MIn 溶解度小　　C. $K_{MY} > K_{MIn}$　　D. $K_{MIn} > K_{MY}$

6. 天然水中常含有少量的 Al^{3+}、Fe^{3+}，在测定水中 Ca^{2+}、Mg^{2+} 含量时，用来消除 Al^{3+}、Fe^{3+} 的干扰的方法是（ ）

A. 控制溶液酸度法　　B. 氧化还原掩蔽法　　C. 配位掩蔽法　　D. 沉淀掩蔽法

7. 以铬黑 T 为指示剂，在 pH = 10 的缓冲溶液中，用 EDTA 标准溶液滴定镁离子，滴至终点时的颜色转变应为（ ）

A. 酒红色到纯蓝色　　B. 纯蓝色到酒红色　　C. 纯蓝色到紫色　　D. 酒红色到无色

二、多项选择题

1. 在直接配位滴定法中，以下关于溶液颜色的表述正确的是（ ）

A. 滴定初始时，溶液显示被测金属离子与 EDTA 配合物的颜色

B. 滴定初始时，溶液显示被测金属离子与指示剂配合物的颜色

C. 滴定终点时，溶液显示游离指示剂的颜色

D. 滴定终点时，溶液显示被测金属离子与指示剂配合物的颜色

2. 以下有关 EDTA 的叙述正确的是（ ）

A. 在任何水溶液中，EDTA 总以六种型体存在

B. 在不同 pH 下，EDTA 的主要存在型体不同，各型体的浓度比也不同

C. 溶液 pH 越小，Y^{4-} 浓度越大，EDTA 的配位能力越强

D. 溶液的 pH 是影响 EDTA 配合物稳定性和配位能力的重要因素

3. EDTA 的水溶液有七种存在型体，其中能与金属离子直接配位的是（ ）

A. H_6Y^{2+}　　B. H_4Y^-　　C. H_2Y^{2-}　　D. Y^{4-}

书网融合……

本章小结　　微课 1　　微课 2　　题库

第七章

氧化还原滴定法

PPT

学习目标

知识目标

1. **掌握** 高锰酸钾法、碘量法、亚硝酸钠法的原理、测定条件及应用。
2. **熟悉** 氧化还原滴定曲线与指示剂。
3. **了解** 氧化还原滴定法对反应的要求及影响氧化还原反应进行速率的因素。

能力目标

能够正确配制和标定高锰酸钾、碘、硫代硫酸钠的标准溶液；能够应用氧化还原滴定法测定样品中某物质含量。

素质目标

通过本章的学习，讲述中国科学家人工合成淀粉的事迹，激发学生的学习兴趣，帮助学生树立刻苦钻研的科学精神；通过标准溶液的配制与标定等操作，培养严谨细致的工作作风。

情境导入

情境 【粮食中还原糖和非还原糖测定】精确称取试样5.675g于100ml磨口具塞锥形瓶中，倾斜锥形瓶使所有试样集中于一侧。用5ml 95%乙醇浸湿全部试样，再加入50ml乙酸缓冲液，振荡摇匀后，立即加入2ml 12%钨酸钠溶液，在振荡器上混合振摇5分钟。将混合液过滤，弃去最初几滴滤液，收集滤液于干净锥形瓶中，此滤液即为样品测定液。

用移液管精确吸取样品液5ml于试管中，再精确加入5ml 0.1mol/L碱性铁氰化钾溶液，混合后立即将试管放入沸水浴中，并确保试管内液面低于沸水液面3～4cm，加热20分钟后取出，立即用冷水冷却。将试管内容物倾入100ml锥形瓶中，用25ml乙酸盐溶液荡洗试管，内容物一并倾入锥形瓶中，加入5ml 10%碘化钾溶液，混匀后立即用0.1mol/L硫代硫酸钠标准滴定溶液滴定至淡黄色，再加1ml 1%淀粉溶液，继续滴至蓝色消失，记下消耗的硫代硫酸钠溶液体积。

吸取样品液5ml于试管中，先在剧烈沸腾的水浴中加热15分钟（样品液中非还原糖转化为还原糖），取出迅速冷却后加入0.1mol/L碱性铁氰化钾溶液5ml，混匀后，再放入沸腾水浴中继续加热20分钟，取出迅速冷却后，立即按上述方法进行滴定，记下消耗硫代硫酸钠标准滴定溶液的体积（《食品安全国家标准 粮食中还原糖和非还原糖测定》GB/T 5513—2019）。

淀粉是由葡萄糖分子聚合而成的多糖，是粮食中最主要的成分，通常由农作物通过自然光合作用固定二氧化碳产生。测定食品中淀粉含量时，可以先将淀粉水解为还原糖，再按照还原糖的测定方法进行测定。

中国科学院天津工业生物技术研究所研究员马延和团队在实验室中首次实现以二氧化碳为原料，不依赖植物光合作用，直接人工合成淀粉。核磁共振等检测发现，人工合成淀粉分子与天然淀粉分子的结构组成一致。实验室初步测试显示，人工合成淀粉的效率约为传统农业生产淀粉的8.5倍。在充足能量供给的条件下，按照目前技术参数，理论上$1m^3$大小的生物反应器年产淀粉量相当于我国5亩玉米地的年产淀粉量。

思考 1. 氧化还原滴定法的原理是什么？
2. 氧化还原滴定法在食品分析中有什么应用？

氧化还原滴定法是以氧化还原反应为基础的滴定分析方法，在食品分析中有着广泛的应用。氧化还原滴定法不仅能直接测定具有氧化性或还原性的物质，也能间接测定一些本身无氧化性或还原性，但能与氧化剂或还原剂定量发生反应的物质。

第一节 氧化还原滴定法概述

一、氧化还原滴定法的分类

在氧化还原滴定法中，通常以标准溶液的名称进行命名，如表7－1所示。

表7－1 氧化还原滴定法分类

名称	标准溶液	指示剂
高锰酸钾法	$KMnO_4$	$KMnO_4$
直接碘量法	I_2	淀粉溶液
间接碘量法	$Na_2S_2O_3$	淀粉溶液
亚硝酸钠法	$NaNO_2$	含锌碘化钾－淀粉溶液
重铬酸钾法	$K_2Cr_2O_7$	二苯胺磺酸钠
铈量法	$Ce(SO_4)_2$	邻二氮菲亚铁
溴酸钾法	$KBrO_3+KBr$	甲基橙

二、氧化还原滴定法的特点

氧化还原反应是基于电子转移的反应，反应机制比较复杂，反应速率较慢，常有副反应发生，使得反应物之间没有明确的计量关系，甚至改变主反应的方向。因此，在进行氧化还原滴定时，要根据反应平衡的相关理论判断反应进行的可能性，控制适宜的条件，防止副反应的发生，才能保证滴定反应按照既定方向定量完成。

三、氧化还原滴定曲线

（一）电极电位

在氧化还原反应中，氧化剂和还原剂的强弱可以用相关电对的电极电位来衡量：电对的电位越高，其氧化态的氧化能力越强；电对的电位越低，其还原态的还原能力越强。根据有关电对的电位可以判断氧化还原反应进行的方向和反应的进行程度。

电对的电位可用能斯特方程来计算。例如，对于一个可逆的氧化还原电对：

$$Ox + ne^- \rightleftharpoons Red$$

在25℃时，其能斯特方程为

$$\varphi = \varphi^{\ominus} + \frac{0.059}{n}\log\frac{c_{Ox}}{c_{Red}} \tag{7-1}$$

式中，$\varphi^{\ominus}$为电对的标准电极电势，V；c_{Ox}为氧化态浓度，mol/L；c_{Red}为还原态浓度，mol/L。当$c_{Ox}=c_{Red}=1mol/L$时，$\varphi=\varphi^{\ominus}$，即此时电对的电位就是标准电位。常见电对的标准电位值可以查表（附录三）。

（二）滴定曲线

在氧化还原滴定中，随着滴定溶液的加入，反应溶液中氧化剂和还原剂的浓度不断改变，从而引起被滴定溶液电位的变化，表示滴定过程中电位变化的曲线称为氧化还原滴定曲线。绘制氧化还原滴定曲线时，通常以反应电对的电极电位作为纵坐标，以加入标准溶液的体积或百分数作为横坐标。滴定曲线中反应溶液的电位值可以由实验测得，也可以用能斯特方程求出。

下面以0.1000mol/L Ce^{4+}溶液滴定20.00ml 0.1000mol/L Fe^{2+}溶液（溶液中含有1mol/L H_2SO_4）为例，说明在滴定过程中反应溶液的电位值变化规律。其滴定反应为：

$$Ce^{4+} + Fe^{2+} \rightleftharpoons Ce^{3+} + Fe^{3+}$$

滴定过程中，加入任意体积Ce^{4+}溶液时，反应溶液的电位值可见于表7－2。

表7－2 用0.1000mol/L Ce^{4+}溶液滴定20.00ml 0.1000mol/L Fe^{2+}溶液的电位值

加入Ce^{4+}溶液体积（ml）	过量Ce^{4+}溶液体积（ml）	电位值（V）
5.00		0.65
10.00		0.68
19.98		0.86
20.00		1.06
20.02	0.02	1.26
25.00	5.00	1.40
30.00	10.00	1.42
40.00	20.00	1.44

依表绘制氧化还原滴定曲线，如图7－1所示。氧化还原滴定曲线的形状与酸碱滴定曲线类似。在化学计量点附近，溶液的电位值出现突跃性改变，称之为滴定突跃，即在某一氧化还原反应中，以滴定溶液加入量相当于理论值的99.99%～100.01%之间所对应电位值的变化范围。氧化还原滴定突跃范围的大小与氧化剂、还原剂两电对的电位差值有关，两电对的电位相差越大，滴定突跃范围越大，选择指示剂的余地越大，滴定结果就越准确。

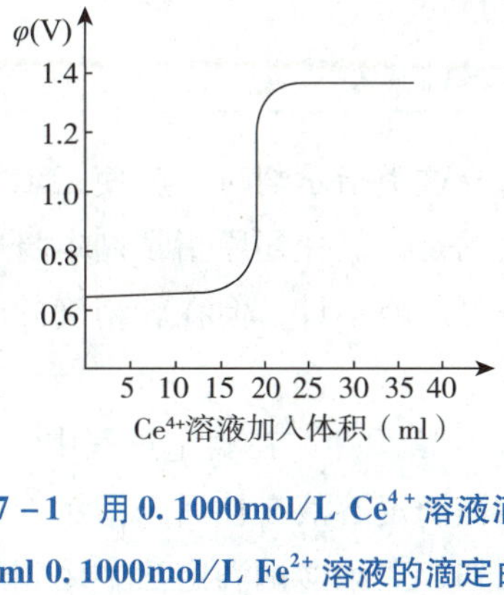

图7－1 用0.1000mol/L Ce^{4+}溶液滴定20.00ml 0.1000mol/L Fe^{2+}溶液的滴定曲线

四、氧化还原滴定法的指示剂

氧化还原滴定中常用指示剂主要有以下几种类型。

1. 自身指示剂 有些标准溶液或待测溶液本身有颜色，在发生氧化还原反应后的滴定产物为无色或浅色，滴定时不必另加指示剂，可用本身的颜色变化指示滴定终点，这类溶液称为自身指示剂。

例如 $KMnO_4$ 本身显紫红色，在酸性条件下的氧化产物 Mn^{2+} 几乎无色，所以在滴定无色或浅色还原剂溶液（如 H_2O_2、$H_2C_2O_4$）时，达到化学计量点，稍微过量的 $KMnO_4$ 使溶液呈现粉红色，从而指示滴定终点的到达。

再例如碘液，碘液本身为紫黑色，稀溶液（10^{-5}mol/L）呈浅黄色，还原产物 I^- 为无色。为了使颜色变化更明显，滴定误差更小，可以在被滴定溶液中加入亚甲蓝等惰性染料，终点时溶液由蓝色变为绿色或由绿色变为蓝色；还可以在被滴定溶液中加入三氯甲烷或四氯化碳等有机溶剂，根据有机溶剂层紫红色的产生或消失来指示滴定终点。

2. 特殊指示剂 有些物质本身不具有氧化性或还原性，但能与氧化剂或还原剂作用产生具有特殊颜色的物质，从而指示滴定终点，这类物质称为特殊指示剂。

例如碘量法常用淀粉溶液做指示剂，当碘液浓度达到 10^{-5}mol/L，可溶性淀粉能与 I_2 反应生成蓝色物质，因此可通过蓝色的出现或消失来指示终点。

3. 氧化还原指示剂 有的物质本身具有弱氧化性或弱还原性，其氧化态或还原态具有不同的颜色。在化学计量点附近，指示剂被氧化或被还原，指示剂的氧化态或还原态发生相互转变，溶液颜色随之发生变化从而指示滴定终点，这类物质称为氧化还原指示剂。

例如，$K_2Cr_2O_7$ 标准溶液滴定 Fe^{2+} 时，常用二苯胺磺酸钠作为指示剂，该指示剂的还原态颜色为无色，氧化态颜色为紫红色。滴定至化学计量点后，稍过量的 $K_2Cr_2O_7$ 使二苯胺磺酸钠由还原态转变为氧化态，使溶液颜色由无色变为紫红色，从而指示滴定终点。常用的氧化还原指示剂及其颜色变化见表 7－3。

表 7－3 常用的氧化还原指示剂

指示剂	$\varphi_{In}^{\theta'}/V$,(pH＝0)时	颜色变化	
		氧化态颜色	还原态颜色
亚甲蓝	0.36	蓝色	无色
二苯胺	0.76	紫色	无色
二苯胺磺酸钠	0.84	紫红色	无色
邻苯氨基苯甲酸	0.89	紫红色	无色
邻二氮菲亚铁	1.06	浅蓝色	红色
硝基邻二氮菲亚铁	1.25	浅蓝色	紫红色

选择这类指示剂时，应使指示剂变色的电位在滴定突越范围内，并尽量接近化学计量点。另外，必须指出的是，氧化还原指示剂本身也要消耗一定量的标准溶液。当标准溶液的浓度较大时，对分析结果的影响可忽略不计，但在较精确的测定或用较稀的标准溶液进行测定时，需要做空白试验以校正指示剂误差。

4. 外指示剂 在滴定过程中，指示剂不加入被滴定的溶液中，而是在临近终点时，用细玻璃棒蘸取少许被滴定溶液在外面与指示剂接触，根据颜色变化来判断终点。这种指示剂称为外指示剂。

例如，亚硝酸钠滴定法中用到的碘化钾－淀粉指示剂，滴定到化学计量点后，微过量的亚硝酸钠在酸性环境中与碘化钾反应，生成的 I_2 遇淀粉显蓝色，指示滴定终点的到达。

5. 不可逆指示剂 有些物质在过量氧化剂存在时会发生不可逆的颜色变化以指示终点，这类物质称为不可逆指示剂。

例如，在溴酸钾法中，过量的溴酸钾在酸性溶液中能析出溴，而溴能破坏甲基红或甲基橙的分子结构，使其颜色发生不可逆变化（红色消失）来指示滴定终点。

第二节 高锰酸钾法

一、基本原理

高锰酸钾法是以 $KMnO_4$ 为标准溶液的氧化还原滴定法。$KMnO_4$ 是一种强氧化剂，其氧化能力和还原产物均与溶液的酸度有关。

在强酸性溶液中，$KMnO_4$ 表现为强氧化性，MnO_4^- 被还原为 Mn^{2+}：

$$MnO_4^- + 8H^+ + 5e^- \rightleftharpoons Mn^{2+} + 4H_2O \qquad \varphi^{\ominus} = 1.51V$$

在弱酸性或中性溶液中，$KMnO_4$ 表现为较弱的氧化剂，MnO_4^- 被还原为 MnO_2：

$$MnO_4^- + 2H_2O + 3e^- \rightleftharpoons MnO_2\downarrow + 4OH^- \qquad \varphi^{\ominus} = 0.59V$$

在强碱性溶液中，$KMnO_4$ 表现为较弱的氧化剂，MnO_4^- 被还原为 MnO_4^{2-}：

$$MnO_4^- + e^- \rightleftharpoons MnO_4^{2-} \qquad \varphi^{\ominus} = 0.56V$$

由于 $KMnO_4$ 在强酸性溶液中的氧化能力最强，且还原产物为几乎无色的 Mn^{2+}，不影响终点的变色观察，所以高锰酸钾法通常在强酸性溶液中进行。一般用硫酸调节溶液的酸度，酸度常控制在 1mol/L 左右。

有些物质与高锰酸钾在常温下反应速率慢，可在滴定前将溶液加热，趁热滴定，或者加几滴 Mn^{2+} 做催化剂以加快反应速率。但若被滴定的物质是在空气中易被氧化或加热易分解的还原性物质，如亚铁盐、过氧化氢等则不能加热。

高锰酸钾法通常以 $KMnO_4$ 作为自身指示剂，MnO_4^- 本身显紫红色，还原产物 Mn^{2+} 几乎无色。因此用 $KMnO_4$ 滴定无色或浅色还原剂时，到达化学计量点后，稍过量的 MnO_4^- 使溶液显粉红色。如标准溶液浓度较低（<0.002mol/L），也可选用二苯胺磺酸钠等氧化还原指示剂来指示滴定终点。

二、$KMnO_4$ 标准溶液的配制与标定

市售高锰酸钾常含有少量 MnO_2 等杂质，纯化水也常有少量可与 $KMnO_4$ 反应的还原性杂质，导致 $KMnO_4$ 标准溶液在配制初期浓度不稳定，因此采用间接法配制 $KMnO_4$ 标准溶液。

1. 配制 称取稍多于理论用量的固体高锰酸钾，溶于一定体积的纯化水中，将配制好的 $KMnO_4$ 溶液加热至沸，并保持微沸 1 小时，以保证还原性杂质与其完全反应，避免贮存过程中溶液浓度改变。配制好的溶液贮存于棕色瓶中，密闭放置 7～10 天，用垂熔玻璃滤器滤过以除去 MnO_2 等杂质，待浓度稳定后方可进行标定。

2. 标定 可用于标定 $KMnO_4$ 标准溶液的基准物质有 $Na_2C_2O_4$、As_2O_3、$Fe(NH_4)_2(SO_4)_2 \cdot 6H_2O$、$H_2C_2O_4 \cdot 2H_2O$ 等。其中以 $Na_2C_2O_4$ 最常用，因它具有易提纯、性质稳定、不含结晶水等优点。标定反应为：

$$2MnO_4^- + 5C_2O_4^{2-} + 16H^+ \rightleftharpoons 2Mn^{2+} + 10CO_2\uparrow + 8H_2O$$

计算公式为：

$$c_{KMnO_4} = \frac{2 \times m_{Na_2C_2O_4}}{5 \times M_{Na_2C_2O_4} \times V_{KMnO_4} \times 10^{-3}}$$

该标定反应中，以 $KMnO_4$ 作为自身指示剂，滴定终点以保持溶液显粉红色 30 秒不褪色为宜。

标定时应注意控制反应条件。

（1）酸度　一般用硫酸调节溶液酸度，滴定开始时的酸度应为0.5～1mol/L，滴定结束时约为0.2～0.5mol/L。

（2）温度　常将$Na_2C_2O_4$溶液温度升至75～85℃，并在滴定过程中保持溶液温度不低于60℃。

（3）滴定速度　开始滴定时应慢滴，随着反应生成的Mn^{2+}增多，催化反应迅速进行，滴定速度可随之加快。这种生成物本身起到催化作用的反应称为自动催化反应，Mn^{2+}是该反应的自身催化剂。

三、应用示例

高锰酸钾法可以直接测定具有还原性的物质，也可以间接测定具有氧化性的物质或非氧化还原性物质。

1. 直接滴定法　在酸性溶液中，许多还原性物质可以直接滴定，如草酸盐、亚铁盐、亚砷酸盐、双氧水等。

2. 返滴定法　有些氧化性物质（如MnO_2、PbO_2、ClO_4^-等）不能直接滴定，可在硫酸溶液存在下，加入定量且过量的草酸钠基准物质或标准溶液，加热使完全反应后，再用$KMnO_4$标准溶液滴定剩余的草酸钠，从而求出被测物质的含量。

3. 间接滴定法　有些不具有氧化性或还原性的物质（如Ca^{2+}、Ba^{2+}、Zn^{2+}等）可采用间接滴定法进行测定。如测定Ca^{2+}含量时，首先将Ca^{2+}沉淀为CaC_2O_4，过滤后，再用稀硫酸将CaC_2O_4溶解，最后用$KMnO_4$标准溶液滴定溶液中的$H_2C_2O_4$，从而间接求出Ca^{2+}的含量。

4. 测定有机物　如甲醇、甲醛、甲酸、葡萄糖及酒石酸等。

在一些食品生产过程中会使用亚硝酸钠作为护色剂，不做防腐剂。可在酸性介质中用高锰酸钾法测定亚硝酸钠的含量。

例7-1　精密称取2.6238g试样，置于500ml容量瓶中，加水溶解，稀释至刻度，摇匀备用。在250ml锥形瓶中，用滴定管滴加0.02016mol/L高锰酸钾标准溶液10.00ml。加入10ml硫酸溶液，用移液管移取25.00ml试样溶液，加热至约40℃。用移液管加入0.05028mol/L草酸钠标准溶液10.00ml，加热至70～80℃，继续用高锰酸钾标准溶液滴定至溶液呈粉红色并保持30秒不褪色，又消耗了高锰酸钾标准溶液2.12ml。试计算试样中$NaNO_2$的百分含量。（GB 1886.11—2016《食品安全国家标准 食品添加剂 亚硝酸钠》）。

解：反应方程式为：

$$2MnO_4^- + 5NO_2^- + 6H^+ \rightleftharpoons 2Mn^{2+} + 5NO_3^- + 3H_2O$$

$$2MnO_4^- + 5C_2O_4^{2-} + 16H^+ \rightleftharpoons 2Mn^{2+} + 10CO_2\uparrow + 8H_2O$$

反应计量关系为：

$$n_{KMnO_4} : n_{NaNO_2} : n_{Na_2C_2O_4} = 2:5:5$$

计算公式为：

$$\omega = \frac{(5c_{KMnO_4} \cdot V_{KMnO_4} - 2c_{Na_2C_2O_4} \cdot V_{Na_2C_2O_4}) \times M_{NaNO_2}}{2 \times \frac{25}{500} \times 1000 \times m_{试样}} \times 100\%$$

代入数据，计算得：

$$\omega = \frac{(5 \times 0.02016 \times 12.12 - 2 \times 0.05028 \times 10.00) \times 69.00}{2 \times \frac{25}{500} \times 1000 \times 2.6238} \times 100\% = 5.68\%$$

答：试样中$NaNO_2$的百分含量为5.68%。

第三节　碘量法 微课1

案例分析

案例　维生素C又称抗坏血酸（$C_6H_8O_6$），分子中的烯二醇基具有还原性，所以能被I_2定量氧化成二酮基，其反应方程式为：

$$C_6H_8O_6 + I_2 \rightleftharpoons C_6H_6O_6 + 2HI$$

分析　精密称取维生素C样品0.2g，加入新煮沸过的冷蒸馏水100ml与稀醋酸10ml使溶解，加入淀粉指示液1ml，立即用I_2标准溶液（0.05mol/L）滴定，至溶液显蓝色并在30秒内不褪色，即为终点。根据I_2标准溶液的消耗量，求出维生素C的含量（《中国药典》2020年版二部）。

维生素C含量的计算公式：

$$\omega = \frac{c_{I_2} \times V_{I_2} \times M_{VC} \times 10^{-3}}{m_S} \times 100\% \quad (M_{VC} = 176.13g/mol)$$

一、基本原理

碘量法是利用I_2的氧化性和I^-的还原性进行滴定的氧化还原滴定方法，其基本反应是：

$$I_2 + 2e^- \rightleftharpoons 2I^- \qquad \varphi^{\ominus}_{I_2/I^-} = 0.535V$$

由于固体I_2在水中溶解度很小（20℃时为0.3g/L），且易挥发，通常将I_2溶解于KI溶液中，此时I_2以I_3^-配离子形式存在，其半电池反应为：

$$I_3^- + 2e^- \rightleftharpoons 3I^- \qquad \varphi^{\ominus}_{I_2/I^-} = 0.536V$$

由于两个半电池反应的标准电位很接近，为了简便，习惯上仍使用前者。从$\varphi^{\ominus}$值可知，I_2是较弱的氧化剂，只能以较强的还原剂（如$S_2O_3^{2-}$、SO_3^{2-}等）发生氧化还原反应；而I^-是中等强度的还原剂，能与许多氧化剂（过氧化氢、铜盐、$Cr_2O_7^{2-}$、MnO_4^-、BrO_3^-）发生氧化还原反应。因此碘量法可以用直接滴定或间接滴定的两种方式进行。

（一）直接碘量法

电位低于$\varphi^{\ominus}_{I_2/I^-}$的还原性物质，可用$I_2$标准溶液直接滴定，称为直接碘量法。

直接碘量法只能在弱酸性、中性或弱碱性溶液中进行。在强酸性溶液中，I^-易被空气中的氧气氧化；如果溶液的pH＞9，则会发生下列副反应：

$$3I_2 + 6OH^- \rightleftharpoons IO_3^- + 5I^- + 3H_2O$$

直接碘量法中，可用碘液作为自身指示剂来指示滴定终点。实验证明，在100ml水中加一滴碘液（0.05mol/L）即能观察到溶液显浅黄色。也常用特殊指示剂淀粉溶液做指示剂，淀粉遇碘显深蓝色，反应可逆且灵敏。

利用直接碘量法可以测定硫化物、亚硫酸盐、亚砷酸盐、亚锑酸盐、亚锡酸盐、维生素C等还原性较强的物质。

（二）间接碘量法

间接碘量法又称滴定碘法，其滴定反应为：

$$2S_2O_3^{2-} + I_2 \rightleftharpoons S_4O_6^{2-} + 2I^-$$

根据待测物质的性质不同，间接碘量法可分为置换碘量法和剩余碘量法。

1. 置换碘量法 电位高于 $\varphi^{\ominus}_{I_2/I^-}$ 的氧化性物质，其氧化态可将 I^- 氧化成 I_2，定量生成的 I_2，再用 $Na_2S_2O_3$ 标准溶液滴定，这种方法称为置换碘量法。该法可以测定许多氧化性物质的含量，如高锰酸钾、重铬酸钾、溴酸盐、过氧化氢、二氧化锰、铜盐、漂白粉、葡萄糖酸锑钠等。

2. 剩余碘量法 电位低于 $\varphi^{\ominus}_{I_2/I^-}$ 的还原性物质，其还原态可与定量且过量的 I_2 标准溶液作用，待反应完全后，再用 $Na_2S_2O_3$ 标准溶液滴定剩余的 I_2，这种方法称为剩余碘量法。该法可以测定一些还原性物质的含量，如焦亚硫酸钠、无水硫酸钠、亚硫酸氢钠、葡萄糖等。

间接碘量法应在中性或弱酸性溶液中进行。若在碱性溶液中，可发生如下副反应：

$$3I_2 + 6OH^- \rightleftharpoons IO_3^- + 5I^- + 3H_2O$$

$$S_2O_3^{2-} + 4I_2 + 10OH^- \rightleftharpoons 2SO_4^{2-} + 8I^- + 5H_2O$$

若在强酸性溶液中，$S_2O_3^{2-}$ 易分解，I^- 也易被空气中的氧气缓慢氧化。

$$S_2O_3^{2-} + 2H^+ \rightleftharpoons S\downarrow + SO_2 + H_2O$$

$$4I^- + O_2 + 4H^+ \rightleftharpoons 2I_2 + 2H_2O$$

间接碘量法，在临近滴定终点时加入淀粉指示液，淀粉遇碘显深蓝色，继续滴定至蓝色消失即为终点。

使用淀粉指示液注意事项：①应取可溶性直链淀粉临用新制，淀粉指示液久置易腐败失效。②应注意淀粉指示液的加入时间。在酸度不高的情况下，直接碘量法可于滴定前加入淀粉指示液，滴定至蓝色出现为终点。间接碘量法需要临近滴定终点时才能加入淀粉指示液，滴定至蓝色消失为终点。因为当反应溶液中有大量 I_2 存在时，会被淀粉牢牢吸附，不易与 $Na_2S_2O_3$ 标准溶液立即反应，使终点延迟。③应在常温下使用，高温会使灵敏度下降。④应在弱酸性溶液中使用，碘与淀粉的反应最灵敏。若 $pH<2$，则淀粉易水解成糊精，遇 I_2 显红色；若 $pH>9$，则 I_2 生成 IO_3^-，淀粉不显蓝色。

间接碘量法误差的主要来源是 I_2 的挥发和 I^- 被空气中的氧气氧化。为减少误差，提高准确度，通常需采用以下措施。

（1）加入过量 KI，一般为理论值的 2～3 倍，使之于形成 I_3^-，以增大溶解度，减少挥发。

（2）在室温下进行，温度升高会加速挥发。

（3）在碘量瓶中滴定，将碘单质或碘离子与被测物质放入碘量瓶中密封一段时间。待其充分反应后，再用 $Na_2S_2O_3$ 标准溶液滴定。

（4）快滴慢摇，摇动会加速 I_2 挥发。

（5）酸度不宜过高，酸度过高会增加氧气氧化 I^- 的速率。

二、标准溶液的配制与标定

（一）$Na_2S_2O_3$ 标准溶液的配制与标定

1. 配制 市售硫代硫酸钠常含有少量杂质，如 S、S^{2-}、SO_3^{2-}、Cl^-、CO_3^{2-} 等，硫代硫酸钠结晶（$Na_2S_2O_3 \cdot 5H_2O$）易风化或潮解，且刚配制好的 $Na_2S_2O_3$ 溶液不稳定，易与水中溶解的 O_2 和 CO_2 发生反应或受到水中嗜硫细菌的作用发生分解，故采用间接配制法配制标准溶液。

配制 $Na_2S_2O_3$ 标准溶液时，需注意使用新煮沸放冷的蒸馏水，以除去水中的 O_2、CO_2 和杀死嗜硫细菌等微生物。加入少许 Na_2CO_3 使溶液呈弱碱性（pH 9～10），抑制嗜硫细菌生长并防止 $Na_2S_2O_3$ 分解。$Na_2S_2O_3$ 标准溶液贮存于棕色瓶中，在暗处放置一段时间，待浓度稳定后再进行标定。若发现溶液浑浊，说明有硫析出，应过滤后再标定或重新配制。

2. 标定 标定 $Na_2S_2O_3$ 标准溶液常用的基准物质是 $K_2Cr_2O_7$。精密称取一定量的基准物质 $K_2Cr_2O_7$，在弱酸性溶液中与过量的 KI 作用，用待标定的 $Na_2S_2O_3$ 标准溶液滴定析出的 I_2，在临近终点时加入淀粉指示液，蓝色消失即为滴定终点，根据消耗 $Na_2S_2O_3$ 标准溶液的体积和 $K_2Cr_2O_7$ 质量，可得 $Na_2S_2O_3$ 标准溶液的准确浓度。标定反应为：

$$Cr_2O_7^{2-}+6I^-+14H^+ \rightleftharpoons 2Cr^{3+}+3I_2+7H_2O$$

$$2S_2O_3^{2-}+I_2 \rightleftharpoons S_4O_6^{2-}+2I^-$$

则有：

$$1mol/L\ Cr_2O_7^{2-} \backsimeq 6mol/L\ S_2O_3^{2-}$$

计算公式为：

$$c_{Na_2S_2O_3}=\frac{6\times m_{K_2Cr_2O_7}}{M_{K_2Cr_2O_7}\times V_{Na_2S_2O_3}\times 10^{-3}}$$

（二）I_2 标准溶液的配制与标定

1. 配制 用升华法制得的纯碘，理论上可以用直接配制法配制标准溶液，但 I_2 的挥发性强且对分析天平有一定的腐蚀作用。故常采用间接配制法配制其标准溶液。加入适量的 KI，使生成 I_3^- 以助溶。加入少量盐酸，可以消除碘中微量碘酸盐杂质的影响，还可以在中和配制 $Na_2S_2O_3$ 标准溶液时加入少量稳定剂 Na_2CO_3 的影响。用垂熔玻璃滤器滤过未溶解的碘。溶液需贮存在棕色瓶中，密封，暗处保存，避免溶液见光受热后浓度变化。

2. 标定 标定 I_2 标准溶液时，可采用 As_2O_3 作为基准物质，也可以用比较法标定 I_2 标准溶液的准确浓度。精密量取一定量的 I_2 标准溶液（已知准确浓度）于碘量瓶中，用 $Na_2S_2O_3$ 标准溶液在酸性条件下滴定至临近终点，加淀粉指示液后继续滴定至蓝色消失。根据消耗 $Na_2S_2O_3$ 标准溶液和 I_2 标准溶液的体积，可得到 I_2 标准溶液的准确浓度。

$$2S_2O_3^{2-}+I_2 \rightleftharpoons S_4O_6^{2-}+2I^-$$

计算公式为：

$$c_{I_2}=\frac{c_{Na_2S_2O_3}\times V_{Na_2S_2O_3}}{2\times V_{I_2}}$$

三、应用示例

碘量法可用于水质中溶解氧、硫化物的测定，也常用于粮油、蔬菜中可溶性糖的测定。碘量法还可用于测定食品（如食用动植物油脂、食用油脂制品等）中的过氧化值。测定原理是将油脂试样经有机溶剂溶解后，加入碘化钾与其中的过氧化物反应生成 I_2，再用硫代硫酸钠标准溶液滴定析出的 I_2。用过氧化物相当于碘的质量分数或 1kg 样品中活性氧的毫摩尔数表示过氧化值的量（GB 5009.227—2016《食品安全国家标准 食品中过氧化值的测定》）。

例 7-2 精密称取某液态食用油试样 2.356g，置于 250ml 碘量瓶中，加入 30ml 三氯甲烷-冰乙酸混合液，轻轻振摇使试样完全溶解。准确加入 1.00ml 碘化钾饱和溶液，塞紧瓶盖，轻轻振摇 0.5 分钟，在暗处放置 3 分钟。取出加入 100ml 水，摇匀后立即用 $Na_2S_2O_3$ 标准溶液滴定析出的 I_2。滴定至淡黄色时，加 1ml 淀粉指示液。继续滴定并强烈振摇，溶液蓝色消失即为终点，消耗标准溶液 15.25ml。同时进行空白试验，消耗 $Na_2S_2O_3$ 标准溶液 0.36ml。试计算该试样的过氧化值（用碘的质量分数表示）。

解： 反应方程式为：

$$[O]+2H^++2I^- \rightleftharpoons I_2+H_2O\text{（置换反应）}$$

$$2S_2O_3^{2-} + I_2 \rightleftharpoons S_4O_6^{2-} + 2I^-（滴定反应）$$

反应计量关系为：

$$n_{Na_2S_2O_3} : n_{I_2} : n_{[O]} = 2 : 1 : 1$$

计算公式为：

$$\omega = \frac{c_{Na_2S_2O_3} \times (V_{Na_2S_2O_3} - V_0) \times 10^{-3} \times M_{I_2}}{2 \times m_{试样}} \times 100\%$$

代入数据，计算得：

$$\omega = \frac{0.002566 \times (15.25 - 0.36) \times 10^{-3} \times 253.8}{2 \times 2.356} \times 100\% = 0.2058\%$$

答：该样品的过氧化值（用碘的质量分数表示）为0.2058%。

第四节　亚硝酸钠法

一、基本原理

亚硝酸钠法是以 $NaNO_2$ 为标准溶液的氧化还原滴定法。亚硝酸钠法主要用来测定芳香族伯胺和芳香族仲胺的含量，测定在盐酸酸性环境下进行。

芳香族伯胺和亚硝酸钠作用发生重氮化反应：

$$NaNO_2 + 2HCl + Ar-NH_2 \rightleftharpoons [Ar-N^+ \equiv N]Cl^- + NaCl + 2H_2O$$

芳香族仲胺和亚硝酸钠作用发生亚硝基化反应：

$$NaNO_2 + HCl + Ar-NHR \rightleftharpoons Ar-N(R)-NO + NaCl + H_2O$$

在上述反应中，芳伯胺、芳仲胺与 $NaNO_2$ 的化学计量关系均为1∶1。通常把用 $NaNO_2$ 滴定芳伯胺类化合物的方法称为重氮化滴定法。用 $NaNO_2$ 滴定芳仲胺类化合物的方法称为亚硝基化滴定法。两者总称为亚硝酸钠法。

亚硝酸钠法可以用淀粉-KI糊状物或淀粉-KI试纸等外指示剂来指示滴定终点，当被测物质与 $NaNO_2$ 标准溶液反应完全后，微过量的 $NaNO_2$ 在酸性环境中可将KI氧化成 I_2，生成的 I_2 遇淀粉即显蓝色。注意不能将该指示剂直接加到被滴定的溶液里，通常在临近终点时，用细玻璃棒蘸取少许溶液，在溶液外面与淀粉-KI指示剂接触，根据是否立即出现蓝色来确定终点的到达。

亚硝酸钠法也可以用内指示剂来指示终点，其中以橙黄Ⅳ、中性红、二苯胺和亮甲酚蓝应用最多。但使用内、外指示剂均有许多缺点，现常用永停滴定法确定终点，即将双铂电极插入待滴定溶液，外接一小电压（10～100mV），滴定至永停滴定仪的电流计指针突然偏转，并持续1分钟不再回复，即为滴定终点。

重氮化滴定法较为常用，滴定时必须注意选择与控制反应条件。

1. 酸的种类和浓度　重氮化反应的速度与酸的种类有关，在HBr中最快，在HCl中略慢，在 HNO_3 或 H_2SO_4 中最慢。但HBr的价格较昂贵，芳伯胺类盐酸盐的溶解度较硫酸盐的溶解度大，因此常用HCl。

适宜的酸度不仅可以加快化学反应速率，还可以提高重氮盐的稳定性。一般控制酸度在1～2mol/L。酸度过高，会阻碍芳伯胺的游离，影响重氮化反应速率；酸度过低，生成的重氮盐易分解，且易与尚未被重氮化的芳伯胺偶合生成重氮氨基化合物，使测定结果偏低。

2. 滴定速度与温度　重氮化反应的速率随温度升高而加快，但温度高时重氮盐易分解，HNO_2 也易分解和逸散损失。

重氮化反应的速率较慢，在滴定过程中要缓慢滴加，尤其在接近终点时，需逐滴加入并不断搅拌。刚开始滴定时，将滴定管尖插入液面下约2/3处，迅速加入大部分滴定溶液，边滴边搅拌，HNO_2 在剧烈搅拌下向四周扩散并立即与芳伯胺反应，来不及分解和逸散损失即可反应完全。接近滴定终点时，将滴定管尖提出液面，用少量水淋洗管尖端，洗液并入溶液中，再缓慢滴至终点。这种“快速滴定法”可有效缩短滴定时间，在30℃以下可保证分析结果准确。

3. 取代基团的影响 苯胺环上，特别是在氨基的对位上，有其他取代基团存在时，能影响重氮化反应的速度。有吸电子基团时，如—NO_2、—SO_3H、—COOH、—X 等，使重氮化反应加快；有供电子基团时，如—CO_3H、—OH、—OR 等，使反应减慢。如磺胺类药物的重氮化反应快，而非那西丁的水解产物重氮化反应较慢，对于反应速率较慢的重氮化反应，通常加入适量的 KBr 做催化剂以提高反应速率。

二、标准溶液的配制与标定

亚硝酸钠的水溶液不稳定，放置过程中浓度会逐渐下降，配制时需加入少量稳定剂碳酸钠，使溶液呈弱碱性（pH = 10）。

1. 配制 取亚硝酸钠固体，加无水碳酸钠少许，加新煮沸的冷蒸馏水适量使其溶解，再稀释至近似所需浓度，摇匀即得。$NaNO_2$ 溶液遇光易分解，应贮存于棕色试剂瓶中，密闭保存。

2. 标定 标定 $NaNO_2$ 标准溶液的基准物质常用对氨基苯磺酸。对氨基苯磺酸难溶于水，因此必须先用氨水溶解，然后用盐酸中和，再进行标定。标定反应为：

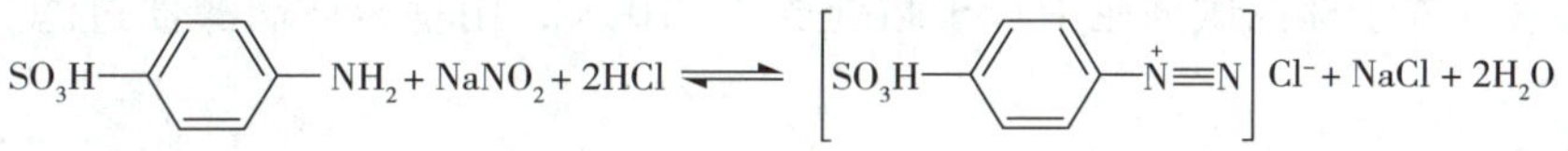

计算公式为：

$$c_{NaNO_2} = \frac{m_{C_6H_7NO_3S}}{M_{C_6H_7NO_3S} \times V_{NaNO_2} \times 10^{-3}}$$

三、应用示例

重氮化法主要用于测定芳伯胺类化合物，如盐酸普鲁卡因、苯佐卡因、氨苯砜和磺胺类药物等，还可测定经化学处理后能生成芳伯胺结构的化合物，如对乙酰氨基酚等。亚硝基化法可用于测定芳仲胺类化合物，如盐酸丁卡因等。

例 7-3 精密称取盐酸普鲁卡因试样 0.6051g，置于 250ml 锥形瓶中，加水溶解。在 15~25℃，用 0.1005mol/L 的 $NaNO_2$ 标准溶液滴定，采用永停滴定法指示滴定终点，消耗 $NaNO_2$ 标准溶液 21.15ml。试计算试样中盐酸普鲁卡因的含量。（《中国药典》2020 年版二部）。

解： 反应方程式为：

$$NaNO_2 + 2HCl + Ar-NH_2 \rightleftharpoons [Ar-N^+\equiv N]Cl^- + NaCl + 2H_2O$$

反应计量关系为：

$$n_{NaNO_2} : n_{C_{13}H_{20}N_2O_2 \cdot HCl} = 1:1$$

计算公式为：

$$\omega = \frac{c_{NaNO_2} \times V_{NaNO_2} \times 10^{-3} \times M_{C_{13}H_{20}N_2O_2 \cdot HCl}}{m_{试样}} \times 100\%$$

代入数据，计算得：

$$\omega=\frac{0.1005\times21.15\times10^{-3}\times272.77}{0.6051}\times100\%=95.82\%$$

答：试样中盐酸普鲁卡因的含量为95.82%。

实训十四 高锰酸钾标准溶液的配制与标定

一、实训目的

1. 掌握 高锰酸钾标准溶液的配制和标定方法。

2. 熟悉 自身指示剂指示终点的方法。

二、仪器与试剂

1. 仪器 分析天平、托盘天平、酸式滴定管（50ml）、烧杯（500ml）、锥形瓶（250ml）、量筒或量杯（50ml）、垂熔玻璃滤器、称量瓶、试剂瓶。

2. 试剂 高锰酸钾、基准草酸钠、硫酸、蒸馏水。

三、实训步骤

1. 高锰酸钾标准溶液（0.02mol/L）的配制 称取 $KMnO_4$ 1.4g，置于500ml烧杯中，加入400ml新煮沸放冷的蒸馏水，置于棕色试剂瓶中，于暗处放7～10天，用垂熔玻璃滤器过滤，存于另一棕色试剂瓶中。

2. 高锰酸钾标准溶液（0.02mol/L）的标定 精密称取3份在105℃干燥至恒重的基准 $Na_2C_2O_4$，每份约为0.17g，分别置于3个锥形瓶中，各加100ml新煮沸放冷的蒸馏水使溶解，再加5ml浓 H_2SO_4，摇匀。迅速自滴定管中加 $KMnO_4$ 标准溶液约20ml，待褪色后，加热至75℃，继续滴定至溶液显淡粉红色并保持30秒不褪，即为终点。记录所消耗 $KMnO_4$ 标准溶液的体积。当滴定结束时，溶液的温度不应低于60℃。

四、注意事项

1. $KMnO_4$ 溶液在保存时，受热或受光照会发生分解。所以配好的溶液应贮存在棕色试剂瓶中，并置于冷暗处保存。

2. $KMnO_4$ 在酸性溶液中是强氧化剂。滴定到达终点时，粉红色溶液在空气中放置时，由于和空气中的还原性气体或还原性灰尘作用而逐渐褪色，所以经30秒不褪色即可认为到达终点。

3. 由于 $KMnO_4$ 溶液颜色较深，读数时应读溶液的水平面与标线相切。

4. 注意加热时的温度控制，不要高于90℃，也不要低于60℃。

五、思考题

1. 用 $Na_2C_2O_4$ 标定 $KMnO_4$ 标准溶液的浓度时，是否可用HCl或 HNO_3 酸化溶液？

2. 用 $KMnO_4$ 标准溶液滴定 $Na_2C_2O_4$ 时，应如何从滴定管上读数？

3. 过滤 $KMnO_4$ 标准溶液时，能否用滤纸过滤？为什么？

六、数据记录与处理

表 7-4 数据记录与处理

粗称：　　g

测定份数	Ⅰ	Ⅱ	Ⅲ
($Na_2C_2O_4$ + 称量瓶) 初重 m_1(g)			
($Na_2C_2O_4$ + 称量瓶) 末重 m_2(g)			
$Na_2C_2O_4$ 重 Δm(g)			
$KMnO_4$ 标准溶液初读数 V_1(ml)			
$KMnO_4$ 标准溶液终读数 V_2(ml)			
消耗体积 $\Delta V(KMnO_4)$(ml)			
$c(KMnO_4)$(mol/L)			
$c(KMnO_4)$平均值(mol/L)			
相对平均偏差 $R\bar{d}$(%)			
相对标准偏差 RSD(%)			

高锰酸钾标准溶液的浓度计算式：

$$c_{KMnO_4} = \frac{2 \times m_{Na_2C_2O_4}}{5 \times M_{Na_2C_2O_4} \times V_{KMnO_4} \times 10^{-3}}$$

实训十五 硫代硫酸钠标准溶液的配制与标定

一、实训目的

1. **掌握** 硫代硫酸钠标准溶液的配制和标定方法。
2. **熟悉** 淀粉指示液指示终点的方法。
3. **学会** 碘量瓶的使用方法。

二、仪器与试剂

1. **仪器** 分析天平、托盘天平、碱式滴定管（50ml）、烧杯（500ml）、碘量瓶（250ml）、容量瓶（250ml）、移液管（25ml）、量筒或量杯（50ml）、垂熔玻璃滤器、称量瓶、试剂瓶。

2. **试剂** 硫代硫酸钠、基准重铬酸钾、4mol/L 盐酸、KI（AR）、淀粉指示液、蒸馏水。

三、实训步骤

1. **硫代硫酸钠标准溶液（0.1mol/L）的配制** 称取 Na_2CO_3 0.1g，置于500ml 烧杯中，加入新煮沸并放冷的蒸馏水约 200ml 搅拌使溶解，加入 $Na_2S_2O_3 \cdot 5H_2O$ 10.5g，搅拌使其完全溶解，用新煮沸放冷的蒸馏水稀释至 400ml，搅匀，储于棕色试剂瓶中，放置 8~14 天后再标定。

2. **硫代硫酸钠标准溶液（0.02mol/L）的标定**

（1）精密称取在 120℃ 干燥至恒重的基准物 $K_2Cr_2O_7$ 约 1.2g，置于小烧杯中，加适量水溶解，定量转移至 250ml 容量瓶中，加水至刻度，摇匀。

（2）准确量取 $K_2Cr_2O_7$ 溶液 25.00ml 3 份，分别置于 3 个碘量瓶中，各加碘化钾 2g、蒸馏水 25ml、HCl 溶液（4mol/L）5ml，密塞，摇匀，水封，在暗处放置 10 分钟。

（3）10分钟后取出碘量瓶，加50ml蒸馏水，用$Na_2S_2O_3$标准溶液滴定至近终点时，加淀粉指示剂2ml，继续滴定至蓝色消失，溶液呈亮绿色，即为终点。记录所消耗的$Na_2S_2O_3$标准溶液的体积。平行测定三次。

四、注意事项

1. 滴定至近终点（溶液呈浅黄绿色）时，再加入淀粉指示剂。
2. 滴定开始时要快滴慢摇，以减少I_2的挥发，近终点要慢滴，用力旋摇，以减少淀粉对I_2的吸附。
3. 滴定结束，溶液放置后会变回蓝色。如果不是很快变蓝（超过5分钟以上），则是空气氧化所致，不影响结果。如果很快变蓝，说明$K_2Cr_2O_7$和KI的反应不完全，实验应重做。

五、思考题

1. 用$K_2Cr_2O_7$作基准物标定$Na_2S_2O_3$标准溶液时，为什么要加入过量的KI？为什么加酸后放置一段时间后才加水稀释？如果加KI而不加HCl溶液或加酸后不放置或少放置一定时间即加水稀释，会产生什么影响？
2. 为什么在滴定至近终点时才加入淀粉指示剂？过早加入会出现什么现象？

六、数据记录与处理

粗称：　　　　　　　　g

精称：

（$K_2Cr_2O_7$＋称量瓶）初重m_1（g）：

（$K_2Cr_2O_7$＋称量瓶）末重m_2（g）：

$K_2Cr_2O_7$重Δm（g）：

表7－5　数据记录与处理

滴定份数	Ⅰ	Ⅱ	Ⅲ
$Na_2S_2O_3$标准溶液初读数V_1（ml）			
$Na_2S_2O_3$标准溶液终读数V_2（ml）			
消耗体积$\Delta V(Na_2S_2O_3)$（ml）			
$c(Na_2S_2O_3)$（mol/L）			
$c(Na_2S_2O_3)$平均值（mol/L）			
相对平均偏差$R\bar{d}$（%）			
相对标准偏差RSD（%）			

硫代硫酸钠标准溶液浓度的计算式为：

$$c_{Na_2S_2O_3}=\frac{6}{1}\times\frac{m_{K_2Cr_2O_7}\times\frac{25.00}{250.0}}{M_{K_2Cr_2O_7}\cdot V_{Na_2S_2O_3}\times10^{-3}}$$

实训十六　碘标准溶液的配制与标定

一、实训目的

1. 掌握　碘标准溶液的配制和标定方法。

2. 熟悉 淀粉指示液指示终点的方法。

二、仪器与试剂

1. 仪器 电子天平、托盘天平、碱式滴定管（50ml）、烧杯（500ml）、碘量瓶（250ml）、移液管（25ml）、量筒或量杯（50ml）、垂熔玻璃滤器、称量瓶、试剂瓶。

2. 试剂 碘、碘化钾、硫代硫酸钠标准溶液、4mol/L 盐酸、蒸馏水。

三、实训步骤

1. 碘标准溶液（0.05mol/L）的配制 称取 KI 36g，置于小烧杯中，加水约 50ml，搅拌使其溶解。再称取 13.0g I_2，加入 KI 溶液中，搅拌至 I_2 完全溶解后，再加 3 滴盐酸，转移至棕色试剂瓶中，用蒸馏水稀释至 1000ml，摇匀，用垂熔玻璃滤器过滤。

2. 碘标准溶液（0.05mol/L）的标定 精密吸取碘标准溶液 25.00ml 置于碘量瓶中，加水 100ml 与 4mol/L 盐酸 1ml，轻摇混匀，用 $Na_2S_2O_3$ 标准溶液滴定至近终点时，加淀粉指示液 2ml，继续滴定至蓝色消失。平行测定 3 次。

四、注意事项

1. 碘易挥发，浓度变化较快，保存时应特别注意要密封，并用棕色试剂瓶保存放置暗处。
2. 避免碘液与橡胶制品接触。
3. 配制时碘先和碘化钾溶解，溶解完全后再稀释。
4. 滴定过程中，振动要轻，以避免碘挥发，但临近终点时要摇动剧烈一点。

五、思考题

配制碘标准溶液时，为什么要加入碘化钾？

六、数据记录与处理

表 7-6 数据记录与处理

滴定份数	Ⅰ	Ⅱ	Ⅲ
$Na_2S_2O_3$ 标准溶液初读数 V_1(ml)			
$Na_2S_2O_3$ 标准溶液终读数 V_2(ml)			
消耗体积 $\Delta V(Na_2S_2O_3)$(ml)			
$c(I_2)$(mol/L)			
$c(I_2)$平均值(mol/L)			
相对平均偏差 $R\bar{d}$(%)			
相对标准偏差 RSD（%）			

碘标准溶液浓度的计算式为：

$$c_{I_2} = \frac{c_{Na_2S_2O_3} \times V_{Na_2S_2O_3}}{2 \times V_{I_2}}$$

实训十七 维生素 C 含量的测定

微课 2

一、实训目的

1. 掌握 直接碘量法测定维生素 C 含量的原理和方法。
2. 熟悉 碘量法滴定操作。

二、仪器与试剂

1. 仪器 电子天平、托盘天平、酸式滴定管（50ml）、碘量瓶（250ml）、量筒（100ml）、称量瓶。
2. 试剂 维生素 C（样品）、0.05mol/L I_2 标准溶液、稀醋酸、淀粉指示液。

三、实训步骤

精密称取维生素 C 样品约 0.2g，置于碘量瓶中，加水 100ml、稀醋酸 10ml，搅拌使其溶解。加淀粉指示液 1ml，立即用 0.05mol/L I_2 标准溶液滴定至溶液显蓝色且 30 秒内不褪色。平行测定 3 次。

四、注意事项

1. 在滴定时要加入适量稀醋酸，使溶液保持一定的酸性，以减少维生素 C 受碘以外的其他氧化剂的影响。

2. 为尽量减少因维生素 C 被空气中的 O_2 氧化而引起的误差，三份样品不宜同时溶解，应溶解一份，滴定一份。

五、思考题

1. 为何要用新沸的冷水溶解样品，而且要溶解一份滴定一份？
2. 若在碱性条件下测定，会造成分析结果偏高还是偏低？

六、数据记录与处理

表 7-7 数据记录与处理

滴定份数	Ⅰ	Ⅱ	Ⅲ
I_2 标准溶液初读数 V_1(ml)			
I_2 标准溶液终读数 V_2(ml)			
消耗体积 $\Delta V(I_2)$(ml)			
$\omega(C_6H_8O_6)$(%)			
$\omega(C_6H_8O_6)$平均值(%)			
相对平均偏差 $R\bar{d}$(%)			
相对标准偏差 RSD（%）			

碘标准溶液浓度的计算式为：

$$\omega_{C_6H_8O_6} = \frac{c_{I_2} \times V_{I_2} \times M_{C_6H_8O_6}}{m_S} \times 100\%$$

答案解析

练习题

一、填空题

1. 氧化还原滴定法是以________反应为基础的滴定分析方法。

2. 标定 $KMnO_4$ 标准溶液常用基准物质____________，标定时用____________调节溶液酸度，滴定过程中保持溶液温度不低于____________。

3. 间接碘量法误差的主要来源有____________、____________。

4. 配制 $Na_2S_2O_3$ 标准溶液时，加入少许____________使溶液呈弱碱性，使用____________的蒸馏水，配好的溶液贮存于____________试剂瓶中。

5. 在盐酸酸性环境下进行，芳香族伯胺和亚硝酸钠作用发生____________；芳香族仲胺和亚硝酸钠作用发生____________。芳伯胺、芳仲胺与 $NaNO_2$ 的化学计量关系均为____________。

二、选择题

（一）单项选择题

1. 下列不属于氧化还原滴定法的是（ ）

A. 高锰酸钾法　B. 碘量法　C. 亚硝酸钠法　D. 银量法

2. 下列标准溶液中，测定物质含量时不需另加指示剂的是（ ）

A. 高锰酸钾　B. 氢氧化钠　C. 醋酸　D. 亚硝酸钠

3. 间接碘量法应控制的条件是（ ）

A. 强酸性条件　B. 强碱性条件　C. 中性或弱酸性条件　D. 什么条件都可以

4. 下列有关淀粉指示剂的应用不正确的是（ ）

A. 配制指示剂以选用直链淀粉为好　B. 为了使终点颜色变化明显，溶液要加热

C. 在弱酸性溶液中，I_2 与淀粉反应最灵敏　D. 最好现用现配

5. 标定亚硝酸钠标准溶液常用的基准物质是（ ）

A. 对氨基苯磺酸　B. 氨基苯磺酸　C. 邻苯二甲酸氢钾　D. 碳酸钠

6. 配制 $Na_2S_2O_3$ 标准溶液时加入少量碳酸钠的目的是（ ）

A. 防止亚硝酸钠分解　B. 作为沉淀剂　C. 使溶液颜色变浅　D. 作为稳定剂

7. 配制碘标准溶液时要加入一定量的碘化钾，其作用是（ ）

A. 增加碘的还原性　B. 增加碘在水中的溶解度

C. 增加碘的氧化性　D. 消除碘中氧化性杂质

（二）多项选择题

1. 下列属于氧化还原滴定法的是（ ）

A. 高锰酸钾法　B. 碘量法　C. 亚硝酸钠法

D. 铈量法　E. 重铬酸钾法

2. 亚硝酸钠法测定的对象是（ ）

A. 芳伯胺类化合物　B. 芳仲胺类化合物　C. 亚硝基化合物

D. 强酸性物质　E. 强碱性物质

3. 下列可作为自身指示剂的是（ ）

A. 淀粉指示液　B. $KMnO_4$ 标准溶液　C. I_2 标准溶液

D. 酚酞指示剂　　E. HCl 标准溶液

三、简答题

1. 碘量法的误差来源与减免措施有哪些？
2. 间接碘量法中，何时加入淀粉指示剂？为什么？
3. 硫代硫酸钠标准溶液在配制初期浓度常发生变化，其原因是什么？如何解决？

四、计算题

1. 精密称取 0.1956g 基准试剂重铬酸钾溶于水后加酸酸化，随后加入足量的碘化钾，放置暗处反应 10 分钟，用硫代硫酸钠溶液滴定，消耗了 26.60ml 硫代硫酸钠标准溶液，计算硫代硫酸钠标准溶液的浓度（$M_{重铬酸钾}=294.18g/mol$）。

2. 精密量取双氧水溶液 25.00ml，置于 250ml 容量瓶中稀释至刻线，混匀；精密吸取上述溶液 25.00ml，加硫酸酸化，用 0.02732mol/L 高锰酸钾标准溶液滴定，消耗 35.86ml，计算此试样中双氧水的百分含量（W/V）（$M_{双氧水}=34.00g/mol$）。

书网融合……

本章小结　微课 1　微课 2　题库

第八章

电位分析法

PPT

学习目标

知识目标

1. 掌握 电位分析法定量的理论依据；直接电位法测定离子浓度的原理；电位滴定法的测定原理。

2. 熟悉 常用指示电极和参比电极的结构和特性；电位滴定法判定终点的方法；标准曲线法测定离子浓度的步骤。

3. 了解 离子选择电极的分类及性能。

能力目标

1. 能用电位分析法测定溶液的pH。

2. 能合理选用指示电极，了解其分类方法及性能。

3. 能用 $E-V$ 曲线法确定电位滴定的终点，测定物质的量。

素质目标

培养探索精神、分析问题和解决问题的能力。

情境导入

情境 滴定分析的终点总是通过指示剂来确定的，现有一瓶深棕色酱油，需要测定其总酸，滴定终点pH为8.2，根据GB 5009.235—2016采用酸度计来指示终点。

思考 1. 酸度计的读数是什么参数？

2. 酸度计的读数与溶液中的什么离子浓度相关？

电位分析法是电化学分析法的一个重要组成部分。电化学分析法主要是应用电化学即是利用物质的组成及含量与其电化学性质的关系而建立起来的一类分析方法。根据测量参数不同，分为电位分析法、库伦分析法、极谱分析法和电解分析法。本章重点讲解电位分析法。

第一节　电位分析法概述

一、理论依据

电位分析法又名电势法，是利用原电池的电极电位（电动势）与待测离子的活度（浓度）满足能斯特方程来测定物质含量的分析方法。25℃时，电极电动势与离子活度的能斯特方程如式（8－1）所示。

$$E_{M^{n+}/M} = E^{\ominus}_{M^{n+}/M} + \frac{0.059}{n}\lg\alpha_{M^{n+}} \tag{8-1}$$

如图8－1所示，参比电极、指示电极和待测溶液组成原电池，加上电位计构成基本测量装置。在平衡体系、零电流的条件下，测得该电池电动势为E。该电池电动势与待测离子的能斯特方程如式(8－2)所示，式中参比电极的电极电位($E_{参比}$)和指示电极标准电极电位($E_{参比}$)为常数，合并为常数K。

$$E = E_{参比} - E_{指示} = E_{参比} - \left(E^{\ominus}_{M^{n+}/M} + \frac{0.059}{n}\lg\alpha_{M^{n+}}\right) = K - \frac{0.059}{n}\lg\alpha_{M^{n+}} \tag{8-2}$$

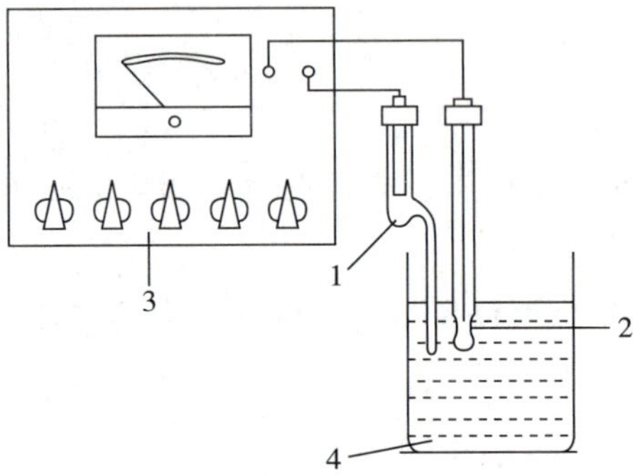

图8－1 电位分析法装置示意图

1. 参比电极；2. 指示电极；3. 电位计；4. 待测溶液

二、分类及特点

根据其不同原理分为直接电位法和电位滴定法，不同方法测量装置稍有变化。

1. 直接电位法 利用能斯特方程，通过测量电池的电动势直接测定离子活度（浓度）的分析方法。

2. 电位滴定法 根据滴定过程中电极电位的突变确定滴定终点的分析方法。

电位分析法具有如下特点。

（1）选择性好，对组成复杂的试样往往不需分离就可直接测定。

（2）灵敏度高，检出限一般为$10^{-8} \sim 10^{-5}$mol/L，可用于微量组分的测定。

（3）应用范围广。电位分析法因仪器设备简单、操作方便、分析快速、不破坏试样、易于实现分析自动化，因此应用范围很广。尤其是离子选择性电极分析法，目前已广泛应用于农、林、渔、牧、地质、冶金、医药卫生、环境保护等各个领域，并已成为重要的测定手段。

三、指示电极和参比电极

（一）参比电极

参比电极是指在一定条件下，电极电位不随待测离子活度的变化而变化的电极。

1. 标准氢电极（SHE） 是一级标准电极。规定它的电位值在任何温度下都是0V，是其他电极电动势的基准值。由于装配复杂，使用不便，标准氢电极一般只在校准时用。

实际工作中最常用的参比电极是甘汞电极和银－氯化银电极。

2. 饱和甘汞电极

（1）甘汞电极的结构 甘汞电极由金属汞、甘汞（Hg_2Cl_2）糊和饱和KCl溶液组成。其构造如图8－2所示。

（2）甘汞电极的电极电位

电极反应：　　　　　　　　　　$Hg_2Cl_2 + 2e \rightarrow 2Hg + 2Cl^-$，

半电池符号：　　　　　　　　　Hg，Hg_2Cl_2(固) | KCl(液)

25℃时其电极电位为：　　　　　$E_{甘汞} = E^{\ominus}_{甘汞} - 0.059\lg\alpha_{Cl^-}$　　　　(8－3)

根据能斯特方程，其电极电位只与 Cl^- 的浓度相关，由于甘汞电极的内参比溶液是饱和 KCl 溶液，一定条件下 Cl^- 浓度几乎不变，带入 25℃饱和氯化钾溶液的氯离子浓度，算得饱和甘汞电极的电极电位为 0.2438V。

3. 饱和银－氯化银电极

（1）银－氯化银电极的结构　银丝表面镀一层氯化银构成银－氯化银电丝，将该电丝浸在饱和 KCl 溶液中即构成了银－氯化银电极。其构造如图 8－3 所示。

（2）饱和银－氯化银电极的电极电位

电极反应为：　　　　　　　　$AgCl + e \rightarrow Ag + Cl^-$

半电池符号：　　　　　　　　Ag，AgCl(固) | KCl(液)

25℃时其电极电位方程式为：$E_{Ag-AgCl} = E^{\ominus}_{Ag-AgCl} - 0.059\lg\alpha_{Cl^-}$，带入 25℃饱和氯化钾溶液中氯离子浓度，算得其电极电位为 0.2000V。

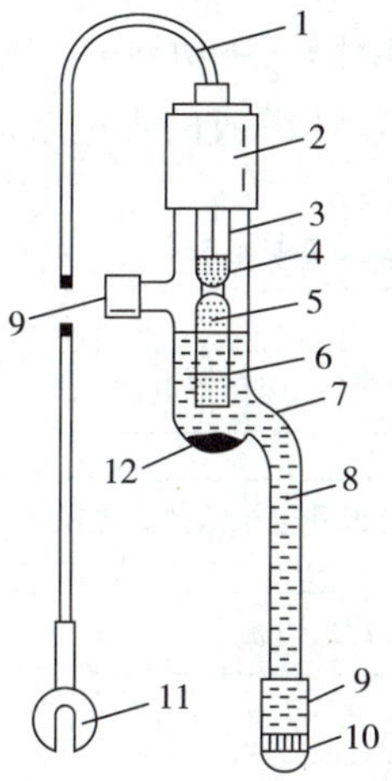

图 8－2　饱和甘汞电极结构

1. 导线；2. 电极帽；3. 铂丝；4. 汞；5. 汞与甘汞糊；6. 棉絮塞；7. 外玻璃管；8. 饱和 KCl 溶液；9. 橡皮塞；10. 石棉丝或素瓷芯等；11. 接头；12. KCl 结晶

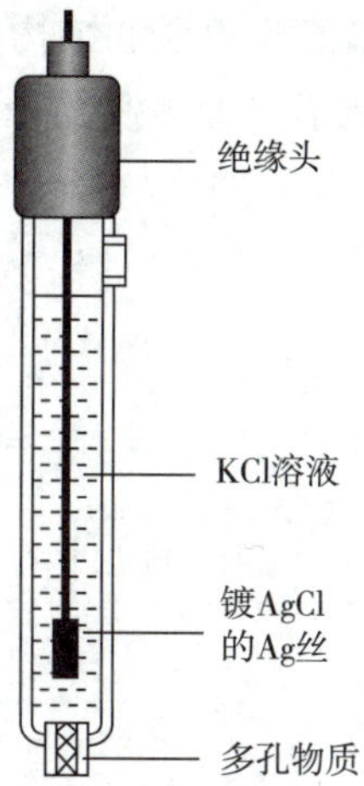

图 8－3　银－氯化银电极结构图

（二）指示电极

在工作电池中，电位随待测离子活度（浓度）的变化而改变的电极称为指示电极。按测定原理不同，可将指示电极分为金属基电极和离子选择性电极两类。

1. 金属基电极　金属基电极是以金属为基体，电极反应基于电子转移。金属基电极按其组成和作用不同分为以下几种。

（1）金属－金属离子电极　由能发生氧化还原反应的金属和该金属离子的电解质溶液组成，称为第一类电极，指示该金属离子的活度（浓度）。

（2）金属－金属难溶盐电极　由金属、金属难溶盐和难溶盐阴离子溶液组成，也称为第二类电极，该电极指示的是难溶盐的阴离子活度（浓度）。例如银－氯化银电极（图 8－3）：将表面镀有氯化银的银丝插入 KCl 溶液中即成电极，指示 Cl^- 活度。

（3）惰性金属电极　由惰性导电材料（如铂、金、石墨等）和含有氧化还原电对（如 Fe^{3+}/Fe^{2+}、

Ce^{4+}/Ce^{3+} 等）离子的溶液组成，也称为零类电极。本身不参加氧化还原反应，为氧化还原反应提供电子转移场所，指示氧化态和还原态离子的活度比。

2. 离子选择性电极 离子选择电极（ISE）又称膜电极，它利用选择性电极膜对溶液中待测离子产生选择性响应，而指示待测离子浓度（活度）。

指示电极有很多，本章着重介绍离子选择性电极。

第二节 离子选择性电极

一、定义、结构及分类

离子选择性电极（ISE）是利用电极膜对待测离子的选择性响应，而指示离子活度（浓度）变化的电极。它并不失去或得到电子，而是选择性让一些离子渗透和交换。

离子选择性电极一般由电极管、敏感膜、支持体、内参比电极和内参比溶液等组成。敏感膜只选择性地对特定离子有响应，是关键部件，由不同敏感材料（如单晶、混晶、液膜、功能膜及生物膜等）制成。按照电极敏感膜组成和结构的不同，将离子选择性电极分类如图 8－4 所示。内参比溶液由一定浓度的电极响应离子（即被测离子）和内参比电极对应阴离子（如 Cl^-）组成的强电解质溶液组成。

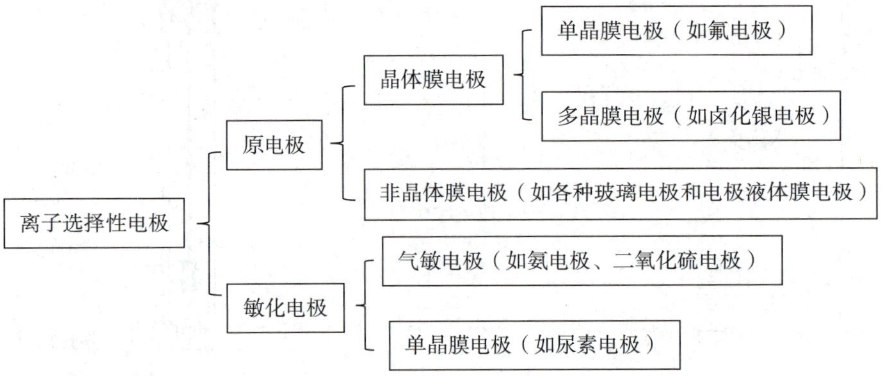

图 8－4 离子选择性电极分类

二、pH 玻璃电极

pH 玻璃电极是非晶体刚性基质膜电极。

（一）pH 玻璃电极的结构

玻璃电极是常用的 H^+ 指示电极。由对 H^+ 有选择性响应的玻璃膜泡、内参比溶液和 Ag－AgCl 电极构成。内参比溶液是 0.1mol/L HCl 溶液。其结构如图 8－5 所示。

（二）pH 玻璃电极的工作原理

玻璃电极之所以能测定溶液的 pH 是由于玻璃膜产生的膜电位与待测溶液的 pH 相关。

如图 8－6 所示，玻璃电极在稀溶液中浸泡后，形成了由中间的干玻璃层和两边的硅胶层组成的三层结构。由于水层和硅胶层 H^+ 活度不同，形成活度差，H^+ 发生扩散，达到平衡后，形成双电层，产生电位差，即相界电位，又叫膜电位。25℃时电极电位为：

$$E_{膜} = \varphi_{外} - \varphi_{内} = 0.059\lg \frac{\alpha_{H^+,外}}{\alpha_{H^+,内}} \quad (8-4)$$

内参比溶液的 H^+ 活度是一定的，$\alpha_{H^+,内}$ 为常数，故

$$E_{膜} = K + 0.059\lg \alpha_{H^+,外} = K - 0.059pH \quad (8-5)$$

由式（8－4）可知，当温度等实验条件一定时，pH 玻璃电极的膜电位与待测试液的 pH 呈线性关系，故常用作溶液 pH 测定的指示电极。

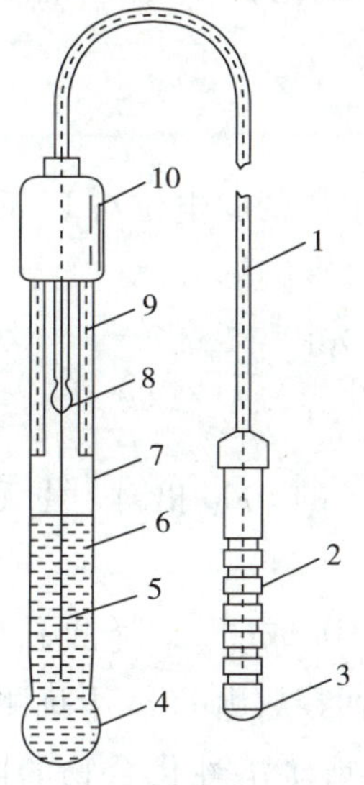

图 8－5　玻璃电极示意图

1. 绝缘屏蔽电缆；2. 高绝缘电极插头；3. 金属接头；4. 玻璃薄膜；5. 内参比电极；6. 内参比溶液；7. 外管；8. 支管圈；9. 屏蔽层；10. 塑料电极帽

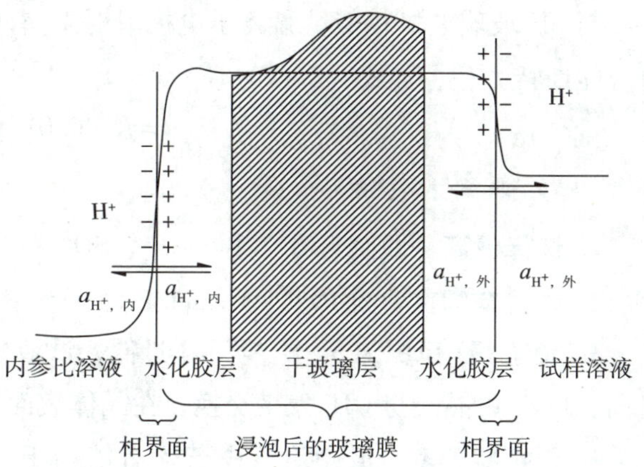

图 8－6　相界电位示意图

（三）pH 玻璃电极的特点

玻璃电极是对 H^+ 有高度选择性，适用范围广，响应快，有如下特点。

1. 斜率　当溶液的 pH 改变一个单位时，引起玻璃电极电极电位的变化值称为电极斜率，用 S 表示。即：

$$S = \frac{\Delta E}{\Delta pH} \quad (8-6)$$

式中，S 的理论值为 $2.303RT/F$，称为能斯特斜率。由于玻璃电极长期使用老化，因此其实际值小于理论值。25℃时，实际斜率若低于 52mV/pH，电极不宜再用。

2. 不对称电位　从理论上讲，当玻璃膜内、外两侧溶液的 H^+ 浓度相等时，内外膜电极电位应相等。但实际上，在膜两侧电极电位总存在 1～30mV 的电势差，这一电势差称为不对称电位。不对称电位是由于制造工艺等原因，使玻璃膜内外两个表面的性能不完全一致造成的。玻璃电极在使用前充分浸泡一定时间（一般 24 小时）后，不对称电势可降至最低，且趋于恒定，同时也使玻璃膜表面充分活化，有利于对 H^+ 产生响应。

3. 酸差和碱差　一般玻璃电极的电极电位只在 $1 \leqslant pH \leqslant 9$ 范围内与 pH 成直线相关。当测定 $pH < 1$ 的强酸性溶液或高盐度溶液时，电极电位比实际的偏高，产生正误差，称为酸差。当测定 $pH > 9$ 的较强碱性溶液时，Na^+ 也同时响应，测定结果偏低，产生负误差，称为碱差。用 Li 玻璃代替 Na 玻璃吹制玻璃膜，pH 测定范围可扩大至 1～14 之间。

4. 使用温度　玻璃电极一般在 5～60℃范围内使用。在较低温度使用时，内阻增大，测定困难；温

度过高，使用寿命下降。并且测定时，标准溶液和被测溶液的温度必须相同。

三、氟离子电极

（一）氟离子电极的结构

氟离子电极是典型的单晶膜电极，与玻璃电极结构相似。内参比电极同为 Ag－AgCl 电极，但内参比溶液变为0.1mol/L NaF 和0.1mol/L NaCl 混合溶液，敏感膜变为氟化镧(LaF_3)单晶膜，单晶膜中掺入少量的氟化铕(EuF_2)和氟化钙(CaF_2)以改善电极的导电性。

（二）氟离子电极的工作原理

与 pH 玻璃电极相似，氟离子电极只对 F^- 有响应，25℃时双电层的膜电位与 F^- 活度$\alpha_{F^-试}$间的关系符合能斯特方程，如式（8－7）所示。

$$E_{F^-}=K-0.059\lg\alpha_{F^-试}=K+0.059pF \quad (8-7)$$

（三）氟离子电极的特点

1. 选择性高 即使当Cl^-、Br^-、I^-、SO_4^{2-}、NO_3^- 等的浓度为 F^- 的1000倍时，也无明显干扰。

2. 线性范围宽 为 $10^{-6}\sim1$mmol/L。

3. 最适 pH 范围为 5～6 若 pH 过低，试液中的 F^- 部分形成 HF 或HF_2^-，降低了 F^- 的活度；若 pH 过高，LaF_3 单晶膜与 OH^- 发生交换，在晶体表面形成 $La(OH)_3$，而释放出 F^-，干扰测定。

4. 干扰离子多 被测溶液中若含有能与 F^- 生成稳定配合物或难溶性化合物的阳离子，如 Al^{3+}、Fe^{3+}、Ca^{2+} 等，会干扰测定，需加入掩蔽剂消除。

第三节 直接电位法

直接电位法装置如图8－1所示，由原电池和电位计组成，原电池由合适的指示电极、参比电极及待测溶液组成。该方法通过测量该原电池电极电位进而测定待测离子活度（浓度），常用于 pH 测定和 F^- 浓度的测定。

一、直接电位法测定溶液 pH

（一）测定原理

pH 玻璃电极作指示电极，饱和甘汞电极(SCE)作参比电极，与待测溶液组成工作电池：pH 玻璃电极｜待测溶液‖饱和甘汞电极(SCE)。现在常用的是复合电极，由玻璃电极和饱和甘汞电极复合而成，如图8－7所示。将电极插入待测溶液中即构成原电池。25℃时，该电极的电极电位为：

$$E=\varphi_{SCE}-\varphi_{玻璃}=\varphi_{SCE}-(K+0.059\lg\alpha_{H^+}) \quad (8-8)$$

由于饱和甘汞电极的电极电位是常数，所以演变为式（8－9）。

$$E=K'-0.059\lg\alpha_{H^+}=K'+0.059pH \quad (8-9)$$

可见，该工作电池的电极电位与试液的 pH 呈线性关系，25℃时，

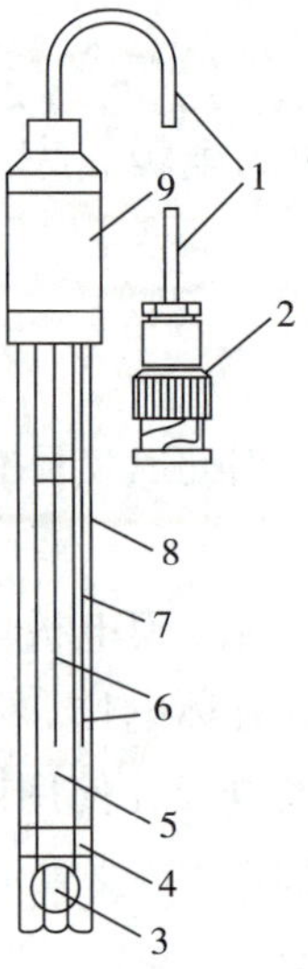

图8－7 复合玻璃电极示意图

1. 导线；2. Q9 型插口；3. 玻璃球膜；4. 液体通道；5. 凝胶化电解质；6. Ag－AgCl 电极；7. 饱和 KCl 液；8. 聚酯外壳；9. 电极帽

直线斜率等于0.059，即溶液 pH 变化一个单位时，电池电动势变化59mV。

（二）测定方法

由于 K 值不易测定，可采用两次法测定。先将电极插入已知 pH(pHs)的标准缓冲溶液作校准，再在相同条件下，插入待测溶液进行测定。两次测量的电池电极电位如下。

$$E_s = K_s + 0.059\ pH_s$$

$$E_x = K_x + 0.059\ pH_x$$

因为测量条件相同，即$K_s = K_x$，两式相减得式（8－10），可知测 pH 无需测量 K 值。

$$pH_x = pH_s + \frac{E_x - E_s}{0.059} \quad (8-10)$$

为了减少测量误差，所用标准缓冲溶液的 pH_s 与待测溶液的 pH_x 要尽量接近，一般 $\Delta pH < 3$。

二、直接电位法测定离子活度

（一）测定原理

对待测离子有特定响应的离子选择性电极（负极）、参比电极（正极）和待测溶液组成原电池。待测离子是阳离子时，该电池的能斯特方程如式（8－11）所示，阴离子时如式（8－12）所示。

$$E = K - \frac{0.059}{n}\lg\alpha_{M^{n+}} \quad (8-11)$$

$$E = K + \frac{0.059}{n}\lg\alpha_{M^{n-}} \quad (8-12)$$

式中，K 为与测量条件和测量装置有关的常数；α_i($\alpha_{M^{n+}}$、$\alpha_{M^{n-}}$)为待测离子的活度。

$\alpha_i = \gamma_i c_i$，c_i、γ_i 分别为待测离子的浓度和活度系数。其中 γ_i 由溶液的离子强度决定，当溶液离子强度一定时，γ_i 是常数，因此测量标准溶液和样品溶液电动势的实验条件必须一样。

为保证测定过程中的活度系数不变，实验时需要加入总离子强度调节缓冲溶液（TISAB）。例如，测 F^- 离子所使用的 TISAB 组成为 1mol/L 的 NaCl(保持较大且稳定的离子强度)，0.25mol/L 的 HAc 和 0.75mol/L 的 NaAc(保持 pH 在5左右)，0.001mol/L 的柠檬酸钠（掩蔽 Fe^{3+}、Al^{3+} 等干扰离子）。

（二）测量方法

以 F^- 测定为例，与 pH 的测定相同，K 是一个难以准确测量的常数，需要用已知 F^- 浓度的溶液来校准。具体定量方法有两种：标准曲线法和标准加入法，本章主要介绍标准曲线法。

标准曲线法：首先在相同条件下，测定标准系列溶液的电极电位，绘制出 $E-\lg c$ 关系曲线，即标准曲线（图8－8）。然后在同样条件下测量待测溶液的电极电位 E_x，最后从标准曲线上查得相对应的 $\lg c_x$，换算成 c_x。

若要用已知标准曲线测定，使用前须用1～2个标准溶液校准，通过后再分析试样。若测量条件变化，应重新测量标准曲线。

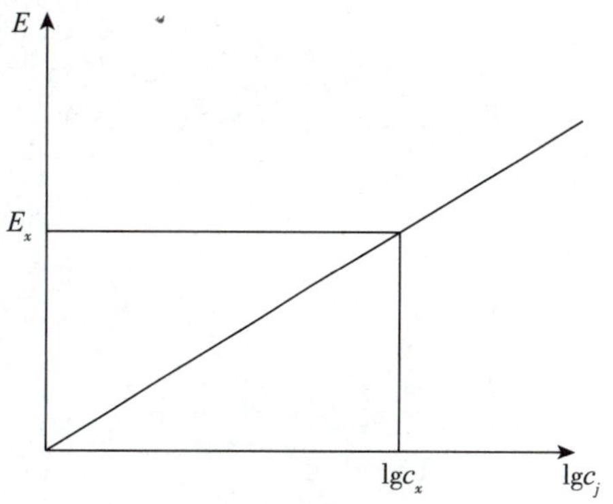

图8－8 标准曲线

三、影响电位测定准确度的因素

影响电位测定准确度的因素主要有测量温度、电动势测量误差、干扰离子、溶液离子强度、pH 以及响应时间等。

1. 测量温度 温度的影响主要表现在对电极的标准电极电位、直线斜率和离子活度的影响。因此测定过程中必须保持温度恒定，标准溶液和样品溶液的测量温度必须一致，才能保证测定的准确度。

2. 电动势测量误差 电动势测量误差 ΔE 与分析结果相对误差 E 的关系：

$$E_r = \frac{\Delta C}{C} = 0.039n \times \Delta E \qquad (8-13)$$

从式（8－13）可以看出，当电动势测量差为 1mV，对于一价离子，浓度相对误差可达 3.9%，对于二价离子，则高达 7.8%。

3. 干扰离子 试液中的共存离子可能在不同程度上影响溶液的离子强度和电极响应时间，进而影响待测离子的活度。可通过加入掩蔽剂或提前分离消除干扰离子影响。

4. 溶液离子强度 直接电位法测出的是溶液中待测离子的活度α_i，但分析结果常用浓度 c_i 表示。$\alpha_i = \gamma_i c_i$，离子活度一般小于浓度。在实际工作中，通过加入总离子强度调节缓冲溶液的方法来消除标准溶液和待测离子活度系数不一致造成的影响。

5. 响应时间 指电极进入试液后达到稳定的电位所需的时间，与待测离子迁移速度、离子活度、共存离子和膜的厚度、膜光洁度等相关。

第四节 电位滴定法及其应用

电位滴定法是通过滴定过程中电极电位的突变来指示终点的方法。在滴定过程中，随着滴定剂的加入，溶液电极电位发生变化，当发生突变时，滴定到达终点。该方法不受溶液的颜色、浑浊度、滴定突越不明显等不利因素限制。

一、电位滴定的装置及基本原理

电位滴定的装置如图 8－9 所示，由直接电位法装置配上磁力搅拌器和滴定管即可。滴定过程中，被测离子浓度不断变化，当到达终点时，待测离子浓度突跃引起电动势突跃，通过突越点确定滴定终点。

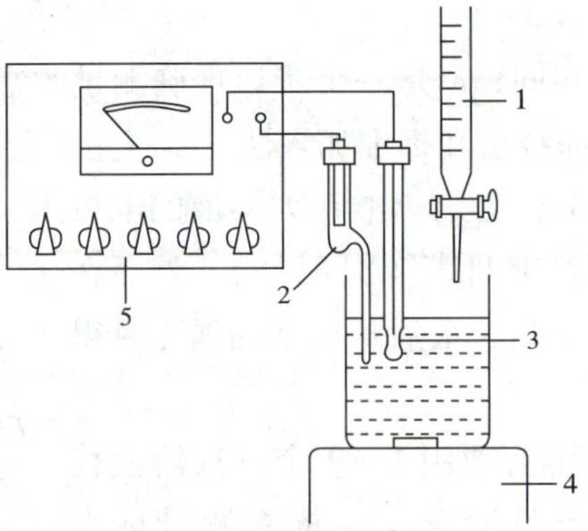

图 8－9 电位滴定装置示意图

1. 滴定管；2. 参比电极；3. 指示电极；4. 磁力搅拌器；5. 电位计

二、电位滴定终点的确定方法

电位滴定法确定终点的方法有 $E-V$ 曲线法、一阶微商法和二阶微商法。

（一）$E-V$ 曲线法

以滴定过程中测得的电池电动势 E 为纵坐标，滴定消耗滴定剂的体积为横坐标，绘制 $E-V$ 曲线。曲线上的拐点（即曲线斜率最大处）所对应的体积即为滴定终点的体积 V_{ep} 如图 8－10（a）所示。

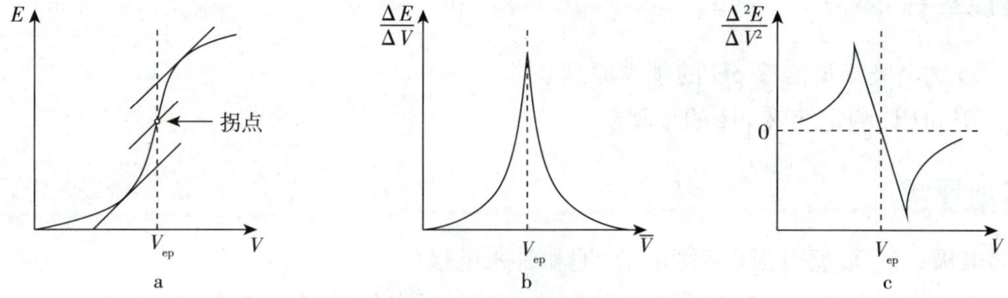

图 8－10 电位滴定法终点示意图

a. $E-V$ 法终点示意图；b. 一阶微商法终点示意图；c. 二阶微商法终点示意图

（二）$\frac{\Delta E}{\Delta V}-\bar{V}$ 曲线法

$\frac{\Delta E}{\Delta V}-\bar{V}$ 曲线法又称一阶微商法或一阶导数法；$\frac{\Delta E}{\Delta V}$是 E 的变化值与相应的加入滴定剂的增量之比。将$\frac{\Delta E}{\Delta V}$对相邻两次加入滴定体积的算术平均值 $\bar{V}$ 作图，可得一峰形曲线，如图 8－9（b）所示，曲线的极大值对应体积即为终点体积 V_{ep}。

（三）$\frac{\Delta^2 E}{\Delta^2 V}-V$ 曲线法

$\frac{\Delta^2 E}{\Delta^2 V}-V$ 曲线法，又称二阶导数法或二级微商法。以$\frac{\Delta^2 E}{\Delta^2 V}$ 为纵坐标，标准溶液加入体积 V 为横坐标，绘制$\frac{\Delta^2 E}{\Delta^2 V}-V$ 曲线，如图 8－9（c）所示，曲线上$\frac{\Delta^2 E}{\Delta^2 V}$ 等于 0 时，对应的横坐标即滴定终点时消耗标准溶液的体积。

三、电位滴定法的应用

电位滴定法的应用也越来越广泛。电位滴定法可用于酸碱滴定、沉淀滴定、氧化还原滴定、配位滴定及非水滴定等。不受滴定突越范围大小、溶液颜色的深浅、溶液是否浑浊等的影响。电位滴定法还可以用于指示剂终点颜色的选择和核对，在滴定前加入指示剂，滴定过程中观察终点前后溶液颜色的变化，确定滴定终点时指示剂的颜色。

不同电位滴定所用电极可能不同，电位滴定法常用电极的选择见表 8－1。

表 8－1 电位滴定法常用电极参考表

滴定反应类型	指示电极	参比电极
酸碱滴定	玻璃电极、锑电极	饱和甘汞电极
沉淀滴定（银盐、卤化物）	银电极、硫化银电极	饱和甘汞电极、玻璃电极
配位滴定	铂电极、汞电极、钙电极等	饱和甘汞电极
氧化还原滴定	铂电极	饱和甘汞电极、钨电极、玻璃电极

实训十八 废水 pH 的测定

微课

一、实训目标

1. 熟悉 玻璃电极测量溶液 pH 的基本原理。

2. 掌握 用 pH 计测定溶液 pH 的步骤。

二、实训原理

复合玻璃电极：(-)玻璃电极‖待测溶液|饱和甘汞电极(+)

以玻璃电极作指示电极、饱和甘汞电极作参比电极，用电位法测定溶液的 pH 时，$E=K+0.059\text{pH}$。由于 K 是无法测量的，故可以利用待测溶液 pH 相近的标准缓冲溶液校准后再测定。如式（8－10）所示：

$$\text{pH}_x=\text{pH}_s+\frac{E_x-E_s}{0.059}$$

式中，pH_x 和 pH_s 分别待测溶液和标准缓冲溶液的 pH；E_x 和 E_s 分别为其相应的电动势。

三、仪器与试剂

1. 仪器 pH 计、烧杯、玻璃棒等。

2. 试剂 标准缓冲溶液（pH＝4.03、6.86、9.18）。

四、实训步骤

（一）酸度计的校正

1. 用蒸馏水清洗电极。

2. 用洁净的滤纸吸去电极上面附着的水（注意不可擦拭）。

3. 使用时，将电极加液口上所套橡胶套和下端的橡胶套全取下，以保持电极内氯化钾溶液的液差。然后将电极放入 pH＝6.86 的标准缓冲溶液中，将功能选择开关拨到“TEMP”位，旋转温度补偿器旋钮将温度调至与被测溶液温度相同。

4. 将功能选择开关拨到“pH”位，调节“定位”电位器，使显示值与 pH＝6.86 标准缓冲溶液当前温度下的标准值一致(pH＝6.86)。

5. 取出电极，用蒸馏水清洗电极，并用洁净的滤纸吸去电极上的水，再放入 pH＝4.03 或 pH＝9.18 的标准缓冲溶液中，pH＝4.03 调节“斜率”电位器，使显示值与 pH＝4.03 或 pH＝9.18 的标准缓冲溶液当前温度下的缓冲溶液标准值一致（pH＝4.03 或 pH＝9.18），校准结束。

（二）未知溶液的测定

1. 将电极用蒸馏水清洗干净，再用滤纸吸去电极上的水。

2. 将电极放入待测液中，显示的值即为未知溶液的 pH。

3. 若测量时溶液的温度与校准温度不一致，则需重新进行温度补偿设置，用温度计测出被测溶液的温度，然后按“温度”键，使温度显示被测溶液的温度，再按“温度”键，即可对被测溶液进行测量。

4. 测量完毕用蒸馏水清洗电极，关闭电源，关上电极加液口上所套橡胶套。

（三）维护与保养

1. pH 复合电极不用时，可在 3mol/L 的氯化钾溶液中充分浸泡，切忌用洗涤液或其他吸水性试剂浸泡。

2. 使用前应检查玻璃电极前端的球泡，球泡内应充满液体，无气泡。

3. 在校正和测定前后均应用蒸馏水将电极充分洗净，并用滤纸吸去电极水分。

4. 测定前校正仪器时，应选择与待测液 pH 接近的标准 pH 缓冲液，pH 相差不应超过 3 个 pH 单位。

5. 电极不能用于强酸、强碱或其他腐蚀性溶液的测定，严禁在脱水性介质如无水乙醇、重铬酸钾中使用。

6. 玻璃膜泡很薄，因此使用时注意勿将其与硬物相碰，防止球泡破碎。

7. 配制标准缓冲溶液时，应用新煮沸过的冷纯净水，pH = 9.18 的标准缓冲溶液应保存在聚乙烯瓶中，一般可保存 2 ~ 3 个月，发现浑浊或沉淀不能继续使用。

8. 使用时，将电极加液口上所套的橡胶套和下端的橡皮套全取下，以保持电极内氯化钾溶液的液压差。

9. 采用两点校准法对酸度计进行校正，校准前应特别注意待测溶液的温度。以便正确选择标准缓冲液，并调节面板上的温度补偿旋钮，使其与待测溶液的温度一致。电极在空气中暴露超过半小时，要对酸度计进行重新校正。

10. 清洗电极后，不要用滤纸擦拭玻璃膜，而应用滤纸吸干，避免损坏玻璃薄膜，防止交叉污染，影响测量精度。

五、实训记录

表 8－2　实训记录

样品	测量次数		
	1	2	3
pH			

六、思考题

1. 测定样品溶液的 pH 时，如何选择校正酸度计的标准缓冲溶液？

2. 使用 pH 复合玻璃电极时应注意哪些问题？

实训十九　酱油中氨基酸态氮的测定

一、实训目的

1. 掌握　电位滴定法的基本操作。

2. 熟悉　电位滴定确定终点的基本原理；运用电位滴定法测定酱油中氨基酸态氮的方法。

二、实训原理

利用氨基酸的两性作用，加入甲醛以固定氨基的碱性，使羧基显示出酸性，用氢氧化钠标准溶液作滴定剂，以酸度计测定终点。

三、仪器与试剂

1. 仪器 酸度计（附磁力搅拌器）、10ml 微量碱式滴定管。

2. 试剂 纯水、36%～38%甲醛溶液（不含聚合物，没有沉淀且溶液不分层）、0.05mol/L 氢氧化钠标准溶液、10g/100ml 酚酞溶液、乙醇。

四、实训步骤

1. 精密移取 5.00ml 酱油于 100ml 容量瓶中，加水稀释至刻度，摇匀备用。

2. 精密量取上述酱油溶液 20.00ml 于 200ml 烧杯中，加 60ml 水。

3. 开动磁力搅拌器，用氢氧化钠标准溶液[$c_{NaOH}=0.050mol/L$]滴定至酸度计指示 pH 为 8.2，记下消耗氢氧化钠标准滴定溶液的体积，可计算总酸含量。

4. 加入 10.0ml 甲醛溶液，混匀，再用氢氧化钠标准滴定溶液继续滴定至 pH 为 9.2，记下消耗氢氧化钠标准滴定溶液的体积 V_1。

5. 同时取 80ml 水，先用氢氧化钠标准溶液[$c_{NaOH}=0.050mol/L$]调节至 pH 为 8.2，再加入 10.0ml 甲醛溶液，用氢氧化钠标准滴定溶液滴定至 pH 为 9.2，做试剂空白试验，记下消耗氢氧化钠标准溶液体积 V_2。

五、数据记录与处理

$$X_1=\frac{(V_1-V_2)\times C\times 0.014}{V\times\frac{V_3}{V_4}}\times 100$$

式中，X_1，试样中氨基酸态氮的含量，单位为 g/100ml；V_1，测定用试样稀释液加入甲醛后消耗氢氧化钠标准滴定溶液的体积，单位为 ml；V_2，试剂空白试验加入甲醛后消耗氢氧化钠标准滴定溶液的体积，单位为 ml；C，氢氧化钠标准滴定溶液的浓度，单位为 mol/L；0.014，1.00ml 氢氧化钠标准滴定溶液[$C_{NaOH}=1.000mol/L$]相当的氮的质量，单位为 g；m，称取试样的质量，单位为 g；V，吸取试样的体积，单位为 ml；V_3，试样稀释液的取用量，单位为 ml；V_4，试样稀释液的定容体积，单位为 ml；100，单位换算系数。

计算结果保留两位有效数字。

答案解析

练习题

一、选择题

（一）单项选择题

1. 电位滴定法中用 E－V 曲线法确定滴定终点时，滴定终点应为（　）

A. 曲线最高点　　B. 曲线拐点

C. 曲线最低点　　D. 曲线与纵坐标零线交点

2. 用一般玻璃电极测 pH ＜ 1 的溶液时会产生（　）

A. 酸差　　B. 钠差　　C. 偏差　　D. 碱差

3. 普通玻璃电极的应用范围是（　）

A. pH 10～12　　B. pH 1～9　　C. pH 0.2～0.7　　D. pH 0～1

4. 为了消除不对称电位，玻璃电极在使用前一般应预先在纯化水或稀酸中浸泡（　）

A. 30 分钟　　B. 8 小时　　C. 12 小时　　D. 24 小时

5. 饱和甘汞电极可简写为（　）

A. SHE　　B. EDTA　　C. SCE　　D. GE

6. pH 玻璃电极对以下离子中，有选择性响应的是（　）

A. 氟离子　　B. 氯离子　　C. 氢离子　　D. 铜离子

7. 电位滴定法是根据（　）的变化来确定滴定终点的

A. 指示剂颜色变化　　B. 电极电位大小　　C. 电极电位突跃

（二）多项选择题

1. 常见的参比电极有（　）

A. 玻璃电极　　B. 饱和甘汞电极　　C. 饱和银－氯化银电极

D. 标准氢电极　　E. 铂电极

2. 用 pH 计可以测定（　）体系的 pH

A. 水溶液　　B. 有色溶液

C. 浑浊溶液　　D. 具有氧化或还原物质的溶液

E. 有机溶液

3. 直接电位法测定溶液的 pH 常选的电极是（　）

A. 玻璃电极　　B. 银－氯化银电极

C. 饱和甘汞电极　　D. 氢电极

E. 氟电极

三、简答题

1. 请简述 pH 玻璃电极使用注意事项。

2. 请简述测定 pH 的步骤。

四、计算题

测定未知溶液的 pH，用 pH 等于 5.50 的缓冲溶液时，在 298K 时用酸度计测得电池的电动势为 0.168V，在相同条件下测得未知溶液的电池电动势为 0.336V，计算未知溶液的 pH。

书网融合……

本章小结　　微课　　题库

第九章

紫外－可见分光光度法

PPT

学习目标

知识目标

1. 掌握　朗伯－比尔定律、分光光度计的基本结构、分光光度法定量分析的基本流程。
2. 熟悉　偏离朗伯比尔定量的因素、定量分析条件的筛选。
3. 了解　物质对光的选择性吸收、紫外吸收光谱法及其应用。

能力目标

1. 能够正确使用分光光度计。
2. 能够正确绘制吸取曲线，并根据吸收曲线选择最大吸收波长。
3. 能够正确应用分光光度法测定样品中某成分的含量。

素质目标

通过本章物质对光的选择性吸收由物质的本身的结构决定，讲述内因与外因的辩证关系，激励学生独立自强，通过自身努力改变命运；通过溶液的配制、分光光度计的使用等操作，培养认真严谨的工作作风；通过滤纸的选用、点样、显色与检视等操作，培养审美意识和实事求是的科学精神。

情境导入

情境　测定亚硝酸含量时，加入了显色剂后生成紫色化合物，化合物颜色的深浅与亚硝酸盐含量呈正相关。

思考　1. 为什么亚硝酸盐生成的化合物呈紫色？

2. 为什么颜色的深浅与亚硝酸盐浓度呈正相关？

分光光度法，也叫吸光光度法，是通过被测物质对不同波长的光选择性吸收的特征，进行定性和定量分析的方法。分光光度法的应用光区包括紫外区、可见区和红外区，常用到的是紫外－可见光区，其对应方法称为紫外－可见分光光度法。

第一节　光谱分析法概述

一、电磁辐射与电磁波谱

电磁辐射是以电磁波的形式在空间不需任何介质传播的能量粒子流。它具有波粒二象性，即波动性和微粒性。光是一种电磁辐射，它的波动性体现在：光以光波的形式传播，能够产生折射、反射、干涉、偏振和衍射等现象；微粒性体现在：光是具有能量的粒子流，可产生吸收、发射等现象。

1. 波动性 通常用频率 γ、波长 λ 和波数 σ 描述光的波动性。波长是一个振动周期内传播的距离；即在波形图中，相邻两个波峰或者波谷的直线距离。频率是光波在 1 秒内完成周期性变化的次数。波长和频率之间的关系为：

$$\gamma = \frac{c}{\lambda} \tag{9-1}$$

如图 9－1 所示，从 γ 射线到无线电波虽然都是电磁辐射，但它们波长越来越长，能量越来越低。紫外光波长为 200～400nm；可见光是人眼能感知的光，波长为 400～760nm。

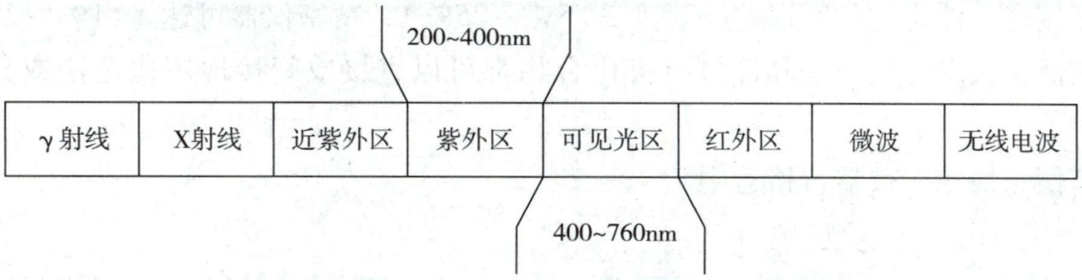

图 9－1 电磁波谱示意图

2. 微粒性 光是电磁波，由一颗颗带有能量的光子组成，光子的能量与频率成正比。光的能量与频率和波长的关系如式（9－2）所示。

$$E = h\gamma = \frac{hc}{\lambda} \tag{9-2}$$

式中，h 为普朗克常量，$6.626 \times 10^{-34}\mathrm{J \cdot s}$；$c$ 为光传播速度。该式将光的波粒二象性有机地联系起来。式中可知波长与能量成反比，波长越长能量越低，反之亦然。

二、物质对光的选择性吸收

只含有一个波长的光是单色光，例如 254nm 的光；含有多个波长的光是复色光，例如白炽灯光、太阳光，它是由红、橙、黄、绿、蓝、靛、紫等颜色的光按照一定的比例复合而成。若两种颜色的单色可见光按一定强度比例混合可成为白光，这两种单色光称为互补色光。由图 9－2 可知，黄光和蓝光为互补色光，红光和青光为互补色光。

图 9－2 光的互补色示意图

当一束白光照到物质表面，物质对光产生吸收、反射、折射、透过的程度不同而呈现不同的颜色。物质吸收某种颜色的光，它将呈现这种颜色的互补色。树叶吸收了紫色光而显绿色，硫酸铜溶液吸收了黄色光而显蓝色。

即学即练

请思考为什么树叶会选择性吸收紫色光，硫酸铜溶液会吸收黄光呢？

参考答案

物质电子处于能量最低的状态是基态（E_0），能量更高的是激发态（E_1）。光照射在物质表面，光的辐射场与物质的电场作用，当光的辐射能恰好等于物质的电子基态与激发态能量之差 ΔE 时，物质吸收该波长光的能量从基态跃迁到激发态。由于分子、原子或离子的能级是量子化的，不连续的，吸光物

质只吸收能量值为 ΔE 的光子，因此，物质对光的吸收是选择性的。

$$\Delta E = E_1 - E_0 = h\gamma = \frac{hc}{\lambda} \tag{9-3}$$

三、紫外－可见分光光度法的特点

分光光度法与滴定分析法和重量分析法相比有以下特点。

（1）主要应用于测定试样中微量组分的含量。

（2）灵敏度高。测定下限可达 $10^{-6} \sim 10^{-5}$mol/L。

（3）准确度较高。测定的相对误差一般为 ±（5% ~25%），精密仪器可达 ±（1% ~2%）。

（4）应用广泛。大多无机离子和许多有机化合物都可以直接或间接地用比色法或分光光度法进行测定。

（5）操作简便、快速，仪器价格适中。

第二节　紫外－可见分光光度法的基本原理

一、透光率和吸光度

当一束平行的单色光垂直照射到均匀、非散射的溶液时，一部分光被吸收，一部分透过溶液，还有很少一部分被反射（因太少被省略掉）。I_0 为入射光强度，I_a 为溶液吸收光的强度，I_t 为透过光的强度。则：

$$I_0 = I_a + I_t \tag{9-4}$$

当入射光强度 I_0 一定时，溶液吸收光的强度 I_a 越大，则溶液透过光的强度 I_t 越小，表明溶液对光的吸收程度越大。

透射光的强度 I_t 与入射光的强度 I_0 之比称为透光率，用 T 表示：

$$T = \frac{I_t}{I_0} \tag{9-5}$$

透光率的负对数称为吸光度，用符号 A 表示。

$$A = -\lg T = \lg \frac{1}{T} = \lg \frac{I_0}{I_t} \tag{9-6}$$

式（9－6）表明，A 越大，溶液对光的吸收越多。

二、朗伯－比尔定律

1. 朗伯定律　1760 年，朗伯在研究溶液对光的吸光度与有色溶液的液层厚度关系中发现，当一束平行的单色光垂直通过某一含有吸光物质的溶液时，在入射光的波长、强度以及溶液温度等条件不变的情况下，溶液的吸光度（A）与溶液的液层厚度（L）成正比。其数学表达式为：

$$A = K_1 L \tag{9-7}$$

1852 年，比尔在研究溶液对光的吸光度和溶液的浓度之间的关系时，当一束平行的单色光垂直通过某一含有吸光物质的溶液时，在入射光的波长、强度以及溶液温度等条件不变的情况下，溶液的吸光度与溶液的浓度呈正比。其数学表达式为：

$$A = K_2 c \tag{9-8}$$

2. 朗伯－比尔定律 同时考虑液层厚度和溶液浓度对吸光度的影响，就把朗伯定律和比尔定律合起来，称为朗伯－比尔定律，即光的吸收定律，其表达式为：

$$A = KcL \tag{9-9}$$

朗伯－比尔定律是吸收光谱的基本定律，是描述物质对单色光吸收的强弱与吸光物质的浓度和液层厚度间关系的定律，是分光光度法定量分析的依据和基础。使用过程中有如下几点注意事项。

（1）朗伯－比尔定律适用范围 不但适用于有色溶液，也适用于无色溶液以及固体和气体的非散射均匀体系；不仅适用于紫外光、可见光，也适用于红外光。

（2）朗伯－比尔定律适用的前提条件 ①入射光是单色光；②溶液是稀溶液（浓度小于0.01mol/L）；③在吸收过程中，吸收物质之间不能发生相互作用。

（3）吸光度具有加和性 当溶液中有多种吸光物质，且这些物质没有相互作用，则溶液对某波长的光的总吸光度等于溶液中各吸光物质吸光度之和，即吸光度具有加和性；这是进行多组分测定的理论基础。

$$A_{总} = A_1 + A_2 + A_3 + \cdots + A_n = K_1c_1L_1 + K_2c_2L_2 + K_3c_3L_3 + \cdots + K_nc_nL_n = \sum_{i=1}^{n} A_i \tag{9-10}$$

三、吸光系数

朗伯－比尔定律中的 K 为吸光系数，其物理意义是吸光物质在单位浓度及单位液层厚度时的吸光度，它与吸光物质的性质、入射光波长、温度、溶剂等因素相关。同一物质，波长、温度和溶剂等条件不变时，吸光系数是常数，表明该物质在某一条件下的吸光能力，吸光系数越大表明物质对该波长的光吸收能力越强，定量分析的灵敏度愈高。同一波长，不同物质吸光系数可能不同，所以吸光系数是定性和定量分析的依据。

吸光系数有摩尔吸光系数和百分吸光系数两种表示方式。

1. 摩尔吸光系数 摩尔吸光系数是指在一定波长下，溶液浓度为1mol/L，厚度为1cm时的该溶质的吸光度，用 ε 表示，单位为L/(mol·cm)，此时式（9－9）变为：

$$A = \varepsilon cL \tag{9-11}$$

一般而言，ε 大于 10^4L/(mol·cm)为强吸收，小于 10^2L/(mol·cm)为弱吸收，介于二者之间为中强吸收。

2. 百分吸光系数 百分吸光系数是指在一定波长处，溶液浓度为1g/100ml，液层厚度为1cm时的吸光度，用 $E_{1cm}^{1\%}$ 表示，单位为100ml/(g·cm)，则式（9－9）变为

$$则\quad A = E_{1cm}^{1\%} cL \tag{9-12}$$

$E_{1cm}^{1\%}$ 与 ε 换算关系式为：

$$\varepsilon = E_{1cm}^{1\%} \frac{M}{10} \tag{9-13}$$

式中，M 为吸光物质的摩尔质量，单位g/mol。

例9－1 某化合物的摩尔质量为100g/mol。摩尔吸光系数 2.0×10^5L/(mol·cm)，配制该化合物1L，稀释100倍后，于1.00cm吸收池测得吸光度为0.528，求配制1L溶液需要该化合物的质量是多少?

解： 已知 $M = 100$g/mol，$L = 1.00$cm，$\varepsilon = 2.0 \times 10^5$L/(mol·cm)，$A = 0.528$，$V = 1$L，稀释倍数 $D = 100$。

将浓度 $c = \frac{m}{MVD}$ 带入公式 $\varepsilon = \frac{A}{CL}$ 得到

$$m=\frac{AMVD}{\varepsilon L}=\frac{0.528\times100\text{g/mol}\times1\text{L}\times100}{2.0\times10^{5}\text{L/(mol}\cdot\text{cm)}\times1\text{cm}}=0.0264\text{g}$$

答：需要该化合物的质量为0.0264g。

四、吸收光谱

当溶液的浓度和液层厚度一定时，测定物质在不同波长 λ 下的吸光度 *A*，以 λ 为横坐标，*A* 为纵坐标，绘制成的曲线称为吸收光谱曲线，又称为吸收曲线或吸收光谱。

吸收曲线上，吸收值比相邻点都高的点是吸收峰，该点对应的波长是最大吸收波长（λ_{max}）；吸收值比相邻点都低的点是吸收谷，该点对应的波长是最小吸收波长（λ_{min}）；吸收峰旁像肩的小曲折称为肩峰（λ_{sh}）；在吸收曲线上波长最短处，产生的较强且不成峰形的吸收叫末端吸收，如图 9－3 所示。

如图 9－3 所示，不同浓度的同一物质，吸收光谱基本一致，λ_{max}、λ_{min} 和 λ_{sh} 等特征吸收基本相同。如图 9－4 所示，不同的物质，吸收光谱不一致，λ_{max}、λ_{min} 和 λ_{sh} 可能会不同，因此可以用吸收光谱图作物质定性鉴别的依据。

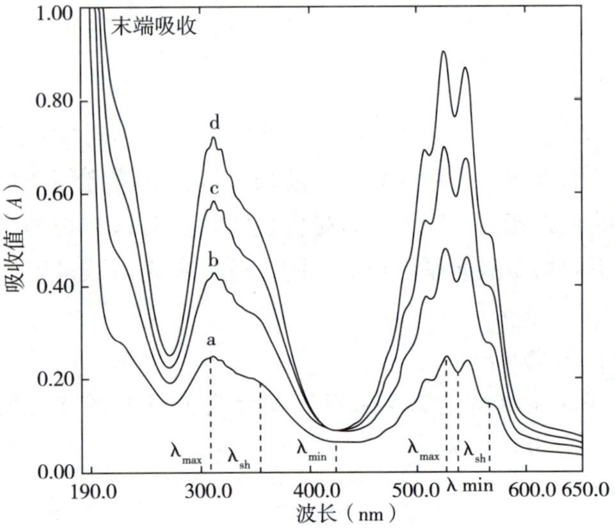

图 9－3　不同浓度高锰酸钾的吸收光谱图

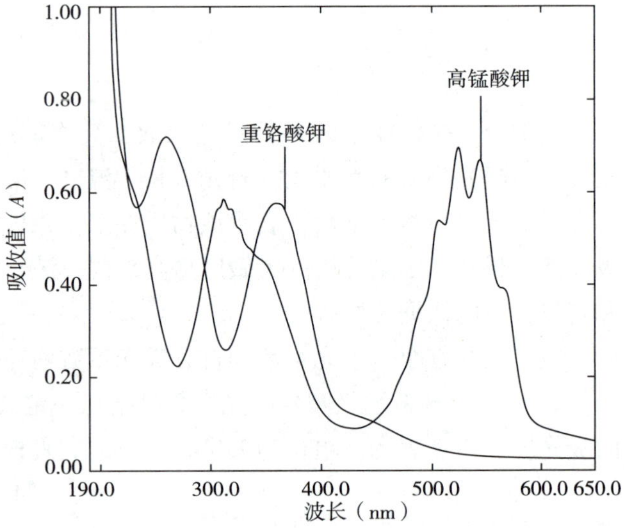

图 9－4　高锰酸钾和重铬酸钾吸收光谱图

五、偏离朗伯－比尔定律的主要原因

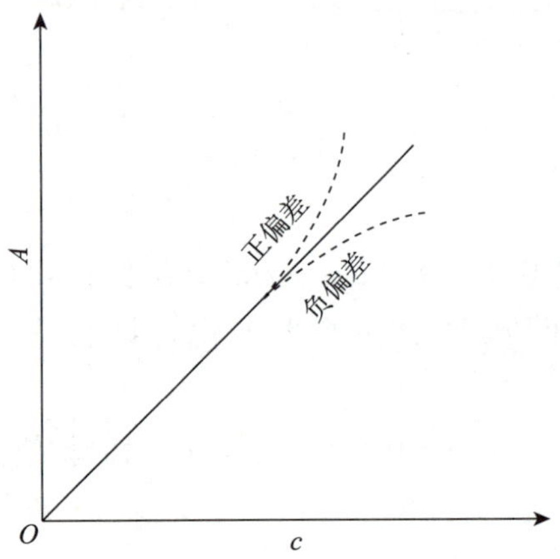

图 9－5　*A*－*c* 曲线偏离朗伯－比尔定律示意图

根据朗伯－比尔定律，当液层厚度 *L* 不变时，以吸光度对浓度 *c* 作图，应得到一条过原点的直线，但在实际工作中，时常汇出一条向上或者向下弯曲的曲线，如图 9－5 所示。这种弯曲对定量分析将会引起较大的误差。导致偏离朗伯－比尔定律的主要原因有以下几种。

（一）光学因素

1. 非单色光的影响　朗伯－比尔定律适用于单色光，而实际工作中没有纯粹的单色光，目前的单色光只是波长范围较窄的复合光，由于吸光物质对不同波长的光吸光系数的不同，导致对朗伯－比尔定律的偏离。若在工作波长范围内，吸光物质的吸光系数变化越大，偏离就越明显。

2. 入射光的非平行入射、反射、散射等也会引起对朗伯-比尔定律的偏离。

（二）化学因素

1. 溶液浓度过高引起的偏离 朗伯-比尔定律适用于稀溶液，当溶液浓度过高，物质粒子间间距减小，粒子相互作用增大，导致物质的吸光系数改变，引起对朗伯-比尔定律的偏离。

2. 介质不均匀引起的偏离 朗伯-比尔定律适用于均匀体系，若溶液是胶体溶液、悬浊液、乳浊液等不均匀体系，光射入体系后，一部分光被吸收，另一部分光则因散射而损失，使吸光度虚高造成偏离。

3. 化学变化引起的偏离 吸光物质因外界因素产生解离、缔合、互变异构、溶剂化、配合等使其结构发生变化，引起吸光系数变化，导致偏离朗伯-比尔定律。

（三）仪器因素

由于仪器的光源不稳定、实验条件偶然变化、吸收池厚度不均匀等问题，都会引起吸光度测定不准确，导致偏离朗伯-比尔定律。

第三节 紫外-可见分光光度计

一、基本组成

紫外-可见分光光度计是测定物质在紫外-可见光区吸光度的仪器，大致由五个基本部分组成，即光源、单色器、吸收池、检测器和信号处理显示系统。

（一）光源

光源的作用是能发射强度足够而且稳定的连续光谱，且其辐射能量随波长的变化尽可能小。常用的光源有热辐射光源和气体放电光源两种。热辐射用于可见光区，如钨灯、卤钨灯。发射光能的波长覆盖较宽，但紫外区较弱。通常用于波长大于350nm的可见区光源。气体放电等用于紫外区，如氢灯或氘灯。常用作150～400nm范围内的光源。氘灯虽比氢灯昂贵，但发光强度和灯的使用寿命比氢灯增加2～3倍，现在仪器多用氘灯。

（二）单色器

单色器是能从光源的复合光中分出单色光的光学装置，其主要功能应该是能够产生光谱纯度高的光波，且波长在紫外-可见光区域内任意可调。单色器的性能直接影响入射光的单色性，从而也影响到测定的灵敏度、选择性及校准曲线的线性关系等，是紫外可见分光光度计的关键性部件。

单色器由入射狭缝、准光器（透镜或凹面反射镜使入射光变成平行光）、色散元件、聚焦元件和出射狭缝等几个部分组成。其核心部分是色散元件，起分光作用，主要是棱镜和光栅。其中光栅是利用光的衍射和干涉作用制成的，它可用于紫外、可见和近红外光谱区域，而且在整个波长区域中具有良好的、几乎均匀一致的色散率，且具有适用波长范围宽、分辨本领高、成本低、便于保存和易于制作等优点，所以是目前用的最多的色散元件。

（三）吸收池

吸收池又叫比色皿，用于盛放待测溶液。吸收池一般有玻璃和石英两种材料，玻璃池只能用于可见光区，石英池可用于可见光区及紫外光区。在高精度分析测定中（紫外光区尤其重要），吸收池要挑选配对，使它们的性能基本一致，因为吸收池材料本身及光学面的光学特性以及吸收池光程长度的精确性等对吸光度的测量结果都有直接影响。

（四）检测器

检测器是检测光信号，并将光信号转换为电信号的装置。常见的检测器有光电池、光电管和光电倍增管等。

（五）信号处理与显示器

信号处理显示器的作用是将检测器输出的电信号放大，并通过一些数学运算，将电信号变为数字信号。显示器可由电表指示、数字显示、荧光屏显示、结果打印及曲线扫描等。显示方式一般都有透光率与吸光度，有的还可转换成浓度、吸光系数等显示。

知识链接

紫外可见分光光度计的发展历程

1854 年，杜包斯克（Duboscq）和奈斯勒（Nessler）等人设计了第一台比色计。1918 年，美国国家标准局制成了第一台紫外 - 可见分光光度计。

此后，紫外 - 可见分光光度计经不断改进，使光度法的灵敏度和准确度也不断提高，其应用范围也不断扩大。

现在一方面与色谱分析仪联用，进入高精尖的检测领域；另一方面小型化成为便携式检测仪，进入商品现场监管和工业过程控制等领域。

二、分光光度计的类型

按照光路系统，常见的紫外 - 可见分光光度计大致可分为单光束分光光度计、双光束分光光度计、双波长分光光度计等三种。

（一）单光束分光光度计

单光束分光光度计是最简单的分光光度计，其基本结构如图 9 - 6 所示。由光源发出的复合光经单色器分光，得到所需的单色光照射到参比溶液或样品溶液后，经检测器检测后显示吸光度或者透光率。

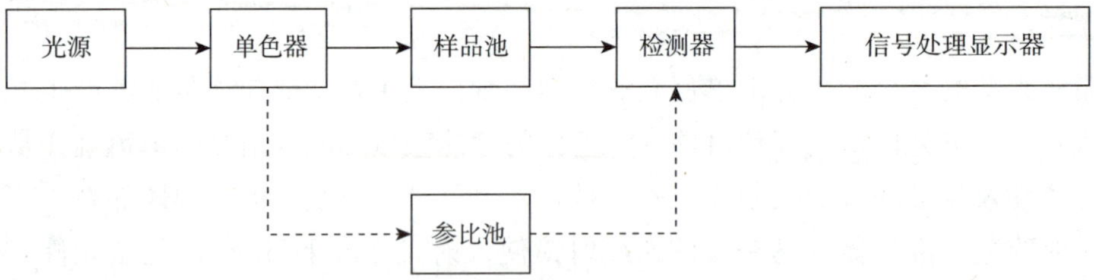

图 9 - 6 单光束分光光度计工作流程示意图

（二）双光束分光光度计

双光束分光光度计中，同一波长的单色光分成两束进行辐射。由单色器分光后的单色光分为强度相等的两束光，分别通过参比溶液和样品溶液，如图 9 - 7 所示。由于两束光是同时通过参比溶液和样品溶液，因此能够自动消除光源强度变化所引起的误差，其灵敏度较好，但结构较复杂，价格较贵。

（三）双波长分光光度计

由同一光源发出的光被分成两束，分别经过两个单色器，得到两束不同波长的单色光，再利用切光

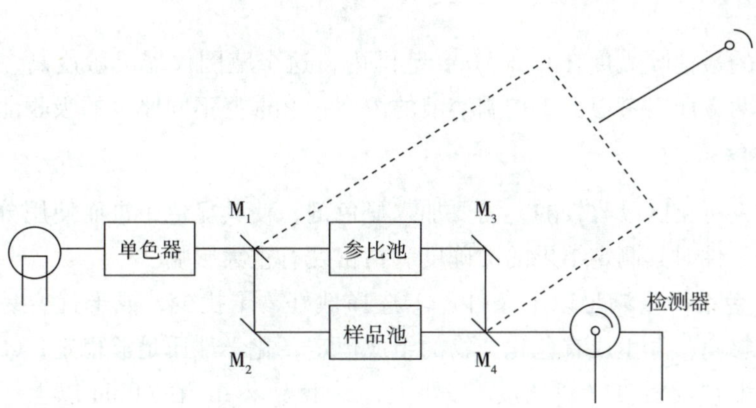

图 9－7 双光束分光光度计工作流程示意图

器使两束不同波长的单色光以一定频率交替照射同一溶液，然后再经过光电倍增管和电子控制系统，经过信息处理，得到两波长处的吸光度差值，如图 9－8 所示。双波长分光光度计一定程度地消除了背景干扰及共存成分的干扰，提高了分析的灵敏度。

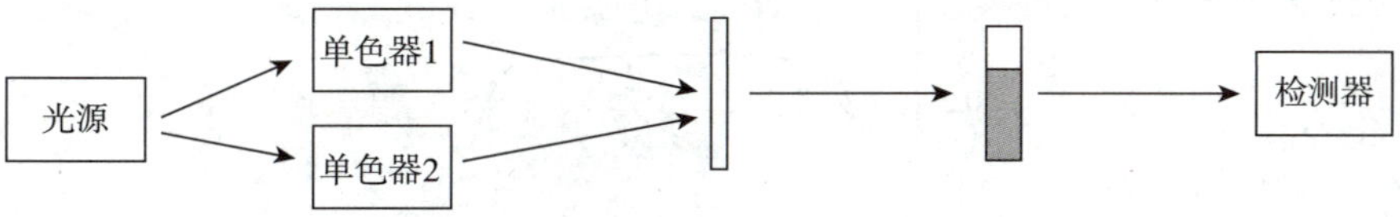

图 9－8 双波长分光光度计工作流程示意图

三、测量条件的选择

（一）吸收波长的选择

为使测量结果获得较高的灵敏度和准确度，吸收波长选择遵从“吸收最大、干扰最小”的原则。①在没有干扰组分时，选择最大吸收波长（λ_{max}）作为测定波长；②若有干扰则选择待测组分吸光系数较大、干扰组分吸光系数较小的波长作为测定波长；③若在最大波长处有干扰时，或者最强吸收处峰形比较尖锐时，不能选择最大吸收波长，可以选择吸收较小、峰形平坦的次强峰或肩峰进行测定。

（二）参比溶液的选择

参比溶液，又称空白溶液，用来调节仪器的零点，是使吸光度为零的相对标准。用来消除溶液中的其他背景干扰，例如溶剂、试剂、样品基质或者吸收池带来的背景干扰。最佳参比溶液应根据分析方法的体系而定，选择的基本原则是参比溶液的吸收能尽可能扣除非待测组分的吸收。合理地选择参比溶液对提高分析结果的准确度有重要作用。参比溶液的种类见表 9－1。

表 9－1 参比溶液类型

参比溶液	适应情况	操作方法	可消除影响
溶剂空白	溶剂有干扰，其他无干扰	溶剂调零	吸收池＋杂散光＋溶剂
试剂空白	显色剂有干扰，其他无干扰	不加待测组分，其他均加	吸收池＋杂散光＋显色剂
试液空白	有离子干扰，显色剂无干扰	不加显色剂，其他均加	吸收池＋杂散光＋干扰离子
试样空白	有离子干扰，又有显色剂干扰	掩蔽试液中的被测物，其他均加	吸收池＋杂散光＋显色剂＋干扰离子

（三）控制吸光度范围

标准溶液和被测试液的最佳吸光度在0.2～0.8范围内，这个范围仪器灵敏度高，溶液吸收曲线不易发生弯曲。可以从以下两方面来考虑：①控制溶液的浓度；②选择不同厚度的吸收池。

（四）显色条件的选择

一些物质本身在紫外-可见区吸收较弱，需要加入显色剂，使其显色，进而使用分光光度法进行定量分析。这部分物质显色条件对其测定结果的准确度和精密度有重大影响。

1. 显色剂的选择 显色剂尽量满足以下条件：①选择性好，干扰少，或干扰容易消除；②生成产物吸光系数大，灵敏度足够高；③生成有色化合物的组成恒定，化学性质足够稳定；④生成有色化合物与显色剂之间的颜色差别即“反衬度（对比度）”要大，一般要求Δλ在60nm以上。⑤显色条件易于控制，重现性好。

2. 显色剂浓度的选择 显色剂的浓度对显色产物的浓度有直接影响，因此显色剂浓度对吸光度有影响。在实验中，显色剂用量对吸光度的影响如图9-9所示，主要有三种情况。

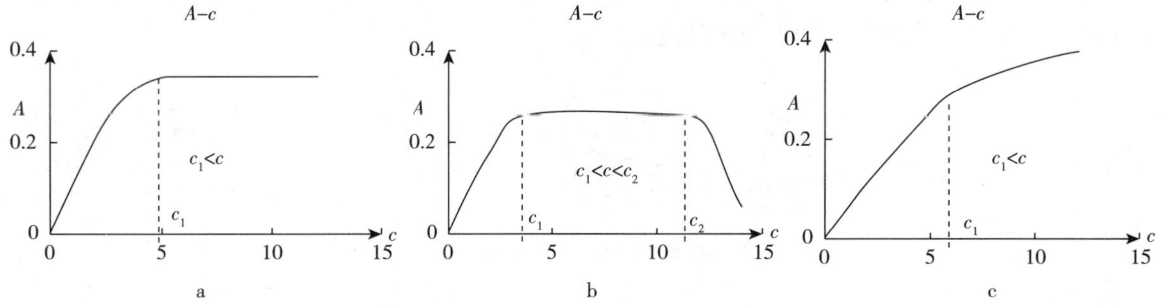

图9-9 显色剂用量对吸光度的影响

（a）曲线中，测定时浓度要大于c_1，如图9-9（a）所示。

（b）曲线中当显色剂浓度继续增大时，吸光度反而下降，此时，必须严格控制显色剂的量，测定时浓度$c_1<c<c_2$，如图9-9（b）所示。

（c）曲线中，当显色剂的浓度不断增大时，吸光度不断增大。此时建议更换显色剂。若不能更换，应严格地控制显色剂的量。如图9-9（c）所示。

3. 显色pH的控制 酸度对显色反应的影响很大，因为溶液酸度直接影响着金属离子、显色剂的存在形式和有色化合物的组成、稳定性等。例如Fe^{3+}可与水杨酸在不同pH条件下，生成配位比不同的配合物。

可见只有控制溶液的pH在一定范围内，才能获得组成恒定的有色配合物，得到正确测定结果。一般选择吸光系数较大，且小范围内吸光系数变化不大的pH，选择如图9-10所示的虚线范围。

4. 显色温度的控制 一般显色反应在室温下进行，但是也有一些反应要加热到一定温度下才能进行。而且还有一些有色配合物在室温下要分解。通过温度对吸光度绘制曲线，选择曲线上宽幅峰值吸收的温度。

5. 显色时间的选择 一般而言，在波长、温度、显色剂浓度不变的情况下显色产物的浓度随着时间延长先显著增加后稳定在峰值（图9-11）。可绘制吸光度与时间关系图，选择吸光度达到宽幅峰值吸收的时间。

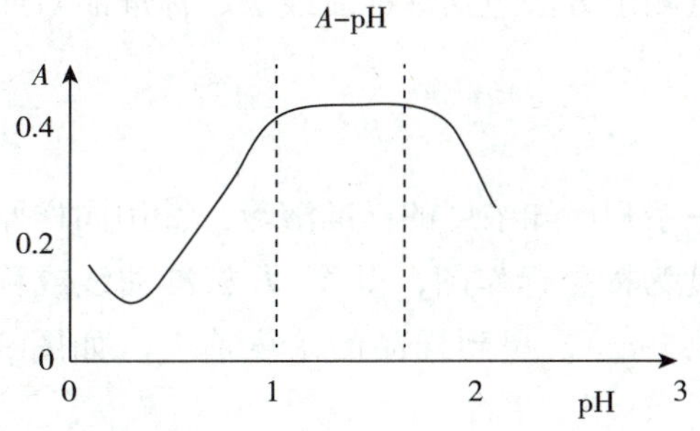

图9－10　pH与吸光度曲线

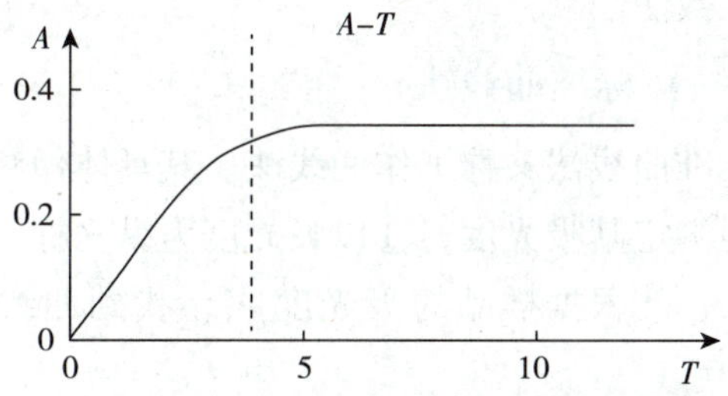

图9－11　吸光度随显色时间变化曲线

第四节　定性和定量分析方法

不同的物质有不同的吸收光谱，某些特征的基团还能产生特征吸收光谱，利用特征吸收光谱，联合红外、核磁、质谱等分析方法可以进行物质的结构鉴定和定性鉴别。利用吸收定律可以进行定量分析。

一、定性分析

（一）比较吸收光谱的一致性

两个相同的物质，其吸收光谱应完全一致。因此，定性鉴别时，将标准品与样品配制成近似浓度的溶液，在相同条件下，分别测定它们的吸收光谱，核对其一致性。若标准品难以获得，且化合物非常稳定，可以参考标准谱图，进行比较对照，只有二者吸收光谱完全一致，才可初步认为是同一物质。若要确证，需联合其他方法。若吸收光谱有差异，则不是同一物质。

（二）比较吸收光谱特征性常数的一致性

定性鉴别中的光谱特征性常数有 λ_{max}，峰值吸收系数 $E_{1cm}^{1\%}$ 和 ε_{max}。峰值吸光系数大，相邻波长的吸收系数变化小，吸光度测量过程中，是定量分析中非常重要的参数。因此，在定性分析中为全面表征光谱特征，化合物的所有波峰、波谷以及肩峰都应同时作为鉴定参数。

吸收光谱是由分子中的特定发色基团决定的，若两个化合物有相同发色基团，则可能有相同的 λ_{max}，但是由于其他结构的不同，λ_{max} 处的 $E_{1cm}^{1\%}$ 和 ε_{max} 可能不同。因此，为了更准确地鉴别物质，通常还要测定峰值吸收系数。例如丙酸睾丸酮和甲睾酮在无水乙醇中的 λ_{max} 均是240nm，但前者的 $E_{1cm}^{1\%}$ 为460，后者却是540，由此可鉴别它们。

（三）比较吸光度（吸光系数）比值的一致性

同一浓度的溶液，在同一比色皿中绘制其吸收谱图，不同波长下的吸光系数比值可以消除浓度和光程长的影响。如果被鉴定物质的吸收峰和标准品一致，且特征吸收处的吸收系数比值在规定范围内，则样品和标准品的分子结果基本相同。例如奥美拉唑在305nm与276nm的波长处应有最大吸收，其吸光度比值应为1.6～1.8。若某注射液有这种特征吸收，很可能是奥美拉唑。

二、定量分析

朗伯－比尔定律是分光光度法定量分析的依据。被测溶液的吸光度与其浓度、液层厚度之间符合 $A=KcL$ 关系式。在符合光的吸收定律条件下，选用 λ_{max} 光作为入射光，对标准溶液和样品溶液在相同条件下测定吸光度，即可计算出被测组分的含量。常用的定量测定方法包括标准曲线法、标准品对照法及吸光系数法。

（一）标准曲线法

标准曲线法又称工作曲线法。其具体做法是：①配制一系列已知浓度的标准溶液；②用同样厚度的吸收池测定其吸光度；③以吸光度为纵坐标，标准溶液浓度为横坐标作图，得 $A-C$ 标准曲线或称为工作曲线；④根据样品的吸光度 A_x，找到曲线上对应点（A_x，c_x），得到样品的浓度值 c_x。如图 9－12 所示。

例 9－2 以邻苯氮菲为显色剂，采用标准曲线法测定微量 Fe^{2+}，根据实验得到标准溶液和样品的吸光度值，求样品的浓度？

表 9－2 标准系列及样品的 $A-c$ 对应值

溶液	标准 1	标准 2	标准 3	标准 4	标准 5	标准 6	样品
浓度 c（10^{-5}mol/L）	1.00	2.00	3.00	4.00	6.00	8.00	c_x
吸光度 A	0.113	0.212	0.336	0.434	0.669	0.868	0.712

解：（1）直接以吸光度为纵坐标，浓度 c 为横坐标，绘制标准曲线如图 9－12 所示。

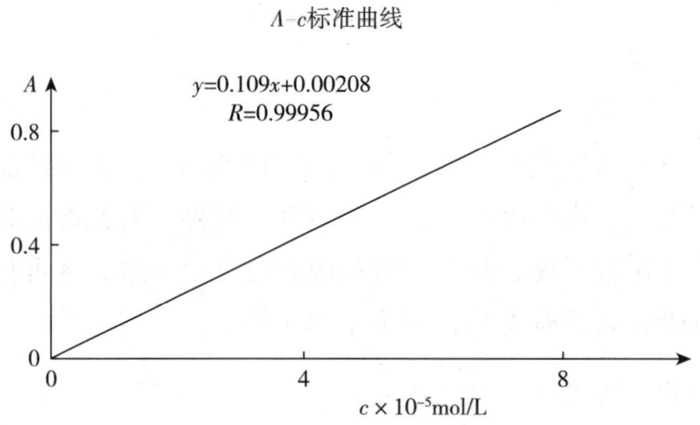

图 9－12 $A-c$ 标准曲线

（2）采用线性回归方程处理，得到回归方程为 $A=2.08\times10^{-3}+1.09c$，r＝0.99956。

将待测溶液吸光度代入回归方程，得到样品浓度为：

$$c_x=\frac{A-2.08\times10^{-3}}{1.09}=\frac{0.712-2.08\times10^{-3}}{1.09}=6.51\times10^{-5}\text{mol/L}$$

答：样品的浓度为 6.51×10^{-5}mol/L。

（二）标准对照法

测定条件一致，当样品溶液和标准溶液浓度非常接近时，可以不用标准曲线法测定样品浓度，利用朗伯－比尔定律，样品的吸光度与浓度之比等于标准品吸光度与浓度之比。样品浓度公式如式（9－14）所示。

$$c_x=\frac{A_x}{A_s}\times c_s \tag{9－14}$$

（三）吸光系数法

当待测物性质比较稳定，吸光系数随其他条件几乎不变，即可使用吸光系数法进行定量分析。吸光系数是物质的物理性常数，可以查阅，以百分吸光系数为例，物质的浓度表达式如式（9－15）所示。

$$c=\frac{A}{E_{1cm}^{1\%}\times L} \quad (9-15)$$

例9－3 维生素B_{12}的水溶液在波长361nm处的$E_{1cm}^{1\%}=207$，用1cm吸收池测得某维生素B_{12}溶液的吸光度为0.414，求该溶液的浓度。（注意：用此吸光系数计算的浓度为百分浓度，即100ml中所含被测组分的质量）

解： 已知$A=0.414$，$E_{1cm}^{1\%}=207$

$$c=\frac{A}{E_{1cm}^{1\%}\times L}=\frac{0.414}{207\times 1}=0.00200\text{g}/100\text{ml}=20.0\mu\text{g/ml}$$

第五节 紫外吸收光谱法简介

紫外吸收光谱法的基础是物质对紫外光选择性吸收，是基于分子中价电子在能级之间的跃迁所产生的吸收，定量分析的依据是朗伯－比尔定律，光源采用氢灯或氘灯，吸收池是石英。

一、有机化合物电子跃迁的类型

紫外－可见吸收光谱是分子内价电子跃迁的结果，不同的化合物由于分子结构不同，电子跃迁的类型就不同，紫外－可见光区的特征吸收不同，因此吸收峰的波长和强度与分子的价电子的跃迁类型有关。在紫外－可见光区域内，价电子跃迁主要有$\sigma-\sigma^*$、$n-\sigma^*$、$\pi-\pi^*$、$n-\pi^*$四种类型，如图9－13所示。

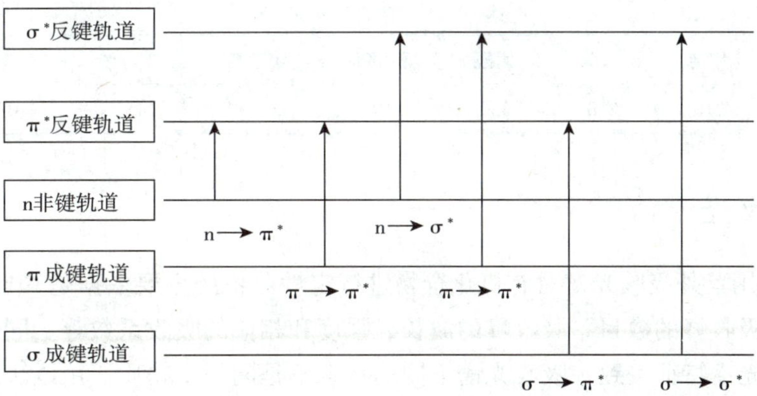

图9－13 电子跃迁类型

1. $\sigma-\sigma^*$跃迁 $\sigma-\sigma^*$跃迁是σ电子从σ成键轨道向σ^*反键轨道的跃迁，这是所有存在σ键的有机化合物都可以发生的跃迁类型，实现$\sigma-\sigma^*$跃迁所需的能量在所有跃迁类型中最大，因而所吸收的辐射波长最短，在小于200nm的真空紫外区。

2. $n-\sigma^*$跃迁 $n-\sigma^*$跃迁是非键的n电子从非键轨道向σ^*反键轨道的跃迁。含有杂原子（如N、O、S、P和卤素原子）的饱和有机化合物，都含有n电子因此都会发生这类跃迁。$n-\sigma^*$跃迁所要的能量比$\sigma-\sigma^*$跃迁小，所以吸收波长会长一些，在200nm附近，但大多数化合物仍在小于200nm，区域内跃迁所需能量随杂原子的电负性不同而变化。一般电负性越大，n电子被束缚得越紧，跃迁所需的能量越大，吸收的波长越短。

3. $\pi-\pi^*$跃迁 $\pi-\pi^*$跃迁是π电子从π成键向π^*反键轨道的跃迁，含有π电子基团的不饱和有机化合物，都会发生$\pi-\pi^*$跃迁，如有双键、三键等有机化合物。$\pi-\pi^*$跃迁所需的能量比$\sigma-\sigma^*$跃迁小，也一般比 n－σ* 跃迁小，所以吸收辐射的波长稍长，一般在200nm附近。

4. n－π* 跃迁 n－π* 跃迁由n电子从非键轨道向π* 反键轨道的跃迁，含有不饱和杂原子基团的有机物分子，基团中既有π电子，也有n电子，就可发生这类跃迁。n－π* 跃迁所需的能量最低，因此吸收辐射的波长最长，一般都在近紫外光区，甚至在可见光区。

在以上四种跃迁类型所产生的吸收光谱中，π－π*、n－π* 跃迁在分析上最有价值，因为它们的吸收波长在近紫外光区及可见光区，便于仪器上的使用及操作，且π－π* 跃迁具有很大的摩尔吸光系数，其吸收光谱受分子结构的影响较明显，应用最广泛。

二、影响紫外吸收光谱的因素

紫外－可见吸收光谱主要取决于分子中价电子的能级跃迁，但分子的内部结构和外部环境都会对紫外－可见吸收光谱产生影响。

1. 共轭效应的影响 共轭效应使共轭体系形成大π键，结果使各能级间能量差减小，跃迁所需能量减小。因此共轭效应使紫外吸收光谱红移，即吸收的波长向长波方向移动，吸收强度也随之加强。随着共轭体系的加长，吸收峰的波长和吸收强度呈规律性地改变。

2. 助色效应的影响 助色效应使助色基团（如OH、SH等取代基）的n电子与发色团的π电子共轭，结果发生红移。

3. 溶剂的影响 溶剂的极性强弱能影响紫外－可见吸收光谱的吸收峰波长、吸收强度及形状。如改变溶剂的极性，会使吸收峰波长发生变化。

溶剂容易产生强烈的末端吸收，所以在使用溶剂时应考虑其截止波长（表9－3）。

表9－3 溶剂截止波长

溶剂名称	水	甲醇	乙醇	丙酮	异丙醇	乙酸乙酯	三氯甲烷	乙醚	苯	四氢呋喃
截止波长（nm）	210	210	210	330	210	260	245	210	280	212

三、紫外吸收光谱法的应用

1. 定性分析 利用紫外吸收光谱对有机化合物进行定性分析的主要依据是其自身的吸收光谱特征，如吸收光谱的形状、吸收峰的数目、吸收峰的波长、强度和相应的吸收系数等。同一测定条件下，结构相同的化合物其吸收光谱特征一致，吸收光谱不同的一定不是同一个物质。用该法进行定性分析通常采用比较的方法进行，即将样品与对照品的紫外光谱进行对照、比较。

2. 结构分析 有机化合物的紫外吸收光谱主要取决于分子中的生色团、助色团以及共轭情况，并不能表现整个分子的特征。所以该方法在进行未知物的结构分析时，通常和其他方法（如红外光谱法、核磁共振光谱法、质谱法等）联合使用。紫外吸收光谱主要用来推测分子骨架、判断共轭关系、估计共轭体系中取代基的种类、数目及位置等。此外，还可用于有机物的各种异构体的判断，如顺反异构体、互变异构体等。

3. 定量分析 紫外－可见分光光度法可用于定量分析的依据是朗伯－比尔定律，即在一定波长处待测物质的吸光度与它的浓度呈线性关系，定量方法有标准对照法、工作曲线法、吸收系数法。

实训二十 亚硝酸盐偶氮化合物吸收光谱的绘制

微课

一、实训目的

1. 绘制亚硝酸盐偶氮化合物的吸收光谱，找到它的最大吸收波长。
2. 掌握紫外－可见分光光度计测定吸光度的操作。

二、实训原理

亚硝酸钠本身没有颜色，但亚硝酸钠依次与对氨基苯磺酸和β萘酚反应后生成了紫红色的偶氮苯物质，该物质在可见光区有最大吸收。

三、仪器与试剂

1. 仪器 721型紫外－可见分光光度计1台、50ml比色管1支、1ml移液管2支、5ml移液管1支。

2. 试剂 5.0μg/ml的亚硝酸钠溶液、4mg/ml的对氨基苯磺酸溶液、2mg/ml的β萘酚溶液。

四、实训步骤

1. 打开紫外－可见分光光度计，预热30分钟。
2. 准确移取5.00ml亚硝酸钠标准溶液于50ml的比色管中，纯化水定容至刻度。
3. 准确加入1.00ml对氨基苯磺酸溶液于第2步溶液中，放置3～8分钟；再准确加入1.00ml β萘酚溶液，放置3～8分钟，待测。
4. 设定波长440nm，进入吸光度测定模式；用纯化水作为参比溶液扣除空白。
5. 更换比色皿，用纯化水做比色皿配对；记下吸光度值A_0。
6. 将配对比色皿中注入待测溶液，测定其吸光度，记下吸光度值A_1。若$A_0 \leq 0.002$，A_1即为该波长下偶氮化合物的吸光度值；若$A_0 > 0.002$，该波长下偶氮化合物的吸光度值$A_1' = A_1 - A_0$。
7. 重复4～6步，测定460、480、500、520、525、530、535、540、545、550、560、580、600、620、660、700nm波长吸光度，绘制$\lambda - A$曲线。
8. 根据$\lambda - A$曲线，找出其λ_{max}。

五、数据记录与处理

1. 数据记录

表9－4 数据记录

λ (nm)	440	460	480	500	520	525	530	535	540
A_0									
A_1									
A_1'									
λ (nm)	545	550	560	580	600	620	640	660	700
A_0									
A_1									
A_1'									

2. 绘制吸收曲线 以吸光度 A 为纵坐标，波长 λ 为横坐标，绘制 $A-\lambda$ 吸收曲线。可手工绘制标准曲线，也可用计算机的电子表格（Excel）进行数据处理。

六、注意事项

1. 仪器必须预热30分钟以上。
2. 手持比色皿毛面，比色皿光面对准光路。
3. 更换比色皿中溶液时，一定要用待测液润洗比色皿三次以上。
4. 比色皿中溶液高度为比色皿高度的2/3～3/4，不可盛满。
5. 比色皿使用后，用纯化水清洗干净后沥干。

实训二十一 自来水中亚硝酸盐含量的测定

一、实训目的

1. 掌握 标准曲线法测定样品含量的步骤。
2. 熟悉 紫外可见分光光度计的使用。

二、仪器与试剂

1. 仪器 723型紫外－可见分光光度计1台、50ml比色管8支、1ml移液管2支、5ml移液管1支。
2. 试剂 5.0μg/ml的亚硝酸钠溶液、4mg/ml的对氨基苯磺酸溶液、2mg/ml的β萘酚溶液。

三、实训步骤

1. 打开紫外可见分光光度计，预热30分钟。
2. 取6支50ml比色管，依次加入5.0μg/ml的亚硝酸钠溶液0.00ml、1.00ml、2.00ml、4.00ml、8.00ml、10.00ml，纯水稀释至刻度。
3. 另取2支50ml比色管，准确移入50.00ml自来水。
4. 向8支比色管中依次准确加入1.00ml对氨基苯磺酸溶液，放置3～8分钟；再准确依次加入1.00ml β萘酚溶液，放置3～8分钟，待测。
5. 设定波长为540nm，用“0”管溶液作为参比溶液扣空白。
6. 按照浓度从低到高的顺序测定标准系列溶液的吸光度。
7. 清洗比色皿，测定样品溶液的吸光度。
8. 绘制 $A-c$ 工作曲线，根据样品的吸光度在曲线上找出样品溶液中亚硝酸盐浓度。

四、实验记录与处理

1. 数据记录

表9－5 数据记录

编号	1	2	3	4	5	6	待测溶液
V（ml）							
c（μg/ml）							
A							

2. 绘制 $A-c$ 工作曲线 得出曲线方程和相关系数。

3. 计算 将样品浓度带入曲线方程，计算出样品溶液的浓度。

实验注意事项同实训二十。

答案解析

练习题

一、选择题

（一）单项选择题

1. 在紫外－可见吸收分光光度法中，透过光强度和入射光强度之比，称为（　）

A. 吸光度　B. 透光率　C. 吸收波长　D. 吸光系数

2. 符合比尔定律的有色溶液稀释时，将会产生的变化是（　）

A. 最大吸收峰向长波方向移动

B. 最大吸收峰向短波方向移动

C. 最大吸收峰波长不移动，但峰值降低

D. 最大吸收峰波长不移动，但峰值增大

3. 在分光光度法中，宜选用的吸光度读数范围是（　）

A. 1.0～2.0　B. 0.5～1.2　C. 0～1.5　D. 0.2～0.8

4. 入射光波长选择的原则是（　）

A. 吸收最大　B. 干扰最小

C. 吸光系数最大干扰最小　D. 吸光系数最大

5. 如果显色剂或其他试剂对测定波长有吸收，此时的参比溶液应采用的参比溶液是（　）

A. 溶剂参比　B. 试剂参比

C. 试样参比　D. 褪色参比

6. 某有色溶液在某一波长下用2cm 吸收池测得其吸光度为0.750，若改用0.5cm 和3cm 吸收池，则吸光度分别为（　）

A. 0.188，1.125　B. 0.108，1.105

C. 0.088，1.025　D. 0.180，1.120

7. 在540nm 进行分光光度测定时，选用的比色皿应是（　）

A. 石英玻璃　B. 普通玻璃　C. 塑料　D. 超级纤维

（二）多项选择题

1. 影响吸光系数的因素有（　）

A. 吸光物质的性质　B. 溶液的温度　C. 入射波长

D. 溶液的浓度　E. 溶剂的颜色

2. 参比溶液的种类有（　）

A. 溶剂参比　B. 试剂参比　C. 褪色参比

D. 试样参比　E. 溶剂的背景参比

3. 下列会引起偏离朗伯－比尔定律的因素有（　）

A. 比色皿的厚度　B. 介质不均匀　C. 溶液浓度太高

D. 单色光不纯　E. 平行的入射光

二、计算题

1. 称取维生素 C 0.0500g 溶于 100ml 的 5mol/L 硫酸溶液中，准确量取此溶液 2.00ml 稀释至 100ml，取此溶液于 1cm 吸收池中，在 $\lambda_{max}=245nm$ 处测得 A 值为 0.498。求样品中维生素 C 的质量分数。[$E_{1cm}^{1\%}=560ml/(g \cdot cm)$]

2. 分别吸取 50ml 亚硝酸钠标准系列溶液和样品溶液（单位为 μg/ml）于 100ml 比色光中，再加入显色剂，显色 5 分钟后在 540nm 处测定其吸光度，绘制 $A-c$ 曲线，得到标准曲线方程为：$A=2.0669c-0.007$，样品的吸光度值为 0.058，求样品中亚硝酸钠的浓度是多少（μg/ml）？

书网融合……

本章小结　　微课　　题库

第十章

原子吸收分光光度法

PPT

学习目标

知识目标

1. **掌握** 原子吸收分光光度法的基本原理和定量分析方法。
2. **熟悉** 原子吸收分光光度计的基本结构、工作流程和主要类型。
3. **了解** 原子吸收分光光度法的应用。

能力目标

1. 能够正确使用原子吸收分光光度计。
2. 能够用原子吸收分光光度法测定样品中金属元素的含量。

素质目标

通过本章的学习，培养学生的科学思维和精益求精的学习态度。通过比较火焰原子化和石墨炉原子化两种方法的原子化效率高低，让学生感悟到不断升级优化的仪器构造背后凝结着科研工作者的智慧与汗水，激励学生在学习和工作中要具备精益求精的工匠精神。通过实训项目的开展培养学生的质量意识、环保意识和安全意识。

情境导入

情境 动物性食品在现代饮食结构中占有很大的比例，然而，水环境的污染导致重金属在鱼和牲畜的体内产生不同程度的积累，并通过食物链进入人体，危害人类健康。海洋产品中的砷、铅、镉、汞的含量都远高于家畜，鱼类内脏的重金属含量均高于鱼体。贝类对于重金属元素的吸附能力较强，所以，贝类食品的重金属含量更容易超标。加强对海洋产品的检测力度，能给人们的健康提供保障。可运用原子吸收分光光度法测定海洋产品中重金属的含量是否符合食用标准。原子吸收光谱在食品分析中得到了广泛的应用，已成为定量分析检测微量元素和重金属的主要手段。

第一节 原子吸收分光光度法的基本原理

原子吸收分光光度法是根据基态原子对特征波长光的吸收强度来测定元素含量的一种仪器分析方法。原子吸收分光光度法具有如下特点。

（1）灵敏度高，检出限低。火焰原子吸收分光光度法的检出限可达 10^{-6}g/ml 级，石墨炉原子吸收分光光度法可达 10^{-14} ~ 10^{-10}g/ml。

（2）选择性好。每种元素原子结构不同，都有其特定的吸收谱线。

（3）精密度高。火焰原子吸收分光光度法的相对误差可小于1%，石墨炉原子吸收分光光度法一般为 3% ~5%。

(4) 分析速度快。试样经过简单处理便可进行测定，操作简便快捷。

(5) 应用范围广。常用于微量分析，能够测定的元素多达 70 多种，被广泛用于各个领域。

(6) 仪器简单，价格低廉，一般实验室都可配备。

原子吸收分光光度法的局限性：不能同时进行多元素分析，对于难熔元素和非金属元素的测定不能令人满意。

一、原子吸收光谱的产生

(一) 共振线

原子是由原子核与核外电子所组成，电子绕核运动。核外电子的运动状态用电子层、电子亚层、电子云的伸展方向及电子自旋来描述。原子核外电子依据能量最低原理、泡利不相容原理和洪特规则排列在不同的轨道上，每种元素的原子都有一系列确定的能量状态，称为原子能级。通常情况下，原子核外电子分层排布在能量最低的能级轨道上，这时原子处于能量最低状态，称为基态。当受外界能量（如光能）作用而被激发时，基态原子最外层电子可跃迁到能量较高的能级，此时的原子称为激发态原子。

原子从基态跃迁到能量最低的第一激发态时所需能量最低，跃迁最容易，此时产生的吸收线称为共振吸收线或第一共振吸收线。原子跃迁回基态时，所发射出的同样频率的谱线称为共振发射线，共振吸收线和共振发射线简称共振线。

(二) 分析线

因为不同元素的原子结构和外层电子排布各不相同，所以不同元素的原子从基态跃迁到激发态时吸收的能量也不同，其共振线也各不相同。对于大多元素来说，共振线是元素的特征谱线，也是元素的灵敏线。在原子吸收分析中，利用待测元素的原子蒸气吸收光源辐射的共振线进行分析，所以共振线又称分析线。

原子吸收光谱是由基态原子吸收其共振辐射，外层电子由基态跃迁至激发态而产生。原子吸收光谱位于紫外可见光区。每种元素原子特有的吸收线或发射线就称为该元素的特征谱线。

二、原子吸收谱线轮廓

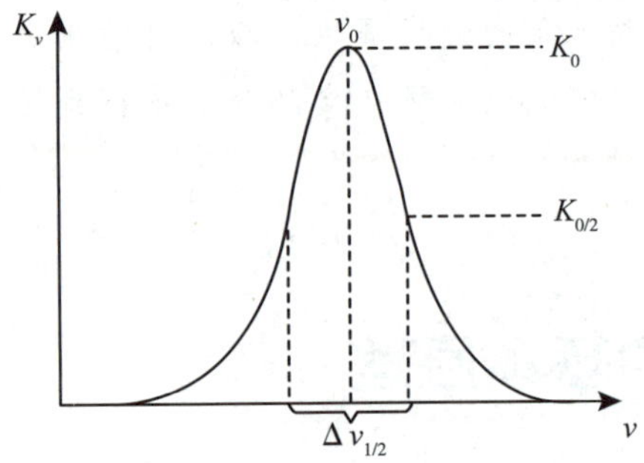

图 10－1 原子吸收谱线轮廓

原子吸收光谱线并不是严格几何意义上的线，而是占据相当窄的频率或波长范围，即有一定的宽度。谱线轮廓是谱线强度随频率（或波长）的变化曲线，一般习惯用吸收系数 K_v 随频率的变化来描述（图 10－1）。原子吸收线的轮廓以原子吸收谱线的中心频率（或中心波长）和半宽度来表征。中心频率（或中心波长）由原子能级决定，指吸收系数最大值 K_0 所对应的频率（或波长）。半宽度是指在中心频率（或中心波长）位于最大吸收系数一半处，吸收线轮廓上两点之间的频率或波长的距离，以 $\Delta v_{1/2}$ 或 $\Delta \lambda_{1/2}$ 表示。

三、原子吸收光谱的测量

(一) 积分吸收

在原子吸收谱线轮廓内，吸收系数的积分称为积分吸收系数，简称积分吸收。积分吸收的大小与原子蒸气中吸收辐射的原子数成正比。在给定条件下，溶液中待测元素的浓度与原子蒸气中吸收辐射的原子数保持一定的比例关系。所以，测量积分吸收值即可求算待测元素的含量。

（二）峰值吸收

1955 年澳大利亚物理学家瓦尔什（Walsh A）提出在温度不太高的稳定火焰条件下，峰值吸收系数 K_0 与火焰中被测元素的原子浓度成正比，吸收线中心波长处的吸收系数 K_0 为峰值吸收系数，简称峰值吸收。测定 K_0 即测定可求算原子数目值，该法被称为峰值吸收法。

实现峰值吸收需要满足下列两个条件：第一，光源发射线的半宽度必须小于吸收线的半宽度，一般应该为吸收线半宽度的 1/10～1/15。第二，光源发射线的中心频率与原子吸收的中心频率完全一致。

四、原子吸收分光光度法的定量依据

光源发射的待测元素的特征谱线通过原子化系统时被待测元素的原子蒸气部分被吸收，透过光经分光系统和检测系统即可测得该特征谱线被吸收的程度即吸光度。在使用锐线光源时，原子蒸气对入射光的吸收程度和其他吸光光度法一样，符合朗伯－比尔定律。设入射光的强度为 I_0，所透过的原子蒸气的厚度为 b，被原子蒸气吸收后的光强度为 I，吸光度 A 与试样中待测元素的原子总数 N 成正比：

$$A = \lg \frac{I_0}{I} = KNb \qquad (10-1)$$

当实验条件一定时，试样中待测元素浓度 c 与原子蒸气中待测元素的原子总数 N 成正比，蒸气厚度 b 一定，吸光度可表示为：

$$A = K'c \qquad (10-2)$$

在一定实验条件下，峰值吸收测量的吸光度与试样中待测元素的浓度呈线性关系，这是原子吸收分光光度法定量分析的依据。

第二节　原子吸收分光光度计

一、仪器工作流程

原子吸收分光光度计又称为原子吸收光谱仪，主要由锐线光源、原子化系统、分光系统、检测系统四部分组成，有些仪器还配有背景校正系统和自动进样系统。

待测样品与燃气混合后进入原子化系统，被测元素在原子化器中转化为原子蒸气。气态的基态原子吸收从光源发射出的与被测元素吸收波长相同的特征谱线，使谱线的强度减弱，再经过分光系统分光后，进入检测器检测。产生的电信号经光电转换，放大器放大，由显示系统显示吸光度或吸收光谱图。原子吸收分光光度计的工作流程如图 10－2 所示。

二、仪器主要组成部件

（一）锐线光源

锐线光源的作用是发射待测元素基态原子所吸收的特征共振线。原子吸收分光光度法对光源的基本要求是：能发射待测元素的特征光谱，发射线与吸收线的中心频率一致，发射的共振辐射的波长半宽度要明显小于吸收线的半宽度，辐射光强度足够大、背景低、稳定性好、使用寿命长。空心阴极灯、无极放电灯、蒸气放电灯等光源均能满足以上要求，其中，空心阴极灯应用最广。

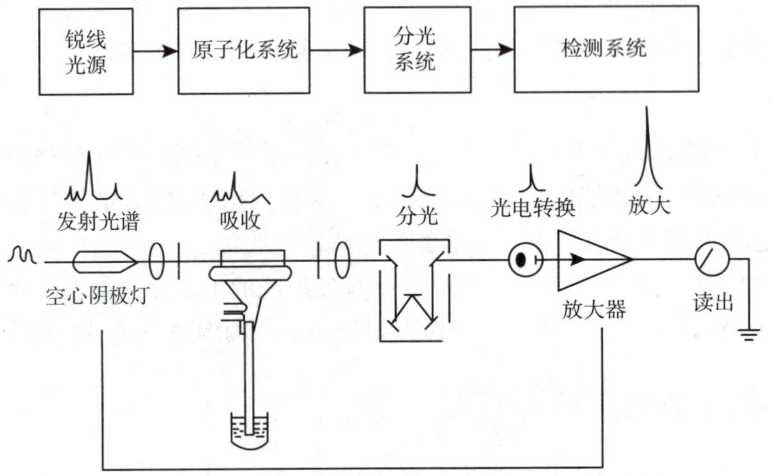

图 10－2 原子吸收分光光度计的工作流程图

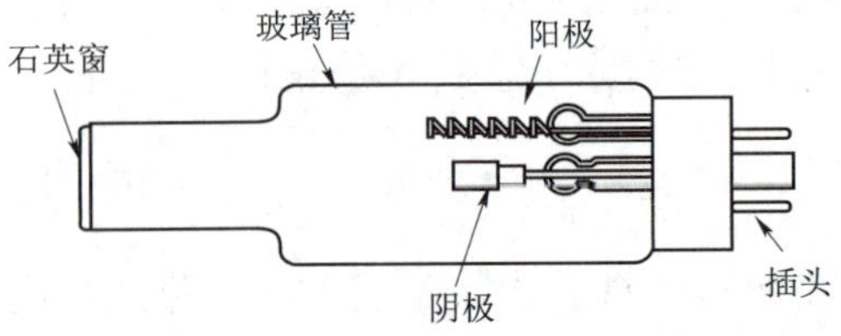

图 10－3 空心阴极灯结构示意图

空心阴极灯结构如图 10－3 所示。灯管由硬质玻璃制成，阴极用待测元素金属或合金，阳极用钨棒上镶钛丝或钽片，内充惰性气体（氖或氩）。

空心阴极灯在高压电场作用下，电子由阴极高速射向阳极并与灯管内的惰性气体碰撞使之电离成正离子，正离子向阴极运动并轰击阴极表面，阴极表面溅射出的阴极元素的自由原子与灯内的电子、正离子、惰性气体分子碰撞而被激发，当激发态的原子返回基态时，发射出阴极元素的特征谱线。

空心阴极灯发射的光谱主要是阴极元素的光谱，用不同的待测元素作阴极材料，可制成各种待测元素的空心阴极灯。若阴极物质只有一种元素，可制成单元素灯，目前应用最广泛，但其缺点是测定一种元素换一个灯，使用不便。用含多种元素的阴极物质可制成多元素空心阴极灯，可在同一个灯上同时进行几种元素的测定，缺点是发射强度弱、灵敏度低，容易产生谱线干扰。

使用空心阴极灯时，应注意以下几点。

（1）灯电源必须稳定，应有高质稳压电源，采用脉冲供电方式。

（2）空心阴极灯使用前应预热，使灯的发光强度达到稳定。预热时间随灯元素的不同而不同，一般为 20～30 分钟。

（3）使用时不得超过最大额定电流，否则会使阴极材料大量溅射、热蒸发或阴极熔化，寿命缩短，甚至发生永久性损坏。

（4）放置不用的灯应定期（每隔 3～4 个月）通电，即在工作电流下点燃 1 小时，以保证灯的性能，延长其寿命。

（5）使用一段时间后灯会老化，导致发光不稳，光强减弱，噪声增加。在这种情况下可用激活器加以激活，或把灯的极性反接，在规定的最大电流下点燃 30 分钟，多数灯的性能可以恢复。

（6）取放或拆卸灯时，应拿灯座，不要拿灯管。如窗口有油污、手印或其他污物，可用脱脂棉蘸上无水乙醇－乙醚混合液（1∶3，*V/V*）轻轻擦拭。

（二）原子化系统

原子化系统主要功能是提供合适的能量，将试样中的待测元素转化为基态原子蒸气。原子化器应具有较高的原子化效率，有较好的稳定性和重现性，记忆效应小、噪声低、安全耐用。

常用的原子化系统有火焰原子化系统和非火焰原子化系统。火焰原子化是原子吸收分光光度法中最早使用的原子化方法，至今仍在广泛应用。非火焰原子化也称为电热原子化，最常用的是石墨炉原子化系统。

1. 火焰原子化系统 由化学火焰提供能量使被测元素原子化，常用火焰原子化系统是预混合型原子化系统，是由雾化器、预混合室和燃烧器三部分组成，如图 10－4 所示。

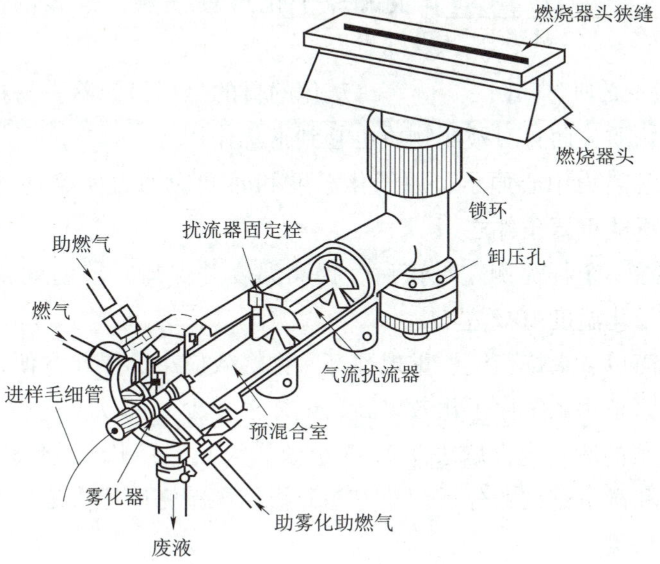

图 10－4 预混合型火焰原子化器结构示意图

雾化器的作用是将试液雾化成微小的雾滴，雾滴越小越有利于基态原子生成，雾化器效率是影响火焰原子吸收分光光度法灵敏度和检出限的主要因素，目前多使用气动型雾化器。

预混合室的作用是使大雾滴沉降、凝聚并从废液口排出，使小雾滴与燃气、助燃气充分混合形成气溶胶，以便在燃烧时得到稳定的火焰。为了避免回火爆炸，预混合室的残液排出管必循采用导管弯曲或将导管插入水中水封。

燃烧器的作用是使燃气在助燃气的作用下形成火焰，使进入火焰的试样微粒原子化。要求燃烧器的火焰燃烧稳定、原子化程度高、吸收光程长、噪音小、耐高温、耐腐蚀等。燃烧器有单缝和三缝两种，单缝燃烧器应用最广，通常采用不锈钢材料制成长缝型的燃烧器。

火焰的作用是提供能量使待测物质分解为基态自由原子，由燃气和助燃气混合后燃烧而形成。常用的火焰有乙炔－空气火焰、氢气－空气火焰、乙炔－氧化亚氮火焰。对于同类火焰，由于燃气和助燃气比例不同，火焰的特性也不一样。按照燃气和助燃气的比例，可以将火焰分为三类。

（1）中性火焰 燃气和助燃气的比例与它们之间化学反应计量关系相近，它具有温度高、干扰少、背景低及稳定性好等特点，适用于许多元素的测定。

（2）富燃火焰 又称还原性火焰，即燃气和助燃气的比例大于化学计量关系。这种火焰燃烧不完全、温度低、火焰呈黄色。富燃火焰背景高、干扰较多，不如中性火焰稳定。由于还原性强，适于测定易形成难解离氧化物的元素，如铁、钴、镍等。

（3）贫燃火焰 又称为氧化性火焰，即燃气和助燃气的比例大于化学计量关系。火焰的氧化性强，温度较低，适于测定易解离、易电离、不易生成氧化物的元素，如碱金属等。

在火焰原子化中，大部分试样在雾化过程中，被挡板挡住流入废液容器，并且各原子在火焰光路中的停留时间很短，导致试样的使用效率和灵敏度低于其他原子化方法。

2. 石墨炉原子化系统 石墨炉原子化系统通常由石墨管、炉体（保护气系统）、电源三部分构成。

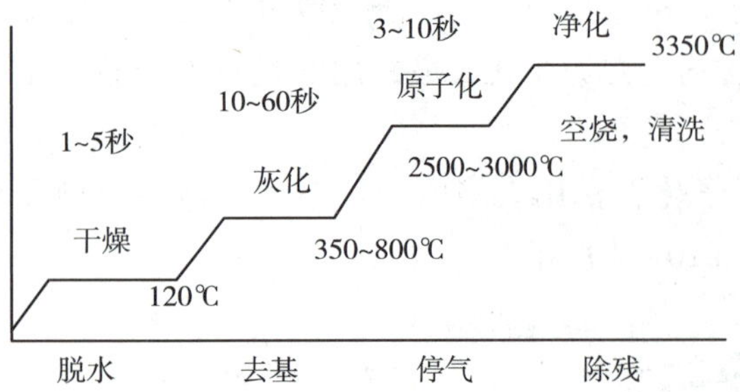

图 10－5 石墨炉原子化的四个阶段

工作的基本原理是利用高达数百安培大电流通过石墨管时产生高温，使置于石墨管中的少量试液或固体试样蒸发和原子化。试样在石墨管内经过干燥、灰化、原子化、净化四个阶段，如图 10－5 所示。

干燥的目的主要是除去溶剂，以免溶剂存在时导致灰化和原子化过程飞溅，干燥的温度一般稍高于溶剂的沸点。

灰化的目的是尽可能除去易挥发的基体和有机物，不仅减少了可能发生干扰的物质，而且对被测物质也起到富集作用。

原子化阶段是使样品解离为中心原子，原子化温度和时间应通过实验选择最佳的原子化温度和时间，这是原子吸收光谱分析的重要条件之一。

净化也称除残，它是在一个样品测定结束后，提高温度并保持一段时间，以除去石墨管中的残留物。净化温度一般高于原子化温度 10% 左右。

火焰原子化系统结构简单、火焰稳定、重现性好、记忆效应小、操作方便，但雾化效率低，不能直接测定固体试样。石墨炉原子化系统原子化效率高、试样消耗少（每次测定仅需要 5 ~ 100μl）、灵敏度高、检出限低（对许多元素的测定比火焰法低 2 ~ 3 个数量级），可测定黏稠试样或固体试样，尤其适合于难挥发、难原子化元素和微量试样的分析。缺点是分析结果精密度比火焰法差，背景干扰较大，分析所需时间长，设备复杂、昂贵。

（三）分光系统

分光系统的作用是将被测元素的分析线与邻近谱线分开，通常位于原子化系统和检测系统之间。分光系统由入射狭缝、出射狭缝和单色器组成，单色器常采用光栅或棱镜。因锐线光源的谱线比较简单，故对单色器的分辨率要求不高，现多用光栅。通常采用适当的光栅和适合的狭缝相配合，这样既能满足光强度的要求，又能阻止干扰光谱的进入。

（四）检测系统

检测系统的作用是将经过原子蒸气吸收和单色器分光后的被测元素共振线的光强度信号转换为电信号并放大读出，主要由光电元件、放大器和显示装置等组成。

三、仪器主要类型

（一）单道单光束原子吸收分光光度计

单道单光束原子吸收分光光度计是指仪器只有一个单色器和一个检测器，光源中发出的光以单一光束的形式通过原子化器、单色器和检测系统，一次分析只能测定一种元素。这种仪器的优点是结构简单、操作方便、灵敏度较高，所以应用得最多。缺点是易受光源强度变化影响，灯预热时间长，分析速度慢。光源辐射不稳定引起基线漂移，影响测定的精密度和准确度。因此在测定过程中，空心阴极灯需预热，还需要校正零点，以补偿基线不稳。

（二）单道双光束原子吸收分光光度计

单道双光束原子吸收分光光度计是指一个光源发射出的光被切光器分成强度相等的反射试样光束和透射参比光束，试样光束通过火焰，参比光束绕过火焰，之后汇合交替进入单色器，检测系统先后得到参比信号和试样信号。此类仪器优点是可消除光源强度变化及检测器灵敏度变动的影响，缺点是不能消除火焰不稳定和背景吸收的影响，且价格较贵。

（三）双道单光束原子吸收分光光度计

双道单光束原子吸收分光光度计有两个不同的光源、两个单色器、两个检测系统，但是光束只有一路。两种不同元素的空心阴极灯发射出不同波长的共振线，两条谱线同时通过原子化器被两种不同元素的基态原子蒸气吸收，两套各自独立的单色器和检测器分别对两束光进行分光和检测，同时给出两种元素的检测结果，一次可以测定两种元素并可进行背景吸收扣除。

（四）双道双光束原子吸收分光光度计

双道双光束型仪器有两个光源，两套独立的单色器和检测显示系统。每一光源发出的光都分成两个光束，一束为通过原子化器的样品光束，一束为不通过原子化器的参比光束。两个光源发射的辐射同时通过原子化器被不同元素的原子吸收，仪器可以同时测定两种元素，能消除光源强度波动的影响及原子化系统的干扰，准确度高，稳定性好，但仪器结构复杂、价格昂贵。

知识链接

1955 年澳大利亚科学家瓦尔西、荷兰科学家阿肯麦德和米拉芝分别独立地发表了原子吸收光谱分析方法的论文，开创了火焰原子吸收光谱法。1959 年，前苏联学者开创了石墨炉原子吸收光谱法。国内原子吸收光谱技术起步于 1965 年，经过 60 多年的发展，已经从最初的改装国外仪器到现在实现自主研发，国产原子吸收分光光度计在准确度和稳定性上已经接轨世界。国产的火焰原子吸收分光光度计不但能满足国内市场需要，而且远销国外如韩国、葡萄牙、匈牙利、俄罗斯等国家。目前，石墨炉原子吸收分光光度计的生产技术水平和世界先进水平相比还有一定差距。

第三节　原子吸收分光光度法的应用

一、分析条件的选择

（一）分析线的选择

通常选被待测元素最灵敏的共振线作为分析线，但并不是任何情况下都选择共振线。例如 As、Se、Hg 等共振线在 200nm 以下远紫外区的元素，因火焰吸收强烈，不宜选用共振线作为分析线，一般选用不受干扰且吸收最强的谱线作为分析线。

（二）狭缝宽度的选择

以能将待测元素的共振线与邻近的其他谱线分开为原则来选择光谱通带带宽，通常只需要改变狭缝宽度即可选择光谱通带带宽。共振线附近没有干扰谱线及连续背景也很小时，选择较宽的狭缝宽度；反之，选择较窄的狭缝宽度。实际工作中，可调节不同的狭缝宽度测定吸光度值随狭缝宽度的变化，选取不引起吸光度减小的最大狭缝宽度。

（三）灯电流的选择

空心阴极灯灯电流的选择原则是在保证发光强度稳定、强度合适的情况下，尽量选用较低的灯电流，可消除多普勒变宽和自吸效应，延长灯的使用寿命。空心阴极灯一般需要预热 10～30 分钟才能达到稳定。

(四) 原子化条件的选择

对于火焰原子化法，空心阴极灯发出的光束通过火焰中原子浓度最大的位置时，才能获得最大的吸收灵敏度。所以在分析前，改变燃烧器的高度并测定对应的吸收值，在吸收值最大处固定燃烧器的位置。

火焰的种类和燃助比的选择是很重要的。当燃气和助燃气选择好后，可通过下述方法选择燃助比：固定助燃气流量，改变燃气流量，测量在不同燃助比时的吸光度，绘制吸光度－燃助比关系曲线，以确定最佳燃助比。

(五) 进样量的选择

火焰原子化法在一定范围内，吸光度随进样量的增加而增大，但超过一定范围，试样不能完全有效地原子化及试液的冷却效应会使吸光度有所下降。在保持一定的火焰条件下，测定吸光度随进样量的变化，达到最大吸光度时即为合适的进样量。石墨炉原子化一般固体取样 0.1～10mg，液体取样量为 1～50μl，主要依据石墨管容器的大小而定。

二、定量分析方法

原子吸收分光光度法是基于待测元素的基态原子对所发射的特征谱线的吸收作用进行定量分析的一种技术。常用的定量方法有标准曲线法、标准加入法和内标法。

(一) 标准曲线法

标准曲线法是最常用的定量分析方法，具有简便、快速的特点，适用于分析组分比较简单的试样。

根据试样中待测元素的含量，配制一组合适的标准溶液（至少 5 个浓度），按浓度由低到高依次进样，分别测定其吸光度 A。以测得的吸光度 A 为纵坐标，标准溶液浓度 c 为横坐标，绘制 $A-c$ 曲线（图 10－6）。在完全相同的实验条件下，测得待测试样溶液的吸光度，根据标准曲线计算该吸光度所对应的浓度，从而计算出试样中被测元素的含量。

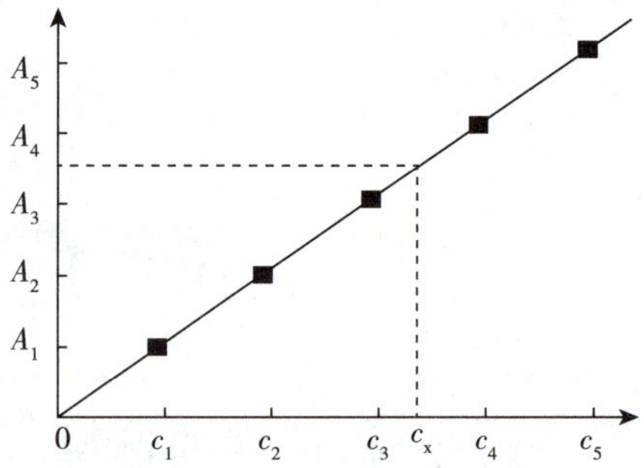

图 10－6 标准曲线法

标准曲线法使用时应注意的事项：所配标准溶液的浓度应该在吸光度与浓度呈线性关系的范围内；待测试样浓度应处于标准溶液系列浓度中间；标准系列与待测试样的基体应尽可能一致；整个分析过程中操作条件保持不变；标准曲线会随喷雾效率和火焰状态的变动而改变，所以每次测定前应用标准溶液对吸光度进行检查和校正。

标准曲线法的优点是适用范围广，适合大批量样品的测定，不足是测定准确度受基体干扰。

(二) 标准加入法

若试样组成较复杂，而且基体对测定又有明显的影响时，可采用标准加入法进行定量分析，以克服试样基体的干扰。

其方法是将一定量已知浓度的标准溶液加入待测样品中，测定加入前后待测物质的浓度，增加的量等于加入的标准溶液中所含的待测物质的量。如果样品中存在干扰，则浓度的增加值将小于或大于理论值。

例如取 4 份体积相同的试样溶液，依次加入浓度为 0、c_0、$2c_0$、$3c_0$的待测元素的标准溶液，然后用溶剂稀释至一定体积。在相同实验条件下分别测得其吸光度为 A_0、A_1、A_2 及 A_3，以 A 对浓度 c 作图，得到如图 10－7 所示的直线，延长直线与横坐标交于 c_x，c_x 即为所测样品中待测元素的浓度。

使用标准加入法应注意以下几点。

(1) 被测元素的浓度应与其对应的吸光度呈线性关系；

(2) 至少采用四个点作外推曲线，并且第一份加入的标准溶液与试样溶液的浓度之比应适当；

(3) 如形成曲线斜率太小，容易引入较大的误差；

(4) 此法只能消除基体效应带来的影响，不能消除背景干扰，使用标准加入法时，一定考虑消除背景干扰。

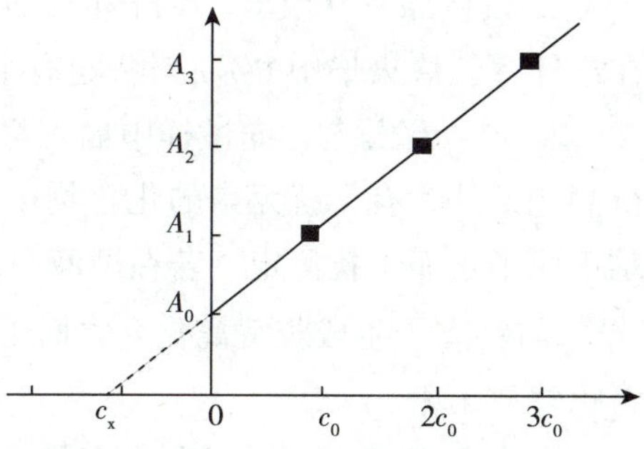

图 10-7 标准加入法

(三) 内标法

在标准溶液和试样溶液中分别加入一定量的试样中不存在的元素作为内标元素，同时测定标准溶液中被测元素与内标元素的吸光度，并以吸光度值之比对被测元素浓度或含量绘制工作曲线。根据试液测得的吸光度比值从标准曲线上求得被测元素的浓度或含量。

内标法是一种精密度和准确度较高的分析方法，在一定程度上可以消除火焰、喷雾状况以及试液的物理、化学特性不同而带来的干扰，但内标法需要使用双道或多道型原子吸收分光光度计，而且要求所选的内标元素与被测元素在试样基体内及原子化过程中具有相似的物理及化学特性。例如，测定 Ca 时采用 Sr 作内标元素；测定 Mg 时采用 Cd 作内标元素；测定 Zn 时采用 Cr 或 Mn 作内标元素。

知识链接

在低摄入情况下，食物里的铅、镉、汞等金属元素会造成人体慢性中毒，这重大的食品安全问题对人类的健康构成了巨大的威胁。所以，微量元素的检测具有十分重要的作用。原子吸收分光光度法在食品重金属检测中的应用范围很广，像肉制品、饮料酒水、果蔬、粮食以及海鲜等都在重金属检测的过程中使用原子吸收分光光度法。

以水果中金属元素的检测为例。水果在生长、摘采和运输过程中，会受到不同程度的污染，导致果实中的重金属含量增多，从而影响了果实的品质。运用原子吸收分光光度法能检测水果中所存在的锌、钙、钾、锰、铅、镁、铬、硒与镉等多种不同的元素。果实的不同部位会分布不一样的元素，果肉里面的金属含量较低，果皮当中的金属元素含量较高。

三、原子吸收光谱中的干扰及其抑制方法

原子吸收光谱中的干扰效应按其性质和产生的原因，可以分为四类：物理干扰、化学干扰、电离干扰和光谱干扰。

(一) 物理干扰

物理干扰是指试样在转移、蒸发和原子化的过程中，由于物理的特性（如黏度、表面张力、密度等）的变化引起吸光度变化的干扰效应。物理干扰没有选择性，对溶液中各元素的影响基本相似。物理干扰可通过改变进样量的大小、采用标准加入法（配制与被测样品相似组成的标准样品）或适当稀释来消除。

(二) 化学干扰

化学干扰与被测元素的性质和在火焰中引起的化学反应有关。产生化学干扰的主要原因是由于被测元素不能全部从它的化合物中解离出来，参与锐线吸收的基态原子数目减少，从而影响测定结果的准确性。由于产生化学干扰的因素多种多样，消除干扰的方法要视具体情况而不同，常用方法如下。

1. 改变原子化温度 对于生成难熔、难解离化合物的干扰，可以通过改变原子化温度来消除。如在空气 - 乙炔火焰中 PO_4^{3-} 对测定有干扰，当改用氧化二氮 - 乙炔火焰，提高火焰温度，可消除干扰。

2. 加入释放剂 向试样中加入释放剂，使干扰元素与之生成更稳定、更难解离的化合物，从而将待测元素从含有干扰元素的化合物中释放出来。如测 Mg^{2+} 时铝盐会与镁生成 $MgAl_2O_4$ 难熔晶体，使镁难于原子化而干扰测定。若在试液中加入释放剂 $SrCl_2$，可与铝结合成稳定的 $SrAl_2O_4$ 而将镁释放出来。PO_4^{3-} 与钙离子生成难解离化合物而干扰钙的测定，若加入释放剂 $LaCl_3$，由于生成更难离解的 $LaPO_4$ 而将钙释放出来。

3. 加入保护剂 保护剂大多是有机配合物，可与待测元素或干扰元素生成稳定的配合物，避免待测元素与干扰元素生成难挥发化合物。如 PO_4^{3-} 干扰钙的测定，当加入络合剂 EDTA 后，钙与 EDTA 生成稳定的螯合物，避免 PO_4^{3-} 与钙作用。

4. 加入缓冲剂 有的干扰物质达到一定浓度时，干扰效应趋于稳定，这样向被测溶液和标准溶液中加入等量的干扰物质，那么干扰物质就不会对测定产生影响。如用氧化二氮 - 乙炔测定钛时，铝有干扰，难以获得准确结果，向试样中加入铝盐使铝的浓度达到 200μg/ml 时，铝对钛的干扰就不再随溶液中铝含量的变化而改变，从而可以准确测定钛。但这种方法不很理想，它会大大降低测定灵敏度。

（三）电离干扰

电离干扰是指某些易电离的元素在火焰中发生电离，使参与原子吸收的基态原子数目减少，引起原子吸收信号降低。

减少电离干扰可通过加入更易电离的物质，产生大量的电子，以抑制待测元素的电离。例如，加入足量的铯盐抑制 K 和 Na 的电离，测定 Ca 时加入大量 KCl。常用的消电离剂有 CsCl、KCl 和 NaCl 等。

（四）光谱干扰

光谱干扰指在单色器的光谱通带内，除了待测元素的分析线之外，还存在与其相邻的其他谱线而引起的干扰。包括吸收线重叠、光谱通带内存在非吸收线、背景干扰。

1. 吸收线重叠 一些元素的谱线与其他元素的谱线重叠，互相干扰，可另选灵敏度较高而干扰少的分析线抑制干扰或采用化学分离方法除去干扰元素。

2. 光谱通带内存在非吸收线 这是与光源有关的光谱干扰，光源不仅发射被测元素的共振线，还发射与其邻近的非吸收线。如果这些非吸收线不被待测元素吸收，会被检测器检测，产生一个不变的背景信号，使被测元素测定的灵敏度降低；如果这些非吸收线被待测元素吸收，将使测定结果不准确，产生较大的正误差。

消除方法：可减小狭缝宽度，使光谱通带减小到可以阻挡多重发射的谱线，若波长差很小，则应另选分析线。降低灯电流也可以减少多重发射。

3. 背景干扰 背景干扰也是一种光谱干扰，分子吸收和光散射是形成光谱背景的主要因素，这两种干扰都使吸光度增大。石墨炉原子化法背景吸收干扰比火焰原子化法严重，有时不扣除背景会给测定带来较大误差。目前，用于背景校正方法主要是氘灯扣除背景和塞曼效应扣除背景。

四、分析方法的评价

灵敏度和检出限是评价分析方法与仪器分析性能的重要指标，国际纯粹化学与应用化学协会（IUPAC）对此做了规定。

（一）灵敏度

灵敏度是指在一定条件下，被测物质浓度或含量改变一个单位时引起的测量信号的变化。在原子吸收分光光度法中，习惯用1%吸收灵敏度表示，也称特征灵敏度，含义为产生1%吸收或0.0044吸光度时所对应的被测元素的质量浓度，单位为μg/ml。特征灵敏度越小，表明该方法的灵敏度越高。

（二）检出限

检出限又称检测限，是指能被仪器检出的元素的最低浓度或最小质量。通常以重复测定空白溶液信号（至少10次）的标准偏差的3倍所对应的被测元素的浓度或质量表示。检出限不仅与仪器的灵敏度有关，还与仪器的稳定性有关。

五、应用示例 微课

原子吸收分光光度法具有灵敏度高、选择性好、操作方便、快速等特点，在环保、地质、化工、医药、食品检测等领域中已被广泛应用。

以国家标准 GB 5009.13—2017《食品安全国家标准 食品中铜的测定》为例。

试样的前处理可采用湿法消解、微波消解、干法灰化等方法。

1. 湿法消解 准确称取固体试样0.2～3g（精确至0.001g）或准确移取液体试样0.500～5.00ml于带刻度消化管中，加入10ml硝酸和0.5ml高氯酸，在可调式电热炉上消解。若消化液呈棕褐色，再加少量硝酸，消解至冒白烟，待消化液呈无色透明或略带黄色，取出消化管，冷却后用水定容至25ml或50ml。同时做试剂空白试验。

2. 微波消解 称取固体试样0.2～0.8g（精确至0.001g）或准确移取液体试样0.500～3.00ml于微波消解罐中，加入5ml硝酸，按照微波消解的操作步骤消解试样。冷却后取出消解罐，在电热板上于140～160℃赶酸至1ml左右。消解罐放冷后，将消化液转移至10ml容量瓶中，用少量水洗涤消解罐2～3次，合并洗涤液于容量瓶中，用水定容至刻度，混匀备用。同时做试剂空白试验。

3. 干法灰化 称取固体试样0.5～5g（精确至0.001g）或准确移取液体试样0.500～10.0ml于坩埚中，小火加热，炭化至无烟，转移至马弗炉中，于550℃灰化3～4小时。冷却后取出，对于灰化不彻底的试样，加数滴硝酸，小火加热，小心蒸干，再转入550℃马弗炉中，继续灰化1～2小时，至试样呈白灰状，冷却取出后用适量硝酸溶液（1+1）溶解并用水定容至10ml。同时做试剂空白试验。

在与测定标准溶液相同的实验条件下，将空白溶液和试样溶液分别导入火焰原子化器，原子化后测其吸光度值，与标准系列比较定量。

原子吸收分光光度计测定参考条件：灯电流3～6mA，波长324.8nm，光谱通带0.5nm，空气流量9L/min，乙炔流量2L/min，灯头高度6nm，氘灯背景校正。

实训二十二 火焰原子吸收分光光度法测定奶粉中的钙、铁、锌

一、实训目的

1. 掌握 原子吸收分光光度法测定金属元素的方法。

2. 熟悉 原子吸收分光光度计的结构和基本操作。

3. 了解 样品前处理的方法。

二、实训原理

原子吸收分光光度法是测定金属元素的常用方法，测定食品中的微量金属元素，首要对样品进行前

处理，使样品中的金属元素以可溶的状态存在。样品可以用湿法处理，即试样在酸中消解制成溶液；也可以用干法灰化处理，即将试样置于马弗炉中高温灰化，再将灰分溶解在盐酸或硝酸中制成溶液。

试样的前处理可采用湿法消解、微波消解、干法灰化等方法，本实验采用微波消解法处理样品，配制成溶液后测定奶粉中钙、铁、锌的含量。

溶液中的钙、铁、锌离子在火焰中原子化变成原子蒸气，空心阴极灯辐射出的特征谱线被基态原子蒸气吸收，且该吸收符合朗伯－比尔定律。在固定的实验条件下，原子蒸气的浓度与溶液中金属离子的浓度 c 成正比，故

$$A = Kc$$

式中，A 为吸光度；c 为溶液中金属离子的浓度；K 为常数。

三、仪器与试剂

1. 仪器 原子吸收分光光度计，钙、镁、锌空心阴极灯，乙炔钢瓶、空气压缩机、微波消解仪、容量瓶、吸量管、烧杯。

2. 试剂 盐酸、硫酸、硝酸。

3. 标准液的配制

（1）钙标准储备液（1000μg/ml） 准确称取 2.4963g（精确至 0.0001g）碳酸钙，加盐酸溶液（1＋1），转移至 1000ml 容量瓶，加水定容至刻度，混匀。

（2）铁标准储备液（1000μg/ml） 准确称取 0.8631g（精确至 0.0001g）硫酸铁铵，加水溶解，加 1.00ml 硫酸溶液（1＋3），移入 100ml 容量瓶，加水定容至刻度，混匀。

（3）锌标准储备液（1000μg/ml） 准确称取 1.2247g（精确至 0.0001g）氧化锌，加少量硝酸溶液（1＋1），加热溶解，冷却后转移至 1000ml 容量瓶，加水定容至刻度，混匀。

（4）镧溶液（20g/L） 称取 23.45g 氧化镧，先用少量水湿润后再加入 75ml 盐酸溶液（1＋1）溶解，转入 1000ml 容量瓶中，加水定容至刻度，混匀。

四、实训步骤 微课

1. 试样的制备 准确称取固体试样 0.2～0.8g（精确至 0.001g）于微波消解罐中，加入 5ml 硝酸，按照微波消解的操作步骤消解试样，消解条件参考表 10－1。冷却后取出消解罐，在电热板上于 140～160℃赶酸至 1.0ml 左右。冷却后将消化液转移至 25ml 容量瓶中，用少量水洗涤内罐和内盖 2～3 次，合并洗涤液于容量瓶中，用水定容至刻度，混匀备用。同时做试剂空白对照。

根据实际测定需要稀释得到待测溶液。测钙的含量时在稀释液中加入一定体积的镧溶液（20g/L），使其在最终稀释液中的浓度为 1g/L。

表 10－1 微波消解升温程序

步骤	设定温度（℃）	升温时间（min）	恒温时间（min）
1	120	5	5
2	160	5	10
3	180	5	10

2. 原子吸收分光光度计的启动 按照所使用原子吸分光光度计的说明操作，具体试验条件根据仪器型号而定，参考条件见表 10－2。

表 10－2　火焰原子吸收分光光度法参考条件

元素	波长（nm）	狭缝（nm）	灯电流（mA）	燃烧头高度（mm）	空气流量（L/min）
钙	422.7	1.3	5～15	3	9
铁	248.3	0.2	5～15	3	9
锌	213.9	0.2	3～5	3	9

3. 标准曲线的绘制

（1）钙标准曲线的绘制　将1000μg/ml钙标准储备液稀释成100μg/ml的钙标准溶液。分别吸取100μg/ml的钙标准溶液0ml、0.50ml、1.00ml、2.00ml、4.00ml、6.00ml于100ml容量瓶中，另在各容量瓶中加入5ml镧溶液（20g/L），用蒸馏水稀释定容至刻度，摇匀。此标准系列中Ca的浓度分别为0μg/ml、0.50μg/ml、1.00μg/ml、2.00μg/ml、4.00μg/ml、6.00μg/ml。

根据表10－2中仪器工作条件测定钙标准系列的吸光度。

（2）铁标准曲线的绘制　将1000μg/ml铁标准储备液稀释成100μg/ml的标准溶液。分别吸取100μg/ml的铁标准溶液0ml、0.50ml、1.00ml、2.00ml、4.00ml、6.00ml于100ml容量瓶中，用蒸馏水稀释定容至刻度，混匀。此标准系列中Fe的浓度分别为0μg/ml、0.50μg/ml、1.00μg/ml、2.00μg/ml、4.00μg/ml、6.00μg/ml。

根据表10－2中仪器工作条件测定铁标准系列的吸光度。

（3）锌标准曲线的绘制　将1000μg/ml铁标准储备液稀释成10μg/ml的标准溶液。分别吸取10μg/ml的锌标准溶液0ml、1.00ml、2.00ml、4.00ml、8.00ml、10.00ml于100ml容量瓶中，用蒸馏水稀释定容至刻度，混匀。此标准系列中Fe的浓度分别为0μg/ml、0.10μg/ml、0.20μg/ml、0.40μg/ml、0.80μg/ml、1.00μg/ml。

根据表10－2中仪器工作条件测定锌标准系列的吸光度。

4. 样品的测定　与标准曲线同样的条件下测定待测溶液中Ca、Fe、Zn的吸光度。

五、数据记录及处理

表 10－3　数据记录及处理

钙标准溶液系列（μg/ml）	0	0.50	1.00	2.00	4.00	6.00	样品溶液
吸光度 *A*							
铁标准溶液系列（μg/ml）	0	0.50	1.00	2.00	4.00	6.00	样品溶液
吸光度 *A*							
锌标准溶液系列（μg/ml）	0	0.10	0.20	0.40	0.80	1.00	样品溶液
吸光度 *A*							

1. 绘制Ca、Fe、Zn的标准曲线。
2. 根据各元素在标准曲线上求出的浓度及样品的稀释倍数，确定奶粉中Ca、Fe、Zn的含量。

六、注意事项

1. 单光束原子吸收分光光度计一般预热10～30分钟。
2. 乙炔为易燃气体，容易爆炸，使用时必须严格遵守操作规程。点燃空气－乙炔火焰时，应先开空气，后开乙炔；熄灭火焰时，先关乙炔，后关空气，防止顺序颠倒引起回火发生爆炸。室内若有乙炔气味，应立即关闭乙炔气源，开通风橱，排除问题后，再继续进行实验。
3. 排废水管必须用水封，以防回火。

4. 在空气－乙炔火焰中，一般水中常见的阴、阳离子不影响钙、镁的测定，铝、硫酸盐、磷酸盐、硅酸盐共存时，会抑制钙、镁的原子化，吸光度减少，使结果偏低。可加入锶盐、镧盐与干扰离子生成更稳定的化合物，将钙、镁离子释放出来，消除共存离子对测定的干扰。

5. 测定时，每测定完一个样品溶液，都要用去离子水调零后再测定下一个溶液。

七、思考题

1. 样品为什么要先进行消解？
2. 测钙时为什么要加入镧的溶液？

答案解析

练习题

一、填空题

1. 原子吸收分光光度计中，原子化系统的主要作用是________________。
2. 根据原子化的方式不同，有________原子化和________原子化两种方式。
3. 原子吸收分光光度计的常用光源是________________。
4. 在火焰原子吸收分光光度法中，燃气和助燃气的比例大于化学计量关系的火焰称之为________，燃气和助燃气的比例小于化学计量关系的火焰称之为________，________具有较强的还原性，________具有较强的氧化性。

二、选择题

（一）单项选择题

1. 原子吸收光谱是（ ）
   A. 带状光谱　B. 线状光谱　C. 宽带光谱　D. 分子光谱
2. 原子吸收分光光度法中光源的功能是发射（ ）
   A. 红外线　B. 紫外线
   C. 可见光　D. 被测元素的特征谱线
3. 原子吸收分光光度法进行分析检测是基于光的吸收符合（ ）
   A. 多普勒效应　B. 朗伯－比尔定律
   C. 光电效应　D. 乳剂特性曲线
4. 选择不同火焰类型的根据主要是（ ）
   A. 分析线波长　B. 灯电流大小
   C. 待测元素性质　D. 狭缝宽度
5. 在原子吸收光谱分析中，当吸收为1%时，其吸光度为（ ）
   A. －2　B. 2　C. 0.0044　D. 0.044
6. 下列方法中不是原子吸收光谱分析法定量方法的是（ ）
   A. 内标法　B. 标准曲线法　C. 保留时间　D. 标准加入法
7. 原子吸收光谱产生的原因是（ ）
   A. 分子中电子能级跃迁　B. 转动能级跃迁
   C. 振动能级跃迁　D. 原子最外层电子跃迁

（二）多项选择题

1. 下列方法中，属于原子吸收分光光度法常用的定量方法的是（　）
   A. 标准曲线法　　B. 标准加入法　　C. 内标法
   D. 外标法　　E. 比较法
2. 原子吸收分光光度法与紫外-可见分光光度法的区别在于（　）
   A. 分析方法　　B. 研究对象　　C. 光谱特征
   D. 仪器组成　　E. 检测器
3. 原子吸收分光光度计的组成部分包括（　）
   A. 光源　　B. 分光系统　　C. 原子化器
   D. 载气　　E. 检测系统

三、简答题

1. 原子吸收分光光度法为何常选用待测元素的共振线作为分析线？
2. 应用原子吸收分光光度法进行定量分析的依据是什么？进行定量分析有哪些方法？

四、计算题

用火焰原子吸收分光光度法测定某未知含 Fe 试液，测得吸光度为 0.130。另取 9.00ml 该未知试液，加入 1.00ml 浓度为 100.0μg/ml 的 Fe 标准溶液，在相同条件下，测得吸光度为 0.435，问未知试液中 Fe 的浓度是多少？

书网融合……

本章小结　　微课　　题库

第十一章 液相色谱法

PPT

学习目标

知识目标

1. 掌握　色谱法的基本概念和色谱分离原理；吸附色谱法、分配色谱法、离子交换色谱法、凝胶色谱法的分离机制及应用范围；R_f、R_r 值的计算。

2. 熟悉　色谱法分类及各类方法的特点；固定相和流动相的选择原则及操作方法；定性方法。

3. 了解　色谱过程；定量分析方法。

能力目标

能运用薄层板的制备、点样、展开、显色定位和检视进行薄层色谱分析；熟练掌握纸色谱中滤纸的选用、点样、展开；具备薄层色谱和纸色谱定性分析的能力。

素质目标

通过本章的学习，讲述屠呦呦获得诺贝尔奖的事迹，帮助学生树立努力钻研科学的精神，激发学生热爱科学的兴趣；通过薄层板的制备、展开等操作，培养认真严谨的工作作风；通过滤纸的选用、点样、显色与检视等操作，培养审美意识和实事求是的科学精神。

情境导入

情境　【中药青蒿的色谱鉴别】取本品粉末 3g，加石油醚（60～90℃）50ml，加热回流 1 小时，滤过，滤液蒸干，残渣加正己烷 30ml 使溶解，用 20% 乙腈溶液振摇提取 3 次，合并，蒸干，残渣加 0.5ml 乙醇溶解，作为供试品溶液。另取青蒿素对照品，加乙醇制成每 1ml 含 1mg 的溶液，作为对照品溶液。照薄层色谱法（通则 0502）试验，吸取上述两种溶液各 5μl，分别点于同一硅胶 G 薄层板上，以石油醚(60～90℃) - 乙醚(4∶5)为展开剂展开，晾干，喷以 2% 香草醛的 10% 硫酸乙醇溶液，在 105℃ 加热至斑点显色清晰，置紫外光灯下检视。供试品色谱中，在与对照品色谱相应的位置上，显相同颜色的荧光斑点。

我国科学家屠呦呦采用色谱法从青蒿中分离出抗疟疾药物青蒿素，挽救了全球数百万人性命，获得诺贝尔生理学或医学奖。

青蒿是植物黄花蒿的干燥地上部分，主要成分为倍半萜、二萜、黄酮和挥发油等物质。青蒿素提取液与 2% 香草醛的 10% 硫酸乙醇溶液发生显色反应，呈现蓝紫色斑点。

思考　1. 液相色谱的原理是什么？

2. 薄层色谱法在食品分析中有什么应用？

色谱分析法简称色谱法，又称层析法，是一种依据物质的物理或物理化学性质的差异而进行分离分析的方法，其分析原理是利用吸附剂表面或吸附剂某些基团对不同组分吸附性的差异，从而造成在两相间的吸附、分配或其他亲和力的差异而产生不同速度的移动，达到分离的目的。随着气相色谱、高效液相色谱及超临界色谱等分离方法的发展，特别是多谱联用技术的日趋完善，色谱法已经成为生产科研中分离和分析混合物的重要方法之一。

第一节　概述

液相色谱法是以液体为流动相的色谱方法。具有设备简单、操作方便、分析速度快、可以实现较大样品量分析等特点。常用于食品、环境化学、临床、药物分离及定性鉴别、含量测定，在化学研究、药物研究等领域有着广泛应用。

一、色谱法的发展

色谱法创始于20世纪初。1903年植物学家茨维特（Tsweet）用石油醚萃取得到植物色素，将混合物从顶端倒入装有碳酸钙的玻璃柱中，然后用石油醚由上而下淋洗，由于植物色素中各成分的理化性质不同，向下迁移速度不同，结果在玻璃柱的不同部位形成了与光谱相似的不同的色带，1906年他发表在《植物学》上的论文将其命名为色谱。玻璃柱内的填充物称为固定相，洗脱剂石油醚称为流动相。其后，色谱法广泛应用于有色物质或无色物质的分离，“色谱法”一词也沿用至今。

20世纪色谱法迅速发展。30～40年代相继出现了薄层色谱法和纸色谱法，两者均是以液体作为流动相，与柱色谱法统称为经典液相色谱法，使色谱法成为一门分离技术。1941年马丁（Martin）和辛格（Synge）提出以气体作为流动相，发明了在蒸气饱和环境下进行的纸色谱法。1952年马丁和詹姆斯（James）建立了以气体为流动相的气相色谱法（GC）。1956年范第姆特（Van Deemter）提出速率理论，定量描述分离效率与流速的关系，并将其应用于气相色谱。60年代，出现了高效液相色谱法（HPLC），高压泵和化学键合相应用于液相色谱，克服了气相色谱不能直接用于分析难挥发、对热不稳定及高分子样品的缺点，扩大了色谱法的应用范围。80年代初期出现了超临界流体色谱（SFC），它兼有GC与HPLC的优点。同时发明了毛细管电泳法（CEC），兼有高压电泳（HVEP）和HPLC的优点。90年代相继出现了气相色谱－傅里叶变换红外光谱联用仪（GC－FTIR）、气相色谱－质谱联用仪（GC－MS）、液相色谱－质谱联用仪（LC－MS）、液相色谱－核磁共振联用仪（LC－NMR）。现代色谱分析的理论和技术日趋成熟，已成为对复杂体系中组成进行分离分析的重要手段。

知识链接

1922年，美国的Palmer L. S. 利用色谱技术分离纯化有机物。

1937年，Karrer P.、1938年Khun R. 以及1939年Ruzicka L. 分别利用色谱法成功分离得到了维生素A、维生素B_2以及一系列的多烯类化合物，均获得了诺贝尔化学奖。

1949年，瑞典科学家Tiselins因为电泳和吸附分析的研究而获诺贝尔奖。

1952年，英国的Martin和Synge因发展了分配色谱而获诺贝尔奖。

2015年，中国的屠呦呦利用色谱法成功从青蒿中分离出药物青蒿素而获诺贝尔生理学或医学奖。

二、色谱法的分类

色谱法发展至今已有多种分类方法。

（一）按流动相和固定相的物态分类

1. 液相色谱法 以液体为流动相的色谱法。按照固定相的状态不同，又可分为液－固色谱法（LSC）和液－液色谱法（LLC）。

2. 气相色谱法 以气体为流动相的色谱法。按照固定相的状态不同，又可分为气－固色谱法（GSC）和气－液色谱法（GLC）。

3. 超临界流体色谱法 以超临界流体作为流动相的色谱法。超临界流体是指温度和压力高于临界点的物质，兼有气体和液体的特征，但既不是气体也不是液体。

> **知识链接**
>
> **超临界流体色谱法**
>
> 超临界流体色谱法（SFC）是以超临界流体作为流动相的一种柱色谱方法。SFC 能够分析常规 GC 和 HPLC 难以分析的物质，如一些难挥发而又热不稳定的物质，用 HPLC 很难检测的物质，则用 SFC 可进行高灵敏度检测。
>
> 超临界流体是指某物质处于它的临界温度和临界压力以上时的状态，它是介于气、液之间的一种既非气态又非液态的物态。超临界流体的某些性质，如黏度、密度和扩散系数更接近于气体，在较高的流动相流速下，仍能快速分离。密度更接近于液体，因而具有很高的溶解能力，室温条件下可以分离热不稳定的和相对分子量较大的物质。
>
> SFC 技术在食品、香料、药物、化工等领域应用广泛，并取得良好的效果。

（二）按操作形式分类

1. 柱色谱法（CC） 是将固定相装于柱管内构成色谱柱，利用色谱柱对混合组分进行分离的分析方法。按照色谱柱管径的大小不同，又可分为填充柱色谱法和毛细管柱色谱法。

2. 薄层色谱法（TLC） 是将固定相均匀地涂铺在平板上形成薄层，用流动相展开使混合组分在薄层上进行色谱分离的方法。

3. 纸色谱法（PC） 以滤纸作载体，以滤纸上吸附的水为固定相，用流动相（展开剂）展开使混合组分在滤纸上进行色谱分离的方法。

薄层色谱法和纸色谱法与柱色谱法不同，因其在平面上进行分离，所以又称为平面色谱法。

（三）按色谱分离机制分类

1. 吸附色谱法（AC） 是以吸附剂作为固定相，利用吸附剂表面或吸附剂的某些基团对不同组分吸附能力的差异进行分离分析的方法。

2. 分配色谱法（PC） 是以液体作为固定相，利用不同组分在互不相溶的两相中的分配系数（或溶解度）的差异进行分离分析的方法。

3. 离子交换色谱法（IEC） 是以离子交换树脂为固定相，利用离子交换树脂对不同离子的交换能力的差异进行分离分析的方法。

4. 分子排阻色谱法（MEC） 又称空间排阻色谱法，是以凝胶为固定相，利用凝胶对组分中大小不同的分子产生的阻滞作用的差异进行分离分析的方法，因此又称为凝胶色谱法。

此外，还有其他不同分离机制的色谱方法，如毛细管电泳法、手性色谱法和分子印迹色谱法等。色谱法的分类方法不是绝对的，而是兼容、相互渗透的。

三、色谱法的基本原理 微课1

（一）色谱过程

色谱过程是物质在相对运动的两相间达到分配平衡的过程。色谱操作的基本条件是具备相对运动的两相，即一相是固定不动的固定相，另一相是携带试样向前移动的流动相。现以吸附色谱法分离 A、B 两种组分的混合物为例来说明色谱过程，如图 11－1 所示，两组分都被吸附在柱上端的吸附剂上，然后用流动相进行洗脱，在洗脱剂的洗脱过程中，组分不断从吸附剂上解吸下来，吸附剂对 A 组分的吸附能力弱，其随流动相迁移速度较快，吸附剂对 B 组分的吸附能力强，其随流动相迁移速度较慢，二者遇到新的吸附剂又被吸附，随着洗脱剂不断地进行差速迁移，两组分在色谱柱中不断地进行着吸附、解吸、再吸附、再解吸…的过程，在吸附剂表面上存在着吸附－解吸的平衡。由于两组分存在的微小差异，逐渐积累成了大的差异，使得 A、B 两组分彼此分离，在柱中形成两个色带，继续用流动相进行洗脱，两组分依次流出色谱柱，从而达到分离的目的。

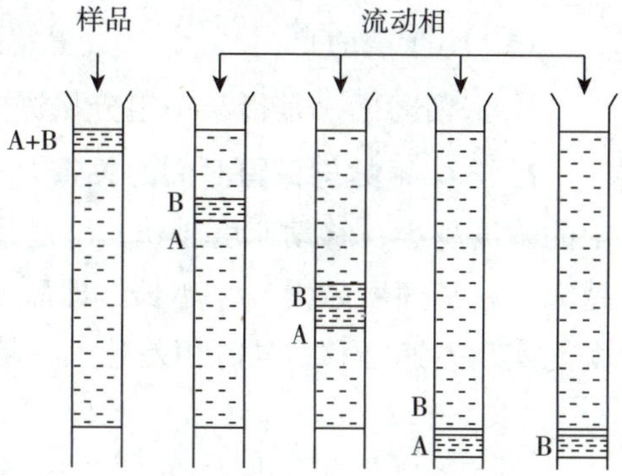

图 11－1　色谱过程示意图

在上述实验中，“相”是指一个均匀体系，相与相之间都有一定的界面分开。固定相是固定在一定支撑物上的相，可以是固体，也可以是附着在某种载体上的液体。流动相是色谱分离中的流动部分，是与固定相互不相溶的液体或气体。当流动相携带样品流经固定相时，由于样品中各组分的理化性质不同进而实现混合物分离和分析。

（二）分配系数

色谱过程的实质是混合物中的各组分在相对运动的两相间，不断进行分配平衡的过程。各组分分配的程度，可用分配系数 K 表示：

$$K=\frac{\text{组分在固定相中的浓度}(c_s)}{\text{组分在流动相中的浓度}(c_m)} \tag{11-1}$$

分配系数 K 是指在一定的温度和压力下，某组分在两相间的分配达到平衡时的浓度（或溶解度）之比。它还与被分离组分、固定相、流动相有关。

一般来说，分配系数 K 在低浓度时为一常数。在色谱分离机制不同时，其含义也不相同。在分配色谱中，K 为分配平衡常数；在吸附色谱中，K 为吸附平衡常数；在离子交换色谱中，K 为交换系数；在分子排阻色谱中，K 为渗透系数。

（三）容量因子

1. 容量因子　是指在一定温度和压力下，某组分达到分配平衡时在固定相与流动相间质量的比值，用符号 k 表示：

$$k=\frac{\text{组分在固定相中的质量}(m_s)}{\text{组分在流动相中的质量}(m_m)} \tag{11-2}$$

2. 分配系数与容量因子的关系

$$k=\frac{m_s}{m_m}=\frac{c_sV_s}{c_mV_m}=K\frac{V_s}{V_m} \tag{11-3}$$

式中，V_s 为固定相的体积；V_m 为流动相的体积。当色谱条件一定时，V_s 和 V_m 为一定值，即容量因子 k 与分配系数 K 成正比关系。

由此可知，当分配系数（或容量因子）越大，组分在固定相中的浓度（或质量）越大，即在固定相中的停留时间越长，随流动相迁移的速度就越慢，后从色谱柱中流出；反之，当 K 越小，该组分在固定相中的停留时间越短，迁移速度越快，先从色谱柱中流出。因此，混合物中各组分能够进行色谱分离的前提是 K（或 k）不相同，各组分之间的分配系数相差越大，越容易分离。

（四）保留时间

1. 保留时间 是指某一组分从进样开始到色谱峰顶点的时间间隔，用符号 t_R 表示。

2. 分配系数与保留时间的关系 不同组分具有不同的分配系数。K 值越小，平衡时该组分在固定相中的浓度越小，移动速度越快，t_R 越短，即先流出色谱柱；K 值越大，平衡时该组分在固定相中的浓度越大，移动速度越慢，t_R 越长，即后流出色谱柱。由此可见，混合物中各组分在两相间的 K 值不同时，就能实现差速迁移，K 值相差越大，越容易分离。

第二节 柱色谱法

柱色谱法按分离机制可分为吸附柱色谱法、分配柱色谱法、离子交换柱色谱法和分子排阻色谱法。

一、液－固吸附柱色谱法

（一）原理

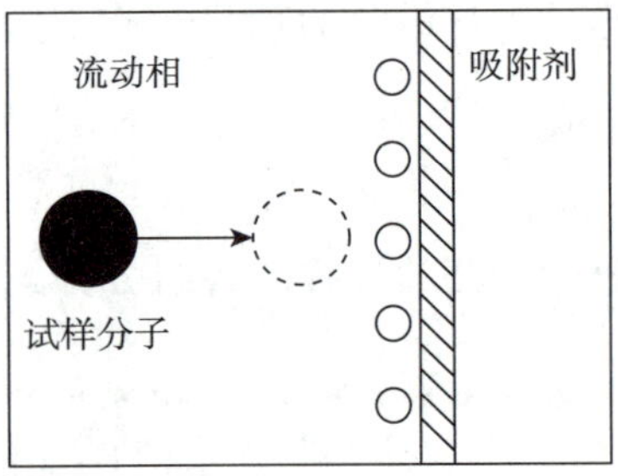

图 11－2 吸附色谱法示意图

液－固吸附柱色谱（图 11－2）是以固体吸附剂为固定相，液体溶剂为流动相，利用固定相表面吸附中心对被分离组分的吸附能力的差异而进行分离的方法。分离时，样品中的组分分子与流动相分子竞争占据吸附剂表面活性中心，这种竞争吸附达到平衡时，可用吸附平衡常数 K 表示：

$$K = \frac{c_s}{c_m} \qquad (11-4)$$

K 值越大，组分的吸附能力越强，则在吸附状态（吸附剂表面）的时间越长，即 t_R 大，保留时间长。

K 与温度、吸附剂的吸附能力、组分的性质及流动相有关。

（二）吸附剂

吸附剂是一种多孔性微粒物质，具有较大的吸附表面和多个吸附中心；与样品、溶剂和洗脱剂均不发生化学反应；不能被溶剂或洗脱剂溶解；具有一定的粒度，且粒度均匀。常用的吸附剂有硅胶、氧化铝、聚酰胺和大孔吸附树脂等。

1. 硅胶 常用 $SiO_2 \cdot xH_2O$ 表示。具有多孔性硅氧（—Si—O—Si—）交联结构，其微粒表面有许多硅醇基（—Si—OH）能与极性化合物或不饱和化合物形成氢键，是硅胶的吸附活性中心。

色谱用硅胶具有微酸性，适用于分离酸性或中性物质，如有机酸、氨基酸、萜类等。

2. 氧化铝 色谱用氧化铝按制备方法不同分为酸性、中性和碱性三种，以中性氧化铝应用最多。

酸性氧化铝（pH＝4.0～5.0）适用于分离酸性和中性化合物，如氨基酸、有机酸等。

中性氧化铝（pH＝7.5）适用于分离酸性、中性和碱性化合物，如生物碱、挥发油、萜类、甾体以及在酸、碱中不稳定的酯、苷类等化合物；另外，中性氧化铝适用于所有酸性、碱性氧化铝能分离的化合物。

碱性氧化铝（pH＝9.0～10.0）适用于分离碱性或中性化合物的分离，如生物碱等。

吸附剂的吸附能力常用活性级数来表示。吸附剂的活性与含水量有关，见表 11－1。吸附活性的强弱用活性级别（Ⅰ~Ⅴ）表示。含水量越大，活性级数越高，活性越低，吸附能力越弱。

表 11－1　硅胶、氧化铝的活性与含水量的关系

硅胶含水量（%）	氧化铝含水量（%）	活性级数	活性
0	0	Ⅰ	高
5	3	Ⅱ	↓
15	6	Ⅲ	↓
25	10	Ⅳ	↓
38	15	Ⅴ	低

在适当的温度下加热，可除去氧化铝中的水分使其吸附能力增强，这一过程称为活化；反之，可加入一定量的水分使其活性降低，称为脱活。

3. 聚酰胺　是一类由酰胺聚合而成的高分子化合物。由于各类化合物的基团种类、数目和位置不同，因而与酰胺基形成氢键的能力不同，吸附能力也不同，从而使各类化合物得以分离。

聚酰胺难溶于水和一般有机溶剂，易溶于浓盐酸、酚、甲酸等。主要用于酚类、酸类、硝基类等化合物的分离，广泛应用于天然药物有效成分的分离。

4. 大孔吸附树脂　是一种具有大孔网状结构且不含交换基团的高分子化合物。主要通过形成氢键或范德华引力而吸附被分离物质。多用于水溶性化合物的分离和提纯，以及皂苷和其他苷类化合物的分离。

此外，如硅藻土、硅酸镁、活性炭、天然纤维素等也可作为吸附剂。

（三）流动相

流动相具有洗脱作用。其洗脱能力由流动相占据吸附剂表面活性中心的能力决定。极性较强的流动相分子占据吸附剂表面活性中心的能力强，具有较强的洗脱作用，反之亦然。因此，为了使样品中吸附能力稍有差异的各组分分离，需同时考虑被分离组分的性质、吸附剂的活性和流动相的极性三方面的因素。

1. 被分离组分的结构与性质　被分离物质的结构不同，其极性也不相同，在吸附剂表面的被吸附力也各不同。极性大的物质吸附得较强，需要极性较大的流动相才能洗脱。

不同类型化合物的极性由小到大的顺序是：烷烃＜烯烃＜醚＜硝基化合物＜酯类＜酮类＜醛类＜硫醇＜胺类＜酰胺＜醇类＜酚类＜羧酸类。

判断被分离组分的极性大小，可以遵循以下原则。

（1）分子中极性基团越多，则极性越大。

（2）分子中双键、共轭双键越多，则极性越大。

（3）同系物中，分子量越小，则极性越大。

（4）分子中取代基的空间排列对吸附性也产生影响，能形成分子内氢键的化合物要比不能形成氢键的化合物极性小。

2. 吸附剂的选择　分离极性小的组分，一般选择吸附活性较大的吸附剂，以免组分流出太快，难以分离。分离极性大的组分，选用吸附活性较小的吸附剂，以免吸附力过大，不易洗脱。

3. 流动相的选择　根据“相似相溶”原则进行选择。通常分离极性较小的组分，选择极性较小的洗脱剂。分离极性较大的组分，选择极性较大的洗脱剂。

常用的洗脱剂极性由小到大的顺序是：石油醚＜环己烷＜四氯化碳＜苯＜甲苯＜乙醚＜三氯甲烷＜乙酸乙酯＜正丁醇＜丙酮＜乙醇＜甲醇＜水＜醋酸。

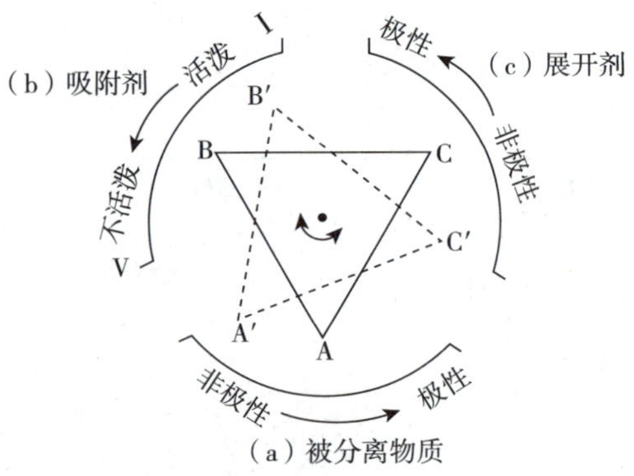

图 11－3　被测物质的极性、吸附剂活性和展开剂极性之间的关系

总之，在选择色谱分离条件时，需综合考虑以上三方面的因素。液－固吸附柱色谱条件选择的一般原则是若分离极性较大的组分，应选用吸附活性较小的吸附剂和极性较大的流动相；若分离极性较小的组分，应选用吸附活性较大的吸附剂和极性较小的流动相。选择规律如图 11－3 所示。

在实际应用时，需要通过实验来寻找最合适的分离条件；为得到极性适当的流动相，可采用混合溶剂作流动相。

（四）操作方法

1. 装柱　根据被分离组分的性质和分离要求选择合适的洁净色谱柱（直径：长度为 1∶10～1∶20）。柱的下端垫少许脱脂棉，上面加厚度为 5mm 左右干燥的砂子后装柱。装柱要均匀，不能有缝隙或气泡，以免影响分离效果。

装柱的方法有以下两种。

（1）干法装柱　选用 80～120 目活化后的吸附剂经玻璃漏斗倒入柱内，中间不要间断，边装边轻敲色谱柱，使其填充均匀，并在顶端加少许脱脂棉。然后沿管壁滴加洗脱剂，使吸附剂润湿。

（2）湿法装柱　将吸附剂与适当的洗脱剂调成浆状，不间断地倒入柱内，勿使有气泡产生。从顶端再加入一定量的洗脱剂，使其上端保持一定液面。待吸附剂自由沉降而填实，在柱顶端上加少许脱脂棉，待吸附剂上面的洗脱剂即将流尽时，关闭下端活塞，等待加样。

2. 加样　将样品溶液滴加到柱的顶部，打开柱子下端活塞，使溶液缓缓流下至液面与吸附剂顶面平齐，然后用少量洗脱剂冲洗盛装样品溶液的容器 2～3 次，一并加入色谱柱内。

3. 洗脱　洗脱剂可为单一溶剂或混合溶剂。在洗脱中应不间断地加入洗脱剂，保持色谱柱顶端具有一定高度的液面，控制好洗脱剂的流速，若流速过快，柱中不易达到吸附平衡，影响分离效果。随着洗脱的进行，各组分由于被吸附和解吸附的能力不同而逐渐被分离，先后流出色谱柱。

二、液－液分配柱色谱法

（一）原理

分配色谱（图 11－4）是利用样品中各组分在两相间分配系数不同而实现分离的方法。液－液分配柱色谱法的固定相和流动相都是液体，固定相的液体吸附在载体（担体）的表面。当流动相携带样品流经固定相时，各组分在互不相溶的两种液体中不断进行溶解、萃取，再溶解、再萃取，即连续萃取。因各组分 K 略有差异，经过多次萃取之后得到分离。

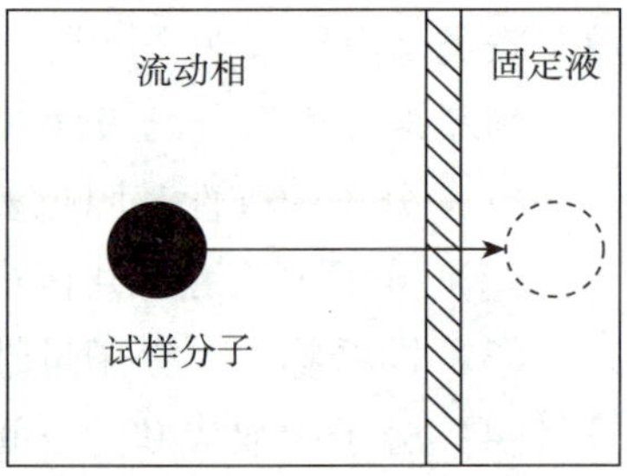

图 11－4　分配色谱法示意图

分配色谱有正相色谱和反相色谱。其中固定相的极性比流动相的极性强时，称为正相色谱；反之，则称为反相色谱。

（二）载体和固定相

载体又称担体，是一种惰性物质。在分配色谱中起支撑固定相的作用，吸附着大量的固定相液体。常用的载体有硅胶、多孔硅藻土和纤维素等。

正相色谱常用强极性溶剂作固定相，如水、甲醇和酸等，反相色谱常用非极性或弱极性液体为固定相，如液状石蜡等。

（三）流动相

正相色谱流动相为极性弱于固定相的石油醚类、醇类、酮类、酯类或其混合物。反相色谱常用的流动相有水、稀醇等极性溶剂。

（四）操作方法

1. 装柱 分配色谱装柱的要求与吸附柱色谱基本相似。不同的是需要在装柱前将固定相液体与载体充分混合后装柱。将二种溶剂加到分液漏斗中用力振摇，使二种溶剂互相饱和，待静止分层后，再分别取出使用，以防止流动相流经色谱柱时将固定相破坏。

2. 加样与洗脱 分配色谱的加样方法有：①将被分离样品配成浓溶液，用吸管沿着管壁慢慢加到含有固定相载体的顶端，然后用洗脱剂洗脱；②样品溶液首先用含有少量固定相的载体吸收，待溶剂挥发后，加到色谱柱顶端，然后用洗脱剂淋洗；③用一块直径略小于色谱柱的滤纸吸附样品溶液，待溶剂挥发后，放在色谱柱载体表面，然后用洗脱剂洗脱。

洗脱剂的收集和处理与吸附柱色谱类似。

三、离子交换柱色谱法

（一）基本原理

离子交换柱色谱法（图 11－5）是利用被分离组分对离子交换树脂的交换能力的差异而进行分离和提纯的色谱方法。

离子交换反应为：

$$R^-B^+ + A^+ \rightleftharpoons R^-A^+ + B^+$$

当反应达到平衡时，可用交换平衡常数 $K_{A/B}$ 表示：

$$K_{A/B} = \frac{[A^+]_s[B^+]_m}{[B^+]_s[A^+]_m} = \frac{[A^+]_s/[A^+]_m}{[B^+]_s/[B^+]_m} = \frac{K_A}{K_B} \qquad (11-5)$$

式中，$[A^+]_s$、$[B^+]_s$ 分别表示树脂（固定相）中 A^+、B^+ 的浓度；$[A^+]_m$、$[B^+]_m$ 分别表示流动相中 A^+、B^+ 的浓度。

（二）固定相

离子交换柱色谱（图 11－5）常以离子交换树脂作为固定相。当流动相携带被分离的离子型化合物经过离子交换柱时，样品中的各种离子被交换树脂交换吸附，实现差速分离。当洗脱时，与离子交换树脂亲和力大的离子在柱中移动速度慢，t_R 长，与树脂亲和力小的离子在柱中移动速度快，t_R 短，因此达到分离的目的。

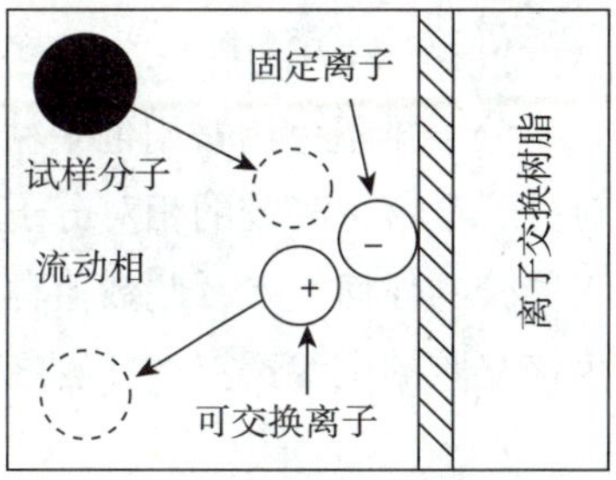

图 11－5 离子交换色谱法示意图

1. 离子交换树脂的分类 离子交换树脂是一类具有网状结构的高分子聚合物，其结构骨架上有许多可以与溶液中的离子起交换作用的活性基团，与酸、碱及某些有机溶剂都不起作用，对热也比较稳定。根据活性基团的不同，离子交换树脂可分为阳离子交换树脂和阴离子交换树脂两类。

（1）阳离子交换树脂 这类树脂的阳离子可与溶液中的阳离子交换，其活性交换基团为酸性。

现以磺酸型离子变换树脂说明其交换反应：

$$R-SO_3^-H^+ + Na^+Cl^- \rightleftharpoons R-SO_3^-Na^+ + H^+Cl^-$$

（2）阴离子交换树脂 在聚苯乙烯的母体上引入可解离的碱性基团，如—N^+R_3、—NR_2、—NHR、—NH_2 等，用 NaOH 溶液转型后，则成为—OH 型阴离子交换树脂。其交换反应为：

$$RN^+(CH_3)_3OH^- + X^- \rightleftharpoons RN^+(CH_3)_3X^- + OH^-$$

阳离子交换树脂比阴离子交换树脂更稳定。

2. 离子交换树脂的性能

（1）交联度　离子交换树脂中聚合时加入交联剂的含量，称为交联度。常以重量百分比表示，交联度大，形成网状结构紧密，网孔小，选择性高。但交联度也不宜过大，否则使交换容量降低。一般阳离子交换树脂的交联度以8%，阴离子交换树脂的交联度以4%为宜。

（2）交换容量　实际交换容量是指在实验条件下，每克干树脂真正参加交换的活性基团的数目。理论交换容量是指每克干树脂中所含有的酸性或碱性活性基团的数目。交换容量用于衡量离子交换树脂的交换能力，一般树脂的交换容量为1～10mmol/g。

离子交换柱色谱法的流动相多数为一定pH和离子强度的缓冲溶液，如甲醇、乙醇和乙腈等的水溶液。

（三）操作方法

1. 装柱　装柱前对树脂进行预处理，除去杂质并使其全部转变为需要的型式，如用5%～10% HCl处理阳离子交换树脂转变为H型；10% NaOH溶液处理阴离子交换树脂使其转变为OH型，最后用蒸馏水冲洗为中性。将处理好的树脂加水充分搅拌均匀，赶掉气泡，反复操作至洗液透明为止。将其倒入底部预装有少量脱脂棉的色谱柱中，让树脂浸泡在液面以下，勿使气泡进入。

2. 洗脱　多数离子交换色谱在水溶液中进行，有时也加少量的有机溶剂，如甲醇和乙醇等，也可用弱酸、弱碱和缓冲溶液。

3. 应用　离子交换色谱法操作简单，使用过的树脂可用适当的酸、碱和盐处理后，恢复交换能力，即再生，再生后可以重复使用。在食品理化检验、药物生产、中草药的提取分离和去离子水的制备方面应用广泛。

四、分子排阻柱色谱法

分子排阻柱色谱法又称空间排阻柱色谱法或凝胶柱色谱法，是利用被分离组分分子的大小或渗透系数的大小进行分离的方法。广泛应用于生物化学和水溶性高分子化合物如蛋白制剂等的分析。

（一）固定相

分子排阻色谱常用葡聚糖凝胶和聚丙烯酰胺凝胶等多孔性凝胶作为固定相。选择凝胶时应使试样的相对分子量落入凝胶的相对分子质量范围中。某高分子化合物的相对分子质量达到某一数值后就不能渗透进入凝胶的任何空穴，此数值称为凝胶的排斥极限；若小于该数值后就能进入凝胶的所有空穴，则该数值称为该凝胶的全渗透点；二者之间的相对分子质量范围，称为凝胶的相对分子质量范围。如图11－6所示。

（二）流动相

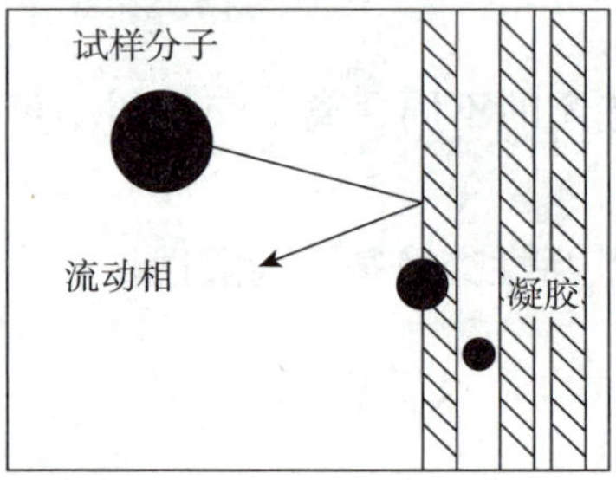

图11－6　分子排阻色谱法示意图

按流动相不同分为两类：以有机溶剂为流动相者称为凝胶渗透色谱法（GPC），以水溶液为流动相者称为凝胶过滤色谱法（GFC）。

凝胶色谱法分离机制取决于凝胶的孔径大小与被分离组分分子的大小之间的关系。各组分在流经凝胶表面时，小分子能完全渗透进入凝胶内部孔穴而被滞留，中等分子可以部分进入一些较大的孔穴，大分子则完全不能进入孔穴而只能沿凝胶颗粒之间的空隙随流动相流动。于是样品中各组分按大分子、中等大小分子、小分子的先后顺序流出色谱柱，从而得以分离。如图11－6所示。

知识链接

聚酰胺色谱按其操作形式可分为柱色谱和薄层色谱，可分离黄酮类、生物碱、萜类、甾类、糖类、氨基酸衍生物、核苷类等物质。柱色谱可将植物粗提物中的黄酮、黄酮苷元与苷分开；聚酰胺对鞣质的吸附特别强，高分子鞣质对聚酰胺的吸附是不可逆的，可利用聚酰胺将植物粗提物中的鞣质除去。聚酰胺薄层色谱广泛应用于酚性成分，包括黄酮、香豆素以及氨基酸衍生物的分离，展开时间短并且图谱分离清晰，适合于微克量的蛋白质、肽的N端氨基酸的分析与测定，亦可用于中药制剂中的微量游离氨基酸的测定。

培养学生积极探索，勇于创新的精神，树立认真学习的信念和为祖国研发新检测试剂的道德使命。

第三节　薄层色谱法 微课2

案例分析

案例　目前，老年性心脑血管疾病发病率明显上升。临床常用丹参治疗冠心病，并取得满意疗效。丹参作为广泛应用于临床各科的中药，越来越值得关注。但目前市场上伪品较多，如何鉴别丹参尤为重要。

分析　《中国药典》（2020年版）一部规定采用薄层色谱法来鉴别丹参。取本品粉末1g，加乙醇5ml，超声处理15分钟，离心，取上清液作为供试品溶液。另取丹参对照药材1g，同法制成对照药材溶液。再取丹参酮Ⅱ$_A$对照品、丹酚酸B对照品，加乙醇制成每1ml分别含0.5mg和1.5mg的混合溶液，作为对照品溶液。照薄层色谱法（通则0502）试验，吸取上述三种溶液各5μl，分别点于同一硅胶G薄层板上，以三氯甲烷-甲苯-乙酸乙酯-甲醇-甲酸(6∶4∶8∶1∶4)为展开剂，展开至约4cm，取出，晾干，再以石油醚(60~90℃)-乙酸乙酯(4∶1)为展开剂，展开至约8cm，取出，晾干，分别置日光及紫外光灯下检视。供试品色谱中，在与对照药材色谱和对照品色谱相应的位置上，显暗红色的斑点或荧光斑点。

树立底线意识，加强自我管理；食品、药品质量警钟长鸣，树立法治意识，依法执业。

薄层色谱法和纸色谱法与柱色谱法不同，因在平面上进行分离，又被称为平面色谱法。食品中的营养物质如蛋白质、氨基酸和食用色素等，与有害物质如残留农药和黄曲霉素等，都可用薄层色谱法进行定性分析和定量分析。并广泛应用于药物分析，现已成为一种极有价值的物质分离分析方法。并可作为柱色谱选择条件的预备方法。

一、基本原理

薄层色谱法按分离原理分为吸附薄层、分配薄层、离子交换薄层和凝胶薄层。其中吸附薄层色谱法应用最为广泛。

（一）分离原理

吸附薄层色谱法是将固定相吸附剂均匀地涂铺在光洁的玻璃板、塑料板或金属板上（厚度为0.2~0.3mm），各组分在此薄层上进行色谱分离的方法。若样品中含有A、B两个组分的混合溶液点在薄层板的一端，在密闭容器中用适当的溶剂（展开剂）展开，K 大的组分在薄层板上的迁移速度慢，而 K 小的组分在薄层板上的迁移速度快，最终完全分离，在薄层板上形成两个斑点。

（二）比移值与相对比移值

1. 比移值 R_f R_f 值表示各组分在薄层板上移动的位置，如图 11－7 所示。

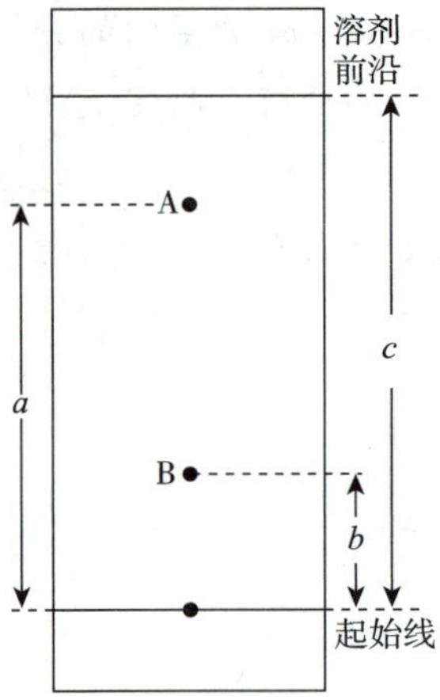

图 11－7 R_f 值的测量示意图

R_f 的表达式为：

$$R_f=\frac{\text{原点到斑点中心的距离}}{\text{原点到溶剂前沿的距离}} \tag{11-6}$$

上述 A、B 两组分的 R_f 值分别为：

$$R_{f(A)}=\frac{a}{c} \qquad R_{f(B)}=\frac{b}{c}$$

色谱条件一定时，R_f 为一常数，可利用 R_f 值对物质进行定性鉴别。R_f 值在 0～1 之间，与分配系数 K 有关，K 越大，R_f 越小，反之亦然。组分之间的 K 相差越大，R_f 相差也越大，越易分离。但影响 R_f 的因素很多，主要有流动相和固定相的种类和性质、展开剂的组成、展开时的温度、展开剂的饱和程度以及薄层板的性能等。要提高 R_f 的重现性，必须严格控制色谱条件。一般各斑点的 R_f 要求在 0.2～0.8 之间，不同组分的 R_f 之间应相差 0.05 以上，否则容易造成斑点重叠。

2. 相对比移值 R_r 由于 R_f 受许多因素的影响，定性分析时常采用相对比移值 R_r，用于消除实验过程中的系统误差，使定性结果更可靠。R_r 的表达式为：

$$R_r=\frac{\text{原点到样品组分斑点中心的距离}}{\text{原点到对照品斑点中心的距离}} \tag{11-7}$$

当 $R_r=1$ 时，表示样品与对照品一致。

例 11－1 已知样品 A 和对照品 B 经过薄层色谱展开后，原点到 A 样品斑点中心 9.0cm，原点到 B 对照品斑点中心 6.0cm，溶剂前沿到原点的距离 12cm，试分析：（1）A、B 两物质的 R_f 值为多少？（2）A、B 两物质的 R_r 值为多少？

解：

（1）$R_{f(A)}=\frac{a}{c}=\frac{9.0\text{cm}}{12\text{cm}}=0.75 \qquad R_{f(B)}=\frac{b}{c}=\frac{6.0\text{cm}}{12\text{cm}}=0.5$

（2）$R_r=\frac{a}{b}=\frac{9.0\text{cm}}{6.0\text{cm}}=1.5$

二、吸附剂的选择

薄层色谱中所用的吸附剂和液－固吸附柱色谱中所用的吸附剂类似，如硅胶、氧化铝、硅藻土、聚酰胺等。吸附剂颗粒的大小可用筛子单位面积的孔数（目数）表示。但在薄层色谱中要求吸附剂的颗粒更细。颗粒太大，展开速度快，展开后斑点宽，分离效果差；颗粒太小，展开速度慢，容易产生拖尾现象。

三、展开剂的选择

薄层色谱中展开剂的选择和柱色谱中洗脱剂的选择相似，均遵循“相似相溶”的原则。分离极性大的组分时，选用活性低的薄层板，选用极性大的展开剂展开，反之亦然。

在薄层色谱中，根据被分离组分的极性，先用单一溶剂展开，再根据分离效果考虑改用混合展开剂。例如物质 A 用苯展开时，若 R_f 太大，可在苯中加入适量极性小的溶剂（如石油醚）以降低展开剂的极性，使 R_f 值符合要求；若 R_f 太小，则可在苯中加入适量极性大的溶剂（如乙醇），调整苯和乙醇的比例，以获得满意的 R_f 值。

四、操作方法 微课 3

（一）制板

制板是将吸附剂或载体涂铺于薄板上成为厚度一致的薄层的过程。常采用玻璃板涂铺固定相，玻璃板的大小根据操作需要而定，应洗涤干净，烘干备用。

薄板有两种：不加黏合剂的软板和加黏合剂的硬板，常用加黏合剂的硬板。

软板采用干法铺板，是将吸附剂用玻璃棒从玻璃板一端推移至另一端（套上塑料环）。如图 11－8 所示。干法铺板具有简单、快速、展开速度快等特点，但分离效果较差。

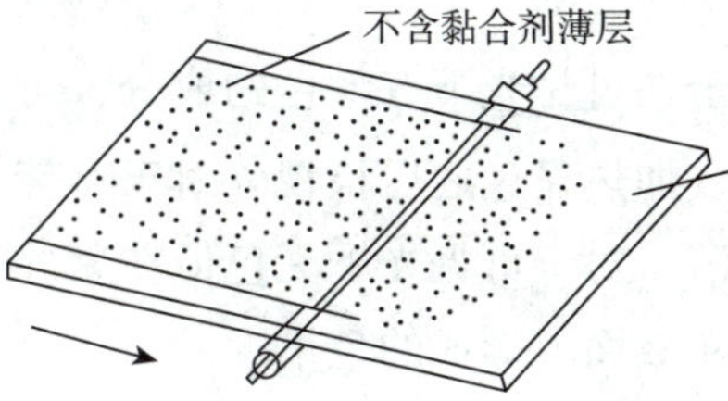

图 11－8　干法铺板示意图

硬板采用湿法铺板，是在吸附剂中加入黏合剂，与吸附剂调成糊状物进行制板。黏合剂起固定薄层的作用。

常用的黏合剂有 0.5%～1% 的羧甲基纤维素钠（CMC－Na）溶液和 5%～15% 的煅石膏（G）溶液等。前者制成的硬板，机械性能较强，但不耐腐蚀；后者制成的硬板，机械性能较差、易脱落，但耐腐蚀，可用浓硫酸试液显色。

制板方法有以下三种。①倾注法，取适量调制好的吸附剂糊状物，倾倒在玻璃板上，轻轻振动玻璃板使薄层均匀，放在平台上晾干，然后置于烘箱内加热活化。②平铺法又称刮板法，将玻璃板置于平台上，然后用两条稍厚的玻璃做框边，框边高出中间玻璃板的厚度即薄层的厚度。将调制好的糊状吸附剂从一端刮向另一端，轻轻振动薄板，晾干，如图 11－9 所示。然后置于烘箱内加热活化。③机械涂铺法，用涂铺器制板，操作简单，板的厚度可按需调节，制得的薄板厚度一致，分离效果好，是目前应用广泛的制板方法，适用于定量分析。

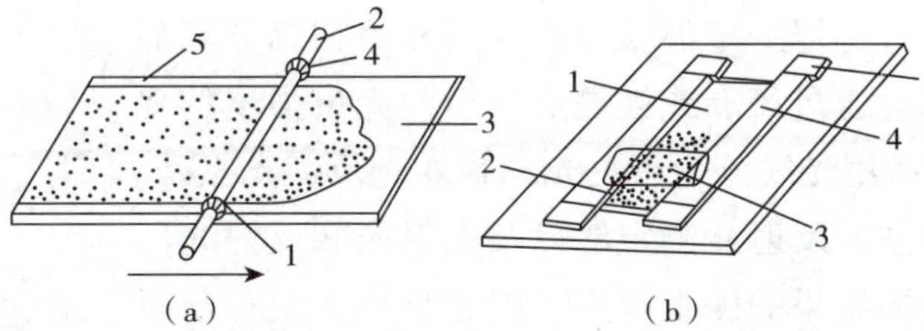

图 11－9　湿法铺板示意图

（a）1. 调节薄层厚度的塑料环；2. 玻璃棒；3. 玻璃板；4. 防止玻璃滑动的环；5. 薄层吸附剂

（b）1. 玻璃板；2. 薄层糊状物；3. 推刮薄层用的玻璃片；4. 调节涂层厚度的玻璃板；5. 长玻璃垫板

硅胶板应在 105～110℃ 活化 0.5～1 小时，冷却后保存于干燥器中。

（二）点样

在距薄板的一端 1.5～2cm 处用铅笔轻轻划一条起始线，线中间画一“×”号标记点样位置，然后用定量毛细管或微量注射器点样。

将样品溶液点在已做好标记的位置上（点样点称为原点），原点直径不超过 2～3mm。可用电吹风机吹干，以避免在空气中吸湿而降低活性。然后将薄层板放入色谱缸内展开。

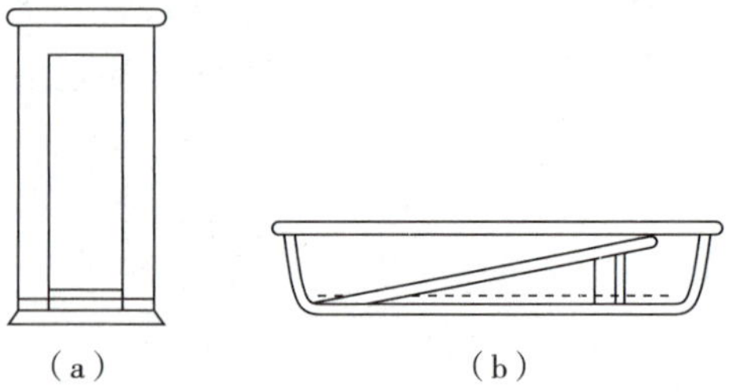

图 11－10 薄层展开示意图
(a) 上行单向展开 (b) 近水平展开

(三) 展开

薄层色谱法的展开方式有上行法展开、下行法展开、近水平展开、双向展开、多次展开和径向展开等。根据薄层板的大小、形状、性质选用不同的展开方式和色谱缸，如上行展开是在直立型展开槽中进行，近水平（15°～30°）展开是在长方形展开槽内进行。展开方式，如图 11－10 所示。

展开时，色谱缸空间应为展开剂蒸气饱和状态，以防止出现中间部分的 R_f 比边缘部分 R_f 小的现象，即边缘效应。一般，当展开到薄板约 3/4 处时，取出薄板，做好溶剂前沿标记，可用电热风吹干或烘箱烘干。

(四) 显色

对于在可见光下有颜色的成分，可直接测算 R_f 值来检视。也可用喷雾法或浸渍法以适宜的显色剂显色，或加热显色之后检视。对于有荧光的物质或遇某些试剂可激发荧光的物质，可在紫外光灯下观察荧光色谱。对于可见光下无色但在紫外光下有吸收的成分，可采用含有荧光剂的硅胶板，在紫外光灯下观察荧光板面上形成的色谱。

五、定性分析与定量分析

1. 定性分析 在一定的色谱条件下，同一物质的 R_f 值或 R_r 值相同。当斑点位置确定后，即可测算出组分的 R_f 值。与文献记载的 R_f 值对照可进行各组分定性鉴定。因为影响 R_f 值的因素较多，常采用 R_r 值进行定性鉴别。

2. 定量分析 薄层色谱法的定量分析方法有以下几种。

(1) 目视比色法 是一种半定量分析方法。将待测样品与一系列已知浓度的标准溶液并排点样于同一薄层板上，色谱展开后可比较各斑点的颜色深浅及面积大小，求得被测组分的近似含量。

(2) 洗脱测定法 试样经薄层色谱法分离后，将组分斑点全部取下并用合适的溶剂进行洗脱，再用适当的方法如紫外分光光度法、荧光分光光度法等进行定量测定。

(3) 薄层扫描法（TLCS） 以一定波长、强度的光束扫描分离后的各斑点，以薄层扫描仪测量通过斑点或被斑点反射的光束强度的变化以达到定量的目的。扫描所用光线分为可见光、紫外光及荧光三种。测量方式可分为透射光测定法、反射光测定法以及透射光和反射光同时测定法。由于影响薄层扫描结果的因素很多，因此将样品组分与对照品在同一薄层板上展开后扫描、比较并计算、定量，以减小误差。

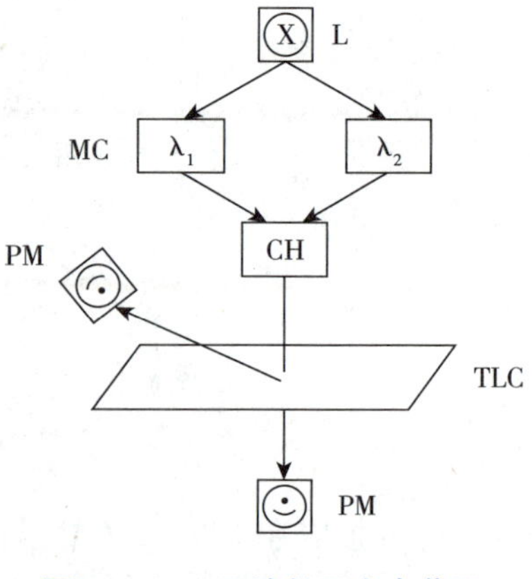

图 11－11 双波长双光束薄层扫描仪光学系统简图

由于分析仪器的不断发展，用薄层扫描仪测定斑点的含量已成为薄层色谱定量的主要方法。为适应薄层色谱的要求而针对斑点进行扫描的分光光度计成为薄层扫描仪。该仪器种类很多，双波长双光束薄层扫描仪是目前较为常用的一种，如图 11－11 所示。双波长即样品波长（λ_S）和参比波长（λ_R）。样品波长应选择样品斑点吸收曲线的最大吸收峰处的波长，即吸收灵敏度最高。参比波长应选择样品斑点吸收曲线的基线部分的波长，即空白吸收值最低。双波长扫描法测定的是 λ_S 波长扫描和 λ_R 波长扫描所得的 ΔA，为吸收度差值。该方法消除了在一定程度上由于薄层厚度不均匀而引起的基线波动，从而提高了测定结果的准确度。

第四节　纸色谱法

纸色谱法是以滤纸为载体，滤纸纤维上吸附的水为固定相的平面色谱法。此方法操作简单、样品用量少、分离效能高。因此，在食品检验、理化检验等方面应用十分广泛。

一、基本原理

纸色谱法的分离原理与液-液分配柱色谱相似，都是利用样品中各组分在两相互不相溶的溶剂间分配系数不同实现分离的分配色谱法。

纸色谱法的展开剂是与水互不相溶的有机溶剂。在实际应用中，也可用与水相溶的溶剂作展开剂。纸色谱法的固定相除水以外，也可以用吸留在滤纸上的其他物质，如各种缓冲溶液。

正相色谱法以水为固定相，用于分离极性物质。在其他条件一定时，被分离组分的极性越大，组分 R_f 越小，反之亦然。反相色谱法的固定相是极性小的有机溶剂，水或极性溶剂作展开剂，用于分离非极性物质。纸色谱法常用于食品中氨基酸的分离和检出。

知识链接

色谱滤纸的要求

1. 质地均匀，平整无折痕，边缘整齐，保证溶剂展开速度均匀。
2. 应有一定的机械强度，当展开剂润湿后仍能保持原状。
3. 纸纤维的松紧适宜，过于紧密展开速度慢，过于疏松易使斑点扩散。色谱滤纸有慢速、中速、快速三种，一般中速滤纸使用较多。

在实验过程中，应严格按照要求选用滤纸，按照规程操作，养成实事求是的科学素养。

例 11-2　某样品经纸色谱展开后，原点到溶剂前沿的距离为 11cm，其 R_f 值为 0.75，求该样品组分由原点到斑点中心的距离为多少？

解： $R_f=\frac{a}{c}=\frac{a}{11\text{cm}}=0.75$

$a=0.75\times11\text{cm}=8.25\text{cm}$

答：该样品组分由原点到斑点中心的距离为 8.25cm。

二、操作方法 微课 4

（一）点样

取一张滤纸条，在距纸一端 2~3cm 处点样，点样后用红外灯或电吹风干燥。其他与薄层色谱法相似。

（二）展开

纸色谱所用的展开剂与薄层色谱有很大区别，选择展开剂主要根据样品组分在两相中的溶解度和展开剂的极性来考虑。展开后，R_f 应在 0.05~0.85 之间。分离二个及以上组分时，其 R_f 相差至少要大于 0.05。展开剂预先用水饱和，否则展开过程中会把固定相中的水夺去。常用的展开剂有用水饱和的正丁醇、正戊醇、酚等。

（三）斑点的定位

纸色谱的斑点定位方法与薄层色谱法相似，根据被分离组分的性质，如果某些组分不显示斑点，可喷洒合适的显色剂显色，如氨基酸，可喷洒茚三酮显色剂使其显淡紫色。勿使用浓硫酸等带有腐蚀性的显色剂。常见的几类化合物纸色谱的展开剂和显色剂见表11－2。

表11－2 常见的几类化合物纸色谱的展开剂和显色剂

化合物类别	展开溶剂		显色剂
氨基酸	（1）正丁醇：醋酸：乙醇：水 （2）戊醇：吡啶：水	4：1：1：2 35：35：30	茚三酮（0.3g茚三酮溶解于100ml醋酸）80℃加热，呈红色斑点
酚类	（1）正丁醇：醋酸：水 （2）正丁醇：吡啶：水	4：1：5 2：1：5	三氯化铁（2g三氯化铁溶解于100ml 0.5mol/L HCl中）呈蓝色或绿色斑点
糖类	（1）正丁醇：乙醇：水 （2）正丁醇：醋酸：水	4：1：5 4：1：5	邻苯二甲酸苯胺（0.93g苯胺、1.66g邻苯甲酸溶解于100ml水饱和的正丁醇中）105℃加热，呈红色或棕色斑点
有机酸	（1）正丁醇：醋酸：水 （2）正丁醇：乙醇：水	4：1：5 4：1：5	溴甲酚绿（0.04g溴甲酚绿溶解于100ml乙醇中，加0.01mol/L NaOH直至刚出现蓝色为止）呈黄色斑点
生物碱	（1）正丁醇：吡啶：水 （2）正丁醇：醋酸：水	4：1：5 4：1：5	碘化铋钾溶液（0.85g碱式硝酸铋溶解于10ml冰醋酸和40ml水，碘化钾0.8g溶于20ml水，二者等量混合后储存，用前与20ml冰醋酸和60ml水混合）呈橘红色斑点

三、定性分析与定量分析

纸色谱定性方法与薄层色谱法完全相同，都是依据R_f值检视。但是影响R_f值的因素较多，因此常将样品与对照品在同一滤纸上展开，进行对照。或测算斑点的R_f值后进行定性分析。

纸色谱常用以下方法进行定量分析。

1. 目视比色法 将系列标准溶液和样品溶液同时点在一张滤纸上，展开和显色后，求出样品的近似含量。

2. 剪洗法 先将确定部位的色斑剪下，经溶剂浸泡、洗脱，然后用比色法或分光光度法定量。

3. 光密度测定法 直接用色谱斑点扫描仪测定斑点颜色浓度，将样品与标准品对照即可求算含量。

知识链接

近年来，食品添加剂超标、农药残留等食品安全事件时有发生，食品安全问题已成为大众关注的社会热点问题，如何预防食品安全事件的发生是食品安全监管部门值得思考的问题。而运用食品安全检测技术，可以预防发生食品安全事故，确保人们的饮食安全。目前，液相色谱－串联质谱法（LC－MS/MS）具有灵敏度高、测定结果准确、重复性好等优点，广泛应用于食品安全检测。

1. 食品中食品添加剂的检测 目前，检测食品添加剂的食品安全检测技术有：气相色谱法、液相色谱法和液相色谱－串联质谱法等。2021年版《国家食品安全监督抽检实施细则》规定，使用液相色谱－串联质谱法测定的食品添加剂有安赛蜜和甜蜜素。国家标准GB 2760—2014规定，白酒、黄酒、葡萄酒中禁止使用甜蜜素。采用GB 5009.97—2016检测其中的甜蜜素，能够对其进行快速、准确的定性和定量分析，定量限为0.1mg/kg。

2. 食品中农药残留的检测 在农作物种植过程中，应该科学使用农药，控制农药用量。若过量使用，长此以往土壤中会残留农药，污染环境，导致农作物农药残留量超过标准限量，存在食品安全隐患，危害人们的身体健康。液相色谱-串联质谱法检测食品中的农药残留，检出限低，能够进行多种农药的残留量测定。如 GB/T 20769—2008、GB/T 20770—2008 和 GB 23200.34—2016 能够分别测定蔬菜、水果、粮食作物中的近 500 种农药残留。

液相色谱串联质谱技术也被广泛应用于临床检验检测领域，在精准医疗时代，LC-MS/MS 已发展成为临床检验进而辅助疾病诊断和治疗的一项重要工具。

在工作生活中，理解分析化学在社会服务中的重要作用，培养万事以“德”为先的意识，提高遵纪守法的意识，养成良好的职业素养。

实训二十三 两种混合染料的薄层色谱

一、实训目的

1. 熟悉 薄层硬板的制备。

2. 掌握 薄层色谱法的操作技术；测定和计算 R_f 值的方法。

二、实训原理

罗丹明 B 与二甲基黄混合液，因二者化学结构不同，导致极性有差异，使其在流动相中的溶解度及固定相（硅胶）对其吸附力均不同。当流动相携带二者流经固定相时，经过无数次的吸附、解吸，二者产生差速迁移，得以分离。

利用计算各斑点的 R_f，进行定性分析。选取罗丹明 B 与二甲基黄二样品斑点，用尺量出原点到各斑点中心的距离以及起始线到溶剂前沿的距离。

$$R_f = \frac{\text{原点到斑点中心的距离}}{\text{原点到溶剂前沿的距离}}$$

三、仪器与试剂

1. 仪器 色谱缸、玻璃片(5cm×10cm)、研钵、毛细管、电吹风、烘箱。

2. 试剂 薄层用色谱硅胶、0.5%羧甲基纤维素钠(CMC-Na)、罗丹明 B 与二甲基黄混合液、95%乙醇。

四、实训步骤

1. 铺板 将硅胶 20g、0.5% CMC-Na 溶液 20ml 和 30ml 水加入研钵中，研磨均匀后，倾倒在洁净的玻璃板上，用手轻轻振动玻璃板，使糊状物均匀分布在玻璃板上。将板置于水平台上。在室温下干燥，放进 110℃烘箱活化 30 分钟，取出制备好的硅胶硬板，放干燥器中备用。

2. 点样 在硬板上距一端 1.5cm 处用铅笔轻轻划一条起始线，起始线中间打一个“×”作为原点。用毛细管吸取罗丹明 B 与二甲基黄混合液，在原点处点混合液（不超过 2~3 次），原点扩散直径不能超过 2~3mm。

3. 展开 将点样板放入盛有95%乙醇的密闭色谱缸内，饱和10分钟，然后近水平展开。展开剂浸没下端的高度不宜超过0.5cm。展开到板的3/4高度后取出，用铅笔在溶剂前沿划一条前沿线，晾干。

4. 定性分析 用铅笔将各斑点框出，并找出斑点中心，用尺量出原点到各斑点中心的距离以及起始线到溶剂前沿的距离，计算各斑点的 R_f。进行定性分析。

五、数据记录及处理

表11-3 数据记录

	斑点A	斑点B
原点至斑点中心的距离		
原点至溶剂前沿的距离		
R_f		
结果	$R_{f(罗丹明B)}$	$R_{f(二甲基黄)}$

六、注意事项

1. 制备硬板时，硅胶和CMC-Na溶液置于研钵中必须朝同一方向均匀研磨。
2. 在硬板上涂铺糊状物时要求厚度均匀，不带气泡。
3. 点样时，不能损坏薄层表面。
4. 展开剂必须事先倒入色谱缸或大试管，使其蒸气达到饱和。
5. 展开时，色谱缸必须密闭，以免因缸内蒸气未饱和而影响分离效果。

七、思考题

1. 硬板为什么在室温下干燥后，还要置于110℃烘箱活化?
2. 活化后的薄板为什么要贮存于干燥器内?

实训二十四 薄层扫描法测定混合染料中苏丹红的含量

一、实训目的

1. 掌握 薄层色谱的定量分析方法。

2. 熟悉 平面色谱的操作。

二、实训原理

苏丹红和对甲氧基偶氮苯均为偶氮染料，因二者化学结构不同，导致极性有差异，使其在流动相中的溶解度及固定相（硅胶）对其吸附力均不同。当流动相携带二者流经固定相时，经过无数次的吸附、解吸，二者产生差速迁移，得以分离。

利用薄层扫描法进行定量分析。选中对照品斑点，扫描，输入浓度；选中样品斑点，扫描并获得数据（R_f 值、浓度）。

三、仪器与试剂

1. 仪器 硅胶G板、色谱缸、100ml容量瓶、薄层扫描仪。

2. 试剂 苏丹红、浓氨水、对甲氧基偶氮苯、四氯化碳、环己烷、丙酮。

四、实训步骤

1. 苏丹红对照品（1mg/ml）溶液的配制 精密称取苏丹红对照品100mg，加适量四氯化碳溶解，转移至100ml容量瓶中，并加四氯化碳定容，即得。

2. 样品溶液的配制 取苏丹红、对甲氧基偶氮苯适量，加四氯化碳溶解并转移至100ml容量瓶中，稀释、定容，即得混合染料溶液。

3. 展开剂的配制 正己烷：丙酮：氨水 =40：2：1

4. 点样 用铅笔在距硅胶G板一端1.5cm处标记起始线，随后标出原点（轻），间距适当。用微量进样器分别精密量取苏丹红对照品、混合染料溶液各10μl，分别点于原点上，斑点直径不宜超过3mm。

5. 展开 将点有样品及对照品的硅胶G板置于装有20ml展开剂（加2滴浓氨水）的色谱缸（卧式）中饱和约10分钟。（先安放好薄层板，再加入展开剂，密闭色谱缸）

将薄层板标记起始线的一端浸入展开剂中（不超过0.5cm），原点不得浸入展开剂中。展开距离约15cm时，取出薄板，标记前沿，挥干展开剂。

6. 定性分析和定量分析 将上述薄层板置薄层扫描仪中，于300nm波长下扫描，对样品进行定性分析和定量分析。

五、数据记录及处理

表11－4 数据记录

	对照品	样品（红）	样品（黄）
比移值（R_f）			
结论			

六、注意事项

1. 点样时微量注射器进样针头不能损坏薄层表面。
2. 展开剂用量适当。一般薄层板能浸入0.3～0.5cm为宜。
3. 展开时色谱缸必须密闭，以免因溶剂挥发而影响展开剂比例，影响溶剂效果。

七、思考题

1. 什么是边缘效应，如何预防？
2. 薄层色谱的操作有哪几步？
3. 混合物A、B、C三组分的分配系数分别为540、450、410。进行柱色谱分析时三组分的出柱顺序如何？（用保留时间 t_R 表示）若是薄层色谱分离三组分，则其比移值（R_f）大小顺序是？

实训二十五 几种氨基酸的纸色谱

一、实训目的

1. 熟悉 纸色谱法分离氨基酸的原理。

2. 掌握 纸色谱法的操作技术；测定和计算 R_f 的方法。

二、实训原理

几种氨基酸，因其化学结构不同，导致极性有差异，利用样品中各组分在两相互不相溶的溶剂间分配系数不同实现分离的分配色谱法。当流动相携带样品流经固定相时，各组分在互不相溶的两种液体中经过无数次的溶解、萃取。因各组分 K 略有差异，得到分离。利用计算各斑点的 R_f，进行定性分析。选取几种氨基酸样品斑点，用尺量出原点到各斑点中心的距离以及起始线到溶剂前沿的距离。

$$R_f=\frac{\text{原点到斑点中心的距离}}{\text{原点到溶剂前沿的距离}}$$

三、仪器与试剂

1. 仪器 色谱缸或大试管、色谱滤纸（17cm×1.5cm）、毛细管、显色用喷雾器、电吹风。

2. 试剂 几种氨基酸的甲醇混合溶液、0.2% 的茚三酮醋酸丙酮溶液（0.2g 茚三酮、40ml 醋酸、60ml 丙酮）、正丁醇：醋酸：水（4：1：5）。

四、实训步骤

1. 取配比为 4：1：5 的正丁醇：醋酸：水混合溶液 20ml 展开剂置于色谱缸或大试管中。

2. 准备。取色谱滤纸（17cm×1.5cm）一张，距离一端 2cm 处用铅笔划一条起始线，在起始线的中点做一标记“×”，以备点样时作为原点。

3. 点样。用毛细管吸取几种氨基酸的混合液，在原点处轻轻点样（不超过 2～3 次），点样后原点扩散直径不能超过 2～3mm。待干后，将滤纸悬挂于盛有正丁醇：醋酸：水为 4：1：5 的混合液的色谱缸或大试管中，饱和 10 分钟。

4. 展开。将点有样品的一端浸入展开剂约 1cm 处（勿使样品浸入展开剂），上行展开，当展开剂扩散到距离纸顶端 2cm 处时，取出滤纸条，用铅笔在展开剂前沿划一条前沿线，晾干。

5. 显色。用喷雾器将 0.2% 茚三酮试液均匀地喷到滤纸条上，置于烘箱（60～80℃）中烘 10 分钟左右取出即可看见各种氨基酸斑点。（也可用电吹风加热显色）。

6. 定性。分别测量并计算斑点的 R_f 值，做出定性结论。

五、数据记录及处理

表 11－5 数据记录

	斑点 A	斑点 B	斑点 C
原点至斑点中心的距离			
原点至溶剂前沿的距离			
R_f			
结果	$R_{f(甘氨酸)}$	$R_{f(色氨酸)}$	$R_{f(亮氨酸)}$

注：$R_{f(甘氨酸)标准}=0.30$　$R_{f(色氨酸)标准}=0.64$　$R_{f(亮氨酸)标准}=0.79$

六、注意事项

1. 色谱滤纸应平整、干净、边缘整齐。

2. 点样次数由样品液的浓度而定。重复点样，必须要等前次样点干后方可再次点样，以防原点扩散。

3. 展开剂必须事先倒入色谱缸或大试管，使其蒸气达到饱和。

七、思考题

1. 展开时为什么勿使样品浸入展开剂？
2. 为什么展开剂必须事先倒入色谱缸或大试管？

答案解析

练习题

一、填空题

1. 色谱法根据分离机制可分为________、________、________、________。
2. 常用的吸附剂有________、________、________、________。
3. 待分离组分的分配系数 K 值越大，则它在色谱柱中停留的时间________，其保留值越大，________出色谱柱。各组分的 K 值相差越大，则它们越________分离。
4. 离子交换树脂的种类分为________、________。
5. 常用 R_f 值在________之间，________为最佳范围，R_r 值可________，也可________。

二、选择题

（一）单项选择题

1. 吸附平衡常数 K 值大，则（ ）
   A. 组分被吸附得不牢固　　B. 组分被吸附得牢固
   C. 组分移动速度快　　D. 组分吸附得牢固与否与 K 值无关
2. 在吸附色谱中，分离极性小的物质应选用（ ）
   A. 活性低的吸附剂和极性小的洗脱剂　　B. 活性低的吸附剂和极性大的洗脱剂
   C. 活性高的吸附剂和极性大的洗脱剂　　D. 活性高的吸附剂和极性小的洗脱剂
3. 纸色谱法属于（ ）
   A. 分配色谱　　B. 吸附色谱　　C. 离子交换色谱　　D. 分子排阻色谱
4. 色谱法中下列说法正确的是（ ）
   A. 洗脱剂和展开剂的作用不同
   B. 分离极性大的物质应选用活性大的吸附剂
   C. 分配系数 K 越大，组分在柱中滞留的时间越长
   D. 吸附剂含水量越高则活性越高
5. 在薄层色谱中，一般要求 R_f 值的范围在（ ）
   A. 0.2～0.8　　B. 0.1～0.2　　C. 0.8～1.0　　D. 1.0～1.5
6. 每克干树脂真正参加交换反应的活性基团数是（ ）
   A. 理论交换容量　　B. 实际交换容量　　C. 理论交联度　　D. 实际交联度
7. 下列说法中错误的是（ ）
   A. K 值小，R_f 值大
   B. 用离子交换色谱时，样品中高价离子后被洗脱下来
   C. 用纸色谱时，样品中极性小的组分 R_f 值小
   D. 用凝胶色谱法时，样品中分子量小的组分先被洗脱下来

（二）多项选择题

1. 影响 R_f 的因素有（　）

A. 温度　　B. 厚度　　C. 边缘效应

D. 展开距离　　E. 点样量

2. 在阴离子交换树脂分子中引入的交换基团可能是（　）

A. $—SO_3H$　　B. $—N^+R_3$　　C. —NHR

D. $—NR_2$　　E. —COOH

3. 阳离子交换树脂中常引入的酸性交换基团为（　）

A. —COOH　　B. $—NR_2$　　C. —OH

D. $—SO_3H$　　E. —NHR

三、简答题

1. 吸附色谱法中被分离组分、吸附剂和流动相三者之间的关系遵循的一般原则是什么？

2. 在同一薄层色谱中，已知混合物中 A、B、C 三组分的分配系数分别为 420、460、500，问 A、B、C 三组分的 R_f 大小顺序如何？

3. 为什么同属六碳糖的葡萄糖、鼠李糖、洋地黄毒糖，在相同的纸色谱法条件下，其比移值由大到小的顺序为 $R_{f(\text{葡萄糖})}>R_{f(\text{鼠李糖})}>R_{f(\text{洋地黄毒糖})}$？

四、计算题

1. 某样品采用纸色谱法展开后，原点距斑点中心的距离 8.0cm，原点距溶剂前沿的距离 12cm。求其 R_f？

2. 在同一薄层板上将某样品和标准品展开后，原点距样品斑点中心的距离 7.5cm，原点距标准品斑点中心的距离 6.0cm，原点距溶剂前沿的距离 15cm，试求样品及标准品的 R_f 和 R_r？

书网融合……

本章小结　微课 1　微课 2　微课 3　微课 4　题库

PPT

第十二章 其他仪器分析法简介

学习目标

知识目标

1. **掌握** 荧光分光光度法、气相色谱法和高效液相色谱法的基本原理和定量分析方法。

2. **熟悉** 荧光分光光度计、气相色谱仪和高效液相色谱仪的基本结构、主要部件和工作流程。

3. **了解** 荧光分光光度法、气相色谱法和高效液相色谱法的应用。

能力目标

1. 能正确使用荧光分光光度计、气相色谱仪和高效液相色谱仪。
2. 能用荧光分光光度法、气相色谱法和高效液相色谱法进行定性定量分析。

素质目标

通过本章的学习，培养学生热爱科学仪器和遵守操作规程的学习态度。通过讲述现代仪器分析的发展，让学生感悟到不断升级优化的仪器背后凝结着科研工作者的智慧与汗水，激发学生努力钻研和勇于创新的精神；通过实训项目的开展，培养学生爱惜仪器、严谨细致和实事求是的职业精神。

情境导入

情境 防腐剂是指能防止食品腐败变质，抑制食品中微生物繁殖，延长食品保存期的食品添加剂。我国《食品安全国家标准食品添加剂使用标准》（GB 2760—2014）中收载的防腐剂共有26类，按其来源可将其分为天然防腐剂与人工合成防腐剂两大类。天然防腐剂是由微生物体内或代谢产物中发现的一种具有防腐作用的物质，如纳他霉素、溶菌酶等，它们具有对人体健康危害小、防腐能力弱、易降解、生产成本高的特点；而人工合成防腐剂与其相比由于具有防腐能力强、性质稳定、生产成本低、纯度高、使用方便等优点，因此在正确的使用范围和用量内，人工合成防腐剂的应用更广泛。

目前我国食品加工中多使用苯甲酸及其钠盐和山梨酸及其钾盐作为食品防腐剂，该防腐剂常用于饮料、果汁、蜜饯、果酒、酱油等酸性食品的防腐。我国食品安全国家标准《食品中山梨酸苯甲酸的测定》（GB/T 5009.29—2003）中收载的苯甲酸钠的测定方法包括气相色谱法、高效液相色谱法与薄层色谱法。

思考 1. 气相色谱法进行食品中苯甲酸钠含量测定的色谱条件和原理是什么？

2. 液相色谱法与气相色谱法的区别有哪些？

第一节 荧光分光光度法

一、概述

荧光分光光度法是一种利用某些物质的荧光光谱特性来进行定性或定量的分析方法。有些物质具有光致发光现象，即它们可以吸收电磁辐射，然后又重新发射出相同或较长波长的辐射。光致发光最常见类型是荧光和磷光。在荧光分析中，待测物质分子吸收光子能量而被激发，然后处于激发态的分子回到基态时所发射的光称为荧光。如果待测物质是分子，称为分子荧光；如果待测物质是原子，称为原子荧光。一般所说的荧光分析法，是指以紫外光或可见光作为激发源，所发射的荧光波长较激发光波长要长的分子荧光分析法。荧光分光光度法最主要的优点是灵敏度高（检出限可达到 $10^{-12}\sim10^{-10}$g/ml）、选择性好、所需样品量少，因此，在临床医学检验、生化测定、免疫测定、药品检验、环境监测等领域具有特殊的重要性。

二、基本原理

（一）荧光和磷光的产生

荧光是指从第一电子激发态的最低能级轨道落回基态轨道上时所释放出来的辐射能。分子在吸光后被激发到第一电子激发态或第二电子激发态各振动能级轨道，在 $10^{-11}\sim10^{-13}$秒时间内，通过分子间的碰撞或者分子与晶格间的相互作用，以热形式损失掉部分能量，从激发态的较高振动能级回到同一电子激发态的最低振动能级，这一过程称为振动弛豫。少数含有重原子（碘、溴等）的物质，由于自旋轨道的强偶合作用，经过另一无辐射跃迁转移至激发三重态的高振动能级上，这一过程称为体系间跨越。经过体系间跨越的分子再经过振动弛豫降至激发三重态最低能级，并存活一段时间，然后发出光辐射降至基态的各个能级，这种光辐射称为磷光。磷光的波长比荧光更长。

（二）激发光谱与发射光谱

任何发射荧光的物质分子都具有两个特征光谱，即激发光谱和发射光谱。

1. 激发光谱 指不同激发波长的辐射引起物质发射某一波长荧光的相对效率，以荧光强度（F）为纵坐标，激发波长（λ_{ex}）为横坐标作图，即可得到激发光谱。

2. 荧光光谱 荧光光谱又称荧光发射光谱，即使激发光的波长和强度保持不变，而让荧光物质所产生的荧光通过发射单色器后照射于检测器上，通过发射单色器扫描以检测各种波长下相应的荧光强度，然后记录荧光强度（F）对发射波长（λ_{em}）的关系曲线，所得到的图谱称为荧光光谱。荧光光谱表示在所发射的荧光中各种波长组分的相对强度。

激发光谱和荧光光谱可用来鉴别荧光物质，并作为进行荧光分析时选择适当波长的依据。

（三）分子结构与荧光的关系

能产生分子荧光的物质都具有电子吸收光谱特征，并具有较高的荧光效率。强荧光物质往往具备如下特征：具有较大的共轭 π 键，具有刚性的平面结构，取代基团为给电子取代基。

三、荧光分光光度计

荧光分光光度计基本结构如图 12－1 所示。

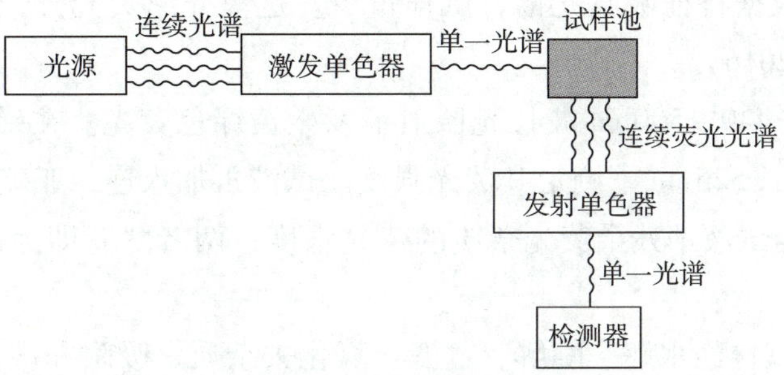

图 12-1　荧光分光光度计结构示意图

荧光分光光度计有两个单色器，激发单色器选择激发光波长，发射单色器选择发射光波长，通常第二个单色器应垂直于入射光方向，这样可以避免透射光干扰。仪器关键部件如下。

1. 光源　有高压汞蒸气灯和氙灯，后者在紫外光区和可见光区能发射出强度较大的连续光谱（220～700nm），是目前荧光分光光度计中应用最广泛的一种光源。

2. 激发单色器　位于光源和试样池之间，其作用是只让选定波长的激发光透过而照射到样品上。

3. 发射单色器　位于试样池和检测器之间，其作用是滤去激发光的反射光、散射光和杂质发射的荧光，只让选定波长的荧光透过而照射到检测器上。

4. 试样池　又称样品室，常用石英比色皿，质地应较纯，不含荧光性杂质，常为方形或长方形，四面透明，应固定受光面标志。如需配对使用，可在比色皿中装入硫酸奎宁溶液（1×10^{-6}g/ml），设置激发波长 350nm，发射波长 450nm，仪器示值调至 90%，选取各池荧光强度相差不大于 0.5% 者，成对使用。

5. 检测器　荧光的强度比较弱，因此要求检测器有较高的灵敏度。一般用光电管或光电倍增管作检测器，可将光信号放大，并转变为电信号。

四、应用示例

（一）定量分析法

1. 标准曲线法　配制一系列不同浓度的标准溶液 c_1、c_2、c_3、…，分别测其荧光强度 F_1、F_2、F_3、…以浓度 c 为横坐标，相应的荧光强度 F 为纵坐标，绘制 $F\sim c$ 曲线。然后在同样条件下测定试样溶液的荧光强度 F_x，在标准曲线上查找对应的浓度 c_x。

2. 比较法　如果荧光分析标准曲线过原点，在线性范围内在相同条件下配制试样溶液和标准品溶液，分别测定试样溶液和标准品溶液的荧光强度，F_x 和 F_s，按比例关系计算试样中荧光物质的含量。

如果空白溶液的荧光强度不能调到 0 时，必须从 F_x 和 F_s 值中扣除空白溶液的荧光强度 F_0，然后进行计算。

$$\frac{F_s - F_0}{F_x - F_0} = \frac{c_s}{c_x}，得\ c_x = \frac{F_x - F_0}{F_s - F_0}c_s$$

3. 多组分混合物测定　如果混合物中各组分都有荧光峰，且相距较远，互不干扰，则可分别在不同波长下测定各个组分的荧光强度，直接求出各组分的浓度；如果有干扰，可类似紫外-可见吸收光谱多组分定量方法，采用解方程组方法测定。

（二）应用案例

荧光分析法最主要优点是灵敏度高，比紫外-可见吸收光谱法高 2～4 个数量级；选择性强，既可依据特征发射光谱，又可根据特征吸收光谱；试样量少。这里介绍荧光分光光度法测定食品中维生素 B_2 的含量（GB 5009.85－2016）。

1. 原理 维生素 B_2 在 440～500nm 波长光照射下发生黄绿色荧光。在稀溶液中其荧光强度与维生素 B_2 的浓度成正比。在波长 525nm 下测定其荧光强度。试液再加入连二亚硫酸钠，将维生素 B_2 还原为无荧光的物质，然后再测定试液中残余荧光杂质的荧光强度，两者之差即为试样中维生素 B_2 所产生的荧光强度。

2. 试样制备及测定 试样经水解、酶解、过滤、氧化去杂质、吸附和洗脱等操作，按标准曲线法，于激发光波长 440nm，发射光波长 525nm，测量试样管及标准管的荧光值。然后根据维生素 B_2 的含量计算公式计算结果。

第二节　色谱分析法 微课

色谱分析法是一种分离分析方法，在分析化学、有机化学、生物化学等领域有着非常广泛的应用。色谱法利用不同物质在不同相态的选择性分配，以流动相对固定相中的混合物进行洗脱，混合物中不同的物质会以不同的速度沿固定相移动，最终达到分离的方法。

按两相状态分类：用气体作为流动相的色谱法称为气相色谱法（GC）；用液体作为流动相的色谱法称为液相色谱法（LC）。按分离原理分为吸附色谱法、分配色谱法、离子交换色谱法、凝胶色谱法、凝胶渗透色谱法和超临界流体色谱法等十余种方法。按固定相存在形态分为柱色谱法、纸色谱法和薄层色谱法。本节主要涉及气相色谱分析法和高效液相色谱分析法。

一、气相色谱分析法

（一）概述

气相色谱分析法是 1952 年被 Martin 等发明后迅速发展起来的一种分离分析方法。目前气相色谱分析法已广泛应用于石油化工、环境检测、食品分析、医药卫生等领域。另外，毛细管气相色谱与其他仪器的联用技术拓宽了气相色谱的应用范围。比如气相色谱－质谱联用、气相色谱－红外光谱联用、气相色谱－原子发射光谱联用等，使得气相色谱在复杂样品、痕量或微量样品的分析中发挥了很好的作用。

1. 气相色谱的分类 根据所用固定相的不同可分为两类：固定相是固体的，称为气固色谱法；固定相是液体的则称为气液色谱法。在实际工作中，气相色谱法是以气液色谱法为主。

2. 气相色谱法的特点 气相色谱是以气体为流动相的色谱分析法。由于气体黏度小，传质速率高，渗透性强，有利于高效快速地分离。因此，气相色谱法具有以下特点。

（1）选择性高　能分离分析性质极为相近的物质，如有机物中的顺反异构体、手性物质，芳香烃中的邻、间、对位异构体，同位素等。

（2）灵敏度高　可以分析 10^{-13}～10^{-11}g 的物质，非常适合于微量和痕量分析。

（3）分离效能高　在较短时间内能够同时分离和测定极为复杂的混合物。例如用空心毛细管柱可以对含有 100 多个组分的烃类混合物一次进行分离分析。

（4）分析速度快　一般只需几分钟到几十分钟便可完成一次分析。

（5）应用范围广　可以分析气体、易挥发的液体和固体，以及包含在固体中的气体。一般来说，只要沸点在 500℃以下，且在操作条件下热稳定性良好的物质，原则上均可以采用气相色谱法进行分析。对于受热易分解或挥发性低的物质，通过化学衍生的方法使其转化为热稳定性或高挥发性的衍生物，同样可以实现气相色谱的分离和分析。

但气相色谱不适用于大部分沸点高或热不稳定性的化合物，对于腐蚀性或反应性能强的物质如 HF、O_3、过氧化物等更是难于分析。据统计，能用气相色谱法直接分析的有机物约占全部有机物的 20%。

3. 色谱法的基本术语

(1) 色谱流出曲线　组分在检测器上产生的相应信号对时间 t 所作的图，由于它记录了各组分流出色谱柱的情况，所得曲线称为色谱流出曲线，又称为色谱图，如图 12-2 所示。由于电信号（电压或电流）强度与物质的浓度（或质量）成正比，所以色谱图实际上是浓度（质量）-时间曲线。

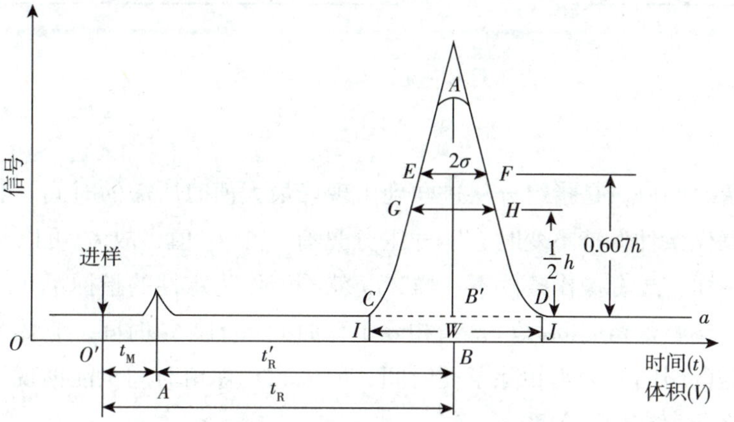

图 12-2　色谱流出曲线

(2) 基线　在一定色谱条件下，仅有流动相通过检测器系统时所产生的信号曲线。基线反映仪器（主要是检测器）的噪声随时间的变化。实验条件稳定时基线应是一条平行于横轴的线。

①基线噪声：由各种因素所引起的基线上下波动分为短噪声和长噪声两种形式，短噪声俗称毛刺，使基线呈绒毛状，如图 12-3（a）所示。长噪声呈波浪形，也可能是无规律的波动，如图 12-3（b）所示。

②基线漂移：若基线随时间定向地缓慢变化，称为基线漂移，如图 12-3（c）所示。

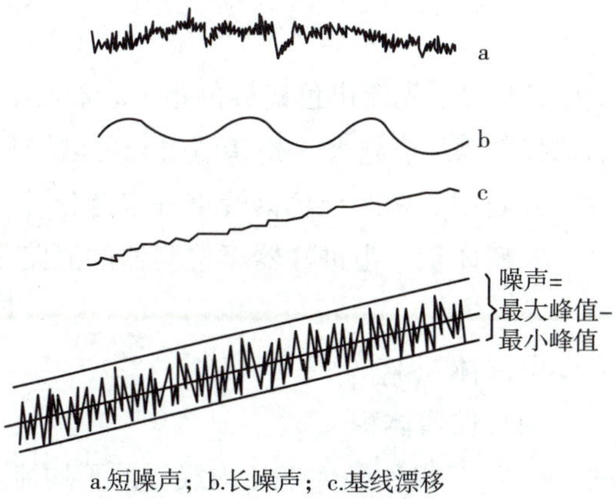

a.短噪声；b.长噪声；c.基线漂移

图 12-3　噪声和飘移

(3) 色谱峰　色谱图上的突出部分。理论上色谱峰是对称的图形，符合高斯正态分布，其对称性在 0.95 ~ 1.05 之间，但实际上色谱峰几乎都是非对称的，常见的有以下几种。

①前伸峰：前沿平缓、后部突起的不对称色谱峰，如图 12-4（c）所示。

②拖尾峰：前沿突起、后部平缓的不对称色谱峰，如图 12-4（a）、（b）所示。

③分叉峰：两种组分没有完全分开而重叠在一起的色谱峰，如图 12-4（d）所示。

④"馒头"峰：峰型矮而胖的色谱峰，如图 12-4（e）所示。

(4) 色谱保留时间　色谱保留时间是色谱定性分析的依据，它体现了各待测组分在色谱柱上的滞留情况。在固定相中溶解性能越好，或与固定相的吸附性越强的组分，在柱中的滞留时间越长，或者说将组分带出色谱柱所需的流动性体积越大，所以保留时间可以用保留时间或相应的保留体积来描述。

①死时间：死时间(t_0)是指不被固定相滞留的组分从进样到出现峰最大时所需的时间，即流动相到达检测器所需的时间，或者说流动相流经色谱柱内空隙所需要的时间。例如 GC 中空气峰的出峰时间即

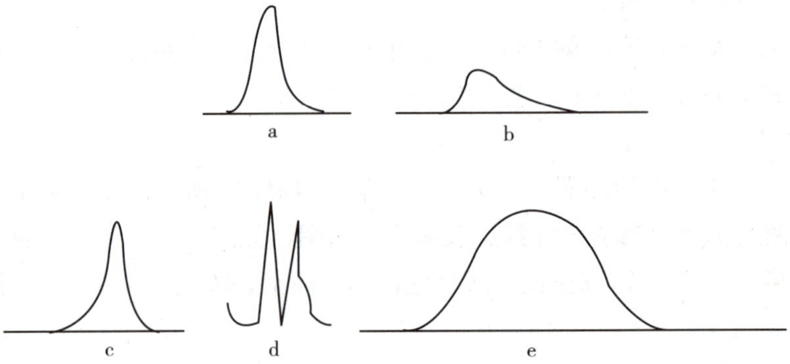

图 12－4　非对称色谱峰

为死时间。

②保留时间：保留时间(t_R)是指组分从进样到出现峰最大值时所需的时间。当色谱柱中固定相、柱温、流动相的流速等操作条件保持不变时，一种组分只有一个 t_R 值，故 t_R 可以作为定性的指标。对于不同的色谱柱，t_0 不一样，或者操作条件不一样，t_R 就不能作为定性的指标了。

③调整保留时间：调整保留时间(t'_R)是指扣除了死时间后的保留时间。它体现了待测组分真实的被固定相溶解或吸附所需的时间。因为扣除了死时间，所以它比保留时间更能体现该组分在柱中的保留行为，这三种保留时间之间存在如下关系：

$$t'_R = t_R - t_0 \tag{12-1}$$

④相对保留值：用 $r_{2,1}$ 表示，又称选择性因子（α），在相同操作条件下，相邻两组分调整保留时间之比，是色谱系统的选择性指标。

$$r_{2,1}(\alpha) = \frac{t'_{R_2}}{t'_{R_1}} \tag{12-2}$$

式中，1 表示先流出色谱柱的组分，2 表示紧跟 1 组分流出色谱柱的组分。α 数值的大小反映了固定液的选择性，α 值越大，相邻两组分色谱峰相距越远，色谱柱的分离选择性愈高。当 α 接近于 1 或等于 1 时，说明相邻两组分色谱峰重叠未能分开。

⑤死体积：由进样器至检测器的流路中未被固定相占有的空间体积称为死体积（V_0）。

$$V_0 = t_0 F_c \tag{12-3}$$

保留体积 V_R

$$V_R = t_R F_c \tag{12-4}$$

调整保留体积 V'_R

$$V'_R = t'_R F_c \tag{12-5}$$

式中，F_c 是操作条件下柱内载气的平均流速。

（5）峰高和峰面积　峰高是指色谱峰顶点与基线之间的垂直距离，以 h 表示。峰面积（A）是指每个组分的流出曲线与基线间所包围的面积。峰高或峰面积的大小和每个组分在样品中的含量相关，因此色谱峰的峰高或峰面积是色谱定量的主要依据。

（6）区域宽度　色谱峰的区域宽度是色谱流出曲线重要的参数之一，和色谱柱的分离效率有关。描述色谱峰区域宽度的方法有三种。

①标准差：为正态分布曲线上拐点间距离之半。对于正常峰，标准差（σ）为 0.607 倍峰高处色谱峰宽度的一半。

②半峰宽：峰高一半处的峰宽，以 $W_{1/2}$ 表示。半峰宽与标准差的关系为：

$$W_{1/2} = 2.355\sigma \tag{12-6}$$

③峰宽：通过色谱峰两侧的拐点作切线，在基线上的距离称为峰宽，以 W 表示。峰宽与标准差或

半峰宽的关系为：

$$W=4\sigma \quad 或 \quad W=1.699W_{1/2} \tag{12-7}$$

注意：W 并非等于 $W_{1/2}$ 的两倍。

4. 色谱分离的基本理论 色谱分析的目的是将样品中各组分彼此分离。组分要达到完全分离，两峰间的距离必须足够远，两峰间的距离是由组分在两相间的分配系数决定的，即与色谱过程的热力学性质有关。但是两峰间虽有一定距离，如果每个峰都很宽，以致彼此重叠，还是不能分开。这些峰的宽或窄是由组分在色谱图中传质和扩散行为决定的，即与色谱过程中的动力学性质有关。下面简单介绍色谱分离理论中最常见的塔板理论和速率理论。

（1）塔板理论 塔板理论是1941年由马丁和辛格提出的，他们将色谱柱比作一个分馏塔，把一根连续的色谱柱设想成由许多小段组成，在每一小段内，一部分空间为固定相占据，另一部分空间充满流动相。组分随流动相进入色谱柱后，就在两相间进行分配。并假设在每一小段内组分可以很快地在两相中达到分配平衡，这样一个小段称作一个塔板理论，一个塔板理论的长度称为理论塔板高度 H，经过多次分配，分配系数小的组分，先离开分馏塔，分配系数大的组分后离开分馏塔。由于色谱柱内的塔板数相当多，因此即使组分分配系数只有微小差异，仍然可以获得好的分离效果。

①塔板理论的基本假设：载气以脉冲式进入色谱柱，每次进入色谱柱的最小体积为一个塔板的体积（V_m）。在每一块塔板高度 H 内，组分在两相中能瞬间达到分配平衡。所有组分开始时存在于零号塔板上，而且组分的纵向扩散可以忽略。分配系数在每块塔板上都是一个常数，与组分在某一塔板上的量无关。

②理论塔板数（n）：在塔板理论中，把每一块塔板的高度，即组分在柱内达成一次分配平衡所需要的柱长称为理论塔板高度，简称板高，用 H 表示。假设整个色谱柱是直的，当柱长为 L，则理论塔板数 n 为：

$$n=\frac{L}{H} \tag{12-8}$$

从上式可以看出，当色谱柱长 L 固定时，每次分配平衡需要的理论塔板高度 H 越小，则柱内理论塔板数 n 越多，组分在该柱内被分配于两相的次数就越多，柱效能就越高。

计算理论塔板数 n 通常采用经验式（12-9）求出。

$$n=5.54\left(\frac{t_R}{W_{1/2}}\right)^2=16\left(\frac{t_R}{W}\right)^2 \tag{12-9}$$

式中，n 为理论塔板数；t_R 为保留时间；$W_{1/2}$ 为以时间为单位的半峰宽；W 为以时间为单位的峰宽。

则理论塔板高度为：

$$H=\frac{L}{n} \tag{12-10}$$

由上式可见，色谱峰越窄，塔板数 n 越多，理论塔板高度 H 就越小，柱效能越高，因而 n 或 H 可作为描述柱效能的指标。通常，填充色谱柱的 n 在 10^3 以上，H 在1mm左右，毛细管色谱柱 n 为 10^5 ~ 10^6，H 在0.5mm左右。

③有效理论塔板数（$n_{有效}$）：在实际应用中，计算出的 n 常常很大，但分离效能却不高，与实际柱效相差很远，这是由于死时间的存在，死时间不参加柱内的分配，因此理论塔板数 n、理论塔板高度 H 有时并不能反映色谱柱的分离好坏，因而提出把死时间扣除的有效塔板数 $n_{有效}$ 和有效塔板高度 $H_{有效}$ 作为色谱柱的分离效能指标。

$$n_{有效}=5.54\left(\frac{t'_R}{W_{1/2}}\right)^2=16\left(\frac{t'_R}{W}\right)^2 \tag{12-11}$$

$$H_{有效} = \frac{L}{n_{有效}} \tag{12-12}$$

塔板理论以分配平衡为依据，解释了流出曲线的形状、保留时间，并且能通过有效塔板数来评价柱效能的高低，但存在如下缺点。

a. 不同物质在同一根色谱柱上的分配系数不同，所以同一根色谱柱对不同物质的柱效能也不相同，在用塔板数说明柱效能时，除说明色谱操作条件之外，还应指明测定物质。

b. 柱效不能表示被分离组分的实际分离效果，当两个组分在柱上具有相同的分配系数时，两组分在柱上将同步移动，无论该色谱柱的塔板数多大，都不能分离。

c. 在比较不同色谱柱的柱效能时，应在同一色谱操作条件下，以同一种组分通过不同色谱柱，测定并计算不同色谱柱的 $n_{有效}$ 或 $H_{有效}$，然后再进行比较。

（2）速率理论　由于塔板理论是半经验理论，对色谱峰的扩张原因并未作解释，速率理论是在继承塔板理论的基础上发展起来的。它阐明了影响塔板高度 H 的各种因素和色谱扩张的原因，解释了色谱过程与流动相流速、柱内分子扩散、传质过程及色谱操作参数等动力学因素的关系。它为毛细管色谱柱的发展、高效液相色谱的发展起着指导性作用。

1956 年，荷兰学者范第姆特等人在物料平衡理论模型的基础上提出了在色谱柱内溶质的分布用物料平衡偏微分方程式来表示，并认为引起色谱扩散的原因是涡流扩散、分子扩散、气液两相的传质阻力，并由此推导出速率理论方程（范第姆特方程）：

$$H = A + \frac{B}{u} + Cu \tag{12-13}$$

式中，H 为塔板高度；u 为载气的线速度，cm/s；A 为涡流扩散项；B 为分子扩散项；C 为传质阻力项，其中 A、B、C 为常数。当线性速度一定时，只有当 A、B、C 为都较小时，H 才能有较小值，柱效更高；反之，色谱峰变宽，柱效能降低。

5. 分离度　塔板理论和速率理论都难以描述难分离物质对的实际分离程度。图 12－5 说明了柱效和选择性对分离度的影响。图 12－5（a）两色谱峰距离近并且峰形宽，两峰严重相叠，这表示选择性和柱效都很差。图 12－5（b）虽然两峰距离拉开了，但峰形仍很宽，说明选择性好，但柱效低。图 12－5（c）分离最理想，说明选择性好，柱效也高。

由此可见，单独用柱效或选择性不能真实反映组分在色谱柱中的分离情况，故需引入一个综合性指标分离度 R。分离度是既能反映柱效率又能反映选择性的指标，又称为分辨率，它定义为相邻两组分色谱峰保留时间之差与两组分色谱峰宽总和之半的比值，即

$$R = \frac{t_{R_2} - t_{R_1}}{(W_1 + W_2)/2} = \frac{2(t_{R_2} - t_{R_1})}{W_1 + W_2} \tag{12-14}$$

R 越大，表明相邻两组分分离越好。一般说，当 $R<1$ 时，两峰有部分重叠；当 $R=1.0$ 时，分离程度可达 98%；当 $R=1.5$ 时，分离程度可达 99.7%。通常用 $R=1.5$ 作为相邻两组分完全分离的标志。图 12－6 表示了不同分离度时色谱峰分离的情况。

（二）基本原理

利用样品中各组分在气相和固定液间的分配系数不同，当气化后的试样被载气带入色谱柱中运行时，组分就在其中的两相间进行反复多次分配，由于固定相对各组分的吸附或溶解能力不同，因此各组分在色谱柱中的运行速度就不同，经过一定的柱长后，便彼此分离，按顺序离开色谱柱进入检测器，经检测器把各组分的浓度信号转变成电信号，然后用记录仪将组分的信号记录下来。

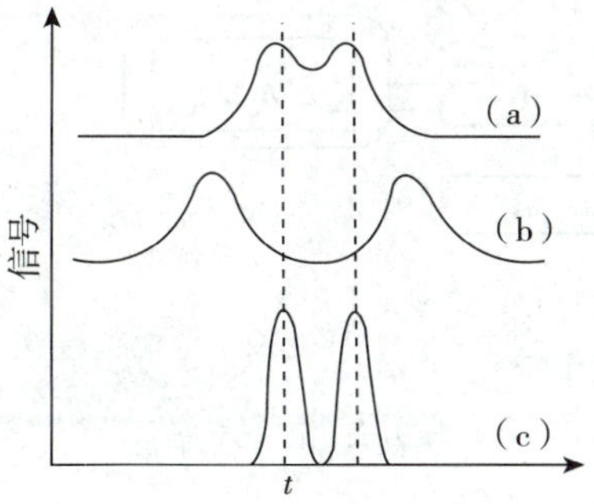

图 12－5　柱效和选择性对分离度的影响

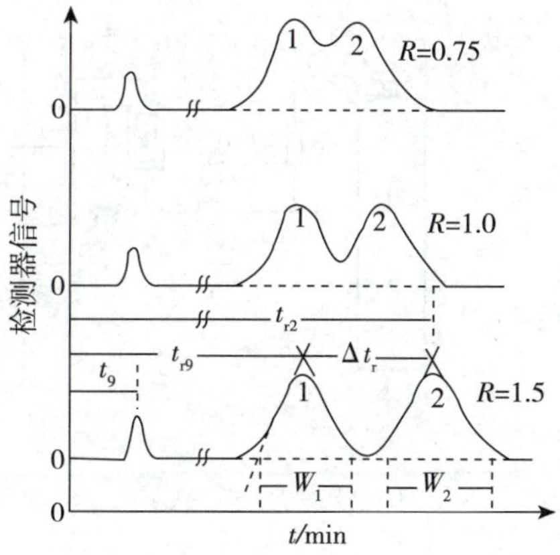

图 12－6　不同分离度时色谱峰分离的情况

（三）基本组成

气相色谱仪型号很多，但它们的基本结构是一致的，都是由气路系统、进样系统、分离系统、检测系统、数据处理系统和温控系统等六大系统组成。组分能否分离，色谱柱是关键，它是色谱仪的“心脏”；分离后的组分能否产生信号则取决于检测器的性能和种类，它是色谱仪的“眼睛”。所以分离系统和检测系统是核心。

如图 12－7 所示，进样器、柱温箱和检测器分别具有温控装置，可达到各自的设定温度。最简单的数据处理系统是记录仪，现代数据处理系统都是由计算机和专用色谱软件组成的工作站，它既可存储各种色谱数据，计算测定结果，打印图谱及报告，又可控制色谱仪的各种实验条件，如温度、气体流量、程序升温等。

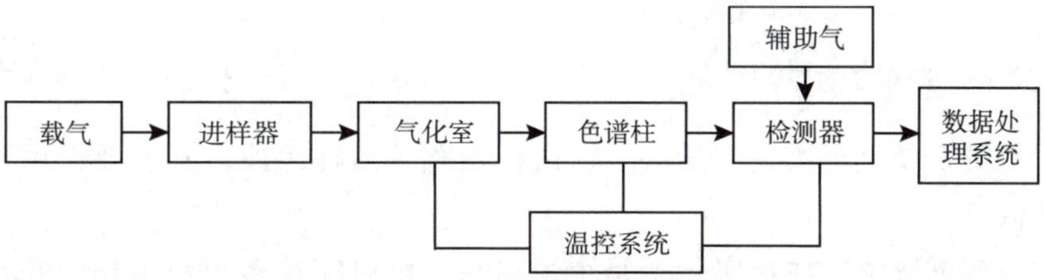

图 12－7　气相色谱仪组成

气相色谱仪的工作流程为载气由高压钢瓶供给，经减压阀减压后，由稳压阀调节到所需流速，经净化干燥管净化后得到稳定流量的载气；载气流经气化室，将气化后的样品带入色谱柱进行分离；分离后的各组分先后进入检测器；检测器按物质的浓度或质量的变化转变为一定的电信号，经放大后在记录仪上记录下来，得到色谱流出曲线（图 12－8）。根据色谱流出曲线上各峰出现的时间，可进行定性分析；根据峰面积或峰高的大小，可进行定量分析。

1. 气路系统　气相色谱的流动相为气体，称为载气，氦气、氮气和氢气等可作为载气。气路系统包括气源、气体净化器、气体流速控制和测量器。整个气路系统要求载气纯净、密闭性好、流速稳定。

2. 进样系统　进样系统的功能是引入样品，并使样品瞬间气化。进样系统包括气化室和进样器。

气化室的作用是将液体样品瞬间气化，然后由载气带进色谱柱。气化室通常是金属加热器，里面装有石英或玻璃衬管，以便及时清洗更换。

进样器是把被测的气体、液体样品通过进样器快速而定量地加到色谱柱上。对于气体样品，可用六通阀或医用注射器通过进样口进样，并由载气带入色谱柱；对于液体样品，则用微量注射器（图 12－9）

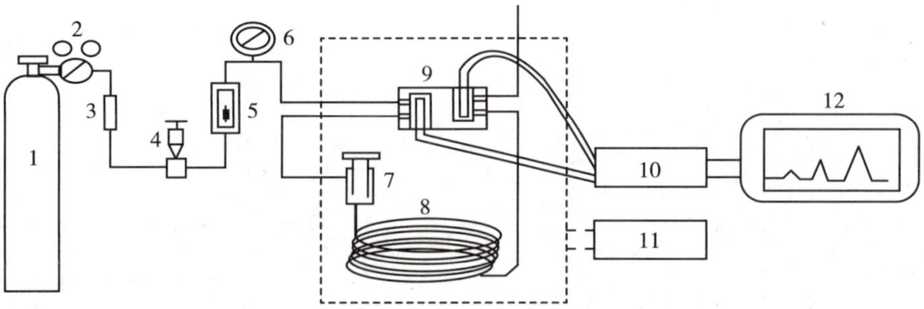

图 12－8 气相色谱工作流程示意图

1. 高压钢瓶；2. 减压阀；3. 净化干燥管；4. 稳压阀；5. 流量计；6. 压力表；7. 进样室

注入，常用的微量注射器有 1μl、5μl、10μl、25μl、50μl、100μl 等规格。实际工作中，可根据需要选择合适规格的微量注射器。除了上述几种常用的进样器之外，现在许多高档的气相色谱仪还配置了自动进样器，如图 12－10 所示，它使得气相色谱分析实现了完全的自动化。

图 12－9 微量注射器

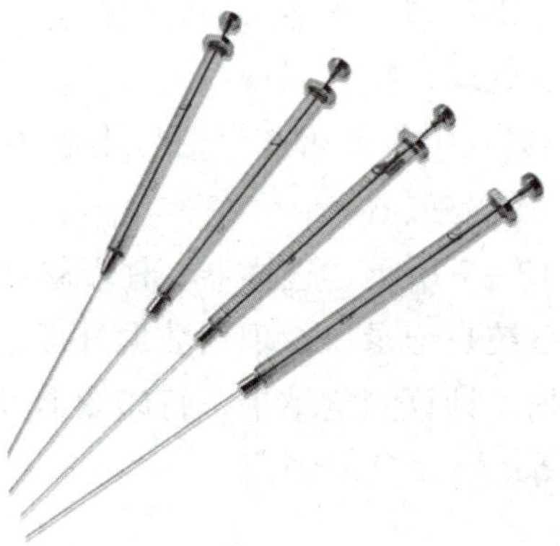

图 12－10 自动进样器

3. 分离系统 分离系统是色谱住的核心，它由柱箱和色谱柱组成，其主要作用是将多组分样品分离为单一组分的样品。

（1）柱箱 在分离系统中，柱箱实际上是个恒温箱，可以安装多根色谱柱，并通过控温系统控制温度。柱箱大多带有程序升温控制，能满足色谱优化分离的需要。部分气相色谱仪带有低温功能，低温一般用液氮或液态 CO_2 来实现，主要用于冷柱上进样。

（2）色谱柱 色谱柱主要分为填充柱和毛细管柱两种。在柱内均匀、密实地填充颗粒状固定相的色谱柱称为填充柱，如图 12－11 所示。填充柱的内径一般为 2～6mm，长 1～5m，形状有 U 形、W 形和螺旋形等。柱管一般用不锈钢、玻璃或聚四氟乙烯等材料制成，对于有反应性或腐蚀性的样品可选用玻璃柱。柱越长、越细，分离效率越高，但柱子太长，分离时间也增长，因此应选择既能将各组分分开，时间又不太长的色谱柱。填充柱制备简单，柱容最大，分离效率较高，应用广泛。

毛细管柱又叫空心柱，如图 12－12 所示。内径为 0.1～0.5mm，长 20～200m，由石英玻璃材料做成，呈螺旋形，毛细管柱内壁涂有一层固定液，混合物的分离主要依靠固定液来完成。

4. 检测系统 检测系统是色谱柱的“眼睛”，它的主要功能是将色谱柱分离后组分的浓度信号转变为电信号。目前检测器的种类很多，最常用的检测器有热导检测器（TCD）、氢火焰离子化检测器（FID），其次是电子捕获检测器（ECD）、氮磷检测器（NPD）、火焰光度检测器（FPD）等。

根据检测原理的不同，可将所用检测器分为两类，即浓度型检测器和质量型检测器。也可根据其检测范围分为通用型检测器和选择性检测器。浓度型检测器测量的是载气中通过检测器组分浓度瞬间的变化，检测信号值与组分的浓度成正比，如热导池检测器和电子捕获检测器。质量型检测器测量的是载气中某组分进入检测器的质量流速变化，即检测信号值与单位时间内进入检测器组分的质量成正比，如氢火焰离子化检测器。

其中热导检测器为通用型检测器，氢火焰离子化检测器对碳氢化合物响应较好，电子捕获检测器适用于含卤素的化合物，氮磷检测器适用于含氮、磷元素的化合物，火焰光度检测器适用于含磷、硫元素的化合物。

图 12－11　填充柱

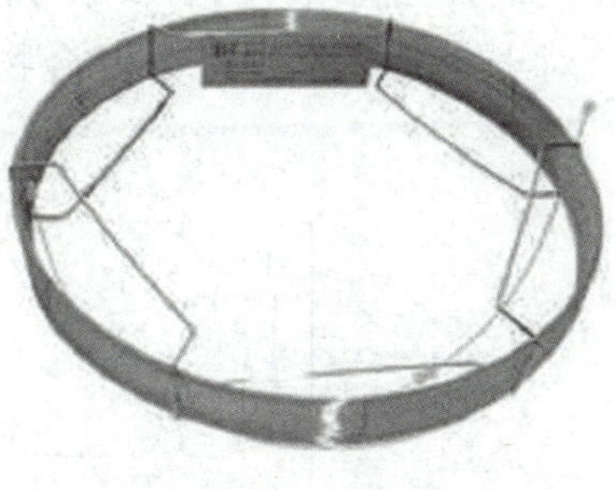

图 12－12　毛细管柱

5. 数据处理系统　目前用普通计算机与专用色谱数据处理软件进行数据处理。专用色谱数据处理软件除能进行色谱峰积分外，还有很多功能，如色谱定性和定量，绘制标准曲线，计算样品含量、理论塔板数、斜率、半峰宽、最小峰面积及其他色谱参数等。如果色谱数据处理软件还具有控制仪器操作参数，如柱温、载气流速等功能时，则称其为色谱工作站。

6. 温控系统　色谱柱恒温箱、气化室和检测器都需要加热和控温。因各部分要求的温度不同，故需要三套温控装置。一般情况下气化室温度比色谱柱恒温箱温度高 10～30℃，以保证样品能瞬间气化；检测器温度与色谱柱恒温箱温度相同或稍高于后者，以防止试样组分在检测室内冷凝。

柱温是气相色谱操作的最重要参数之一，它与柱效和分离度都直接相关。良好的柱温控制对毛细管色谱柱更为重要，毛细管色谱柱的柱径细，对温度变化更为敏感。操作时根据被测样品的具体情况（主要参考组分的沸点）设定柱温。最高柱温应低于固定液最高使用温度 20～50℃，以防止固定液流失。

（四）气相色谱仪

1. 气相色谱仪分离条件的选择　在气相色谱分析中，既要考虑使难分离的物质达到定量分离的要求，又要尽量缩短分析所需的时间，因此必须选择最佳的分离条件。

（1）载气及流速的选择　选用何种载气，可从以下两个方面考虑。首先，考虑检测器的适应性，例如 TCD 常用 H_2、He 作载气，FID、FPD 和 ECD 常用 N_2 作载气；其次，要考虑流速的大小，由速率方程可知，当流速较小时，分子扩散项（B/u）是色谱峰扩张的主要因素，应采用相对分子质量较大的载气如 N_2、Ar 等（组分在载气中的扩散系数小），当流速较大时，传质阻力项（Cu）起主要作用，宜采用相对分子质量较小的载气如 H_2、He 等。不同载气及流速对柱效的影响如图 12－13 所示。

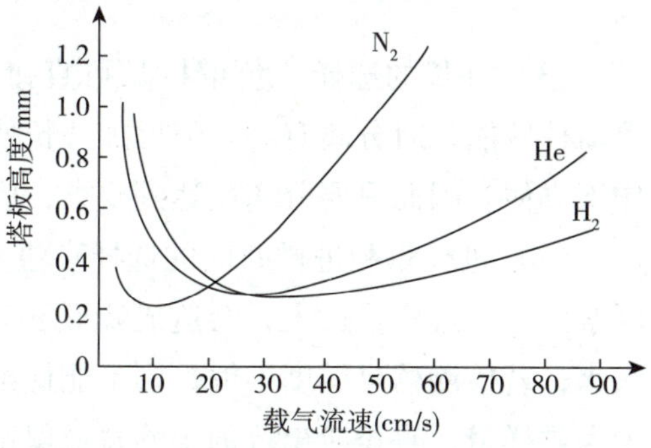

图 12－13　不同载气流速对柱效的影响

载气流速严重影响分离效率和分析时间，当色谱柱和组分一定（K 一定）时，由速率方程可计算出最佳流速，此时柱效最高，但在此流速下分析时间较长。一般采用稍高于最佳流速的载气流速，以加快分析速度。

（2）柱温的选择　在气相色谱中，柱温对分离度影响很大。较低的柱温使样品有较大的分配系数，选择性好，但分析时间延长，峰形变宽，柱效下降；提高柱温可改善传质阻力，提高柱效，缩短分析时间，但同时也将加剧纵向扩散效应，降低柱子的选择性。所以宜选择合适的柱温。柱温的具体选择首先要考虑到每种固定液都有一定的使用温度，柱温应介于固定液的最低使用温度和最高使用温度之间，否则不利于分配或容易造成固定液流失。

在实际工作中常通过实验来选择最佳柱温，既能分离各组分，又不使峰形扩张、拖尾。选择柱温基本原则：在使最难分离组分符合要求分离度的前提下，应尽量采用较低柱温，但以保留时间适宜及峰不拖尾为度。对于宽沸程的多组分混合物（沸程范围大于80～100℃）可采用程序升温，如图12－14所示。

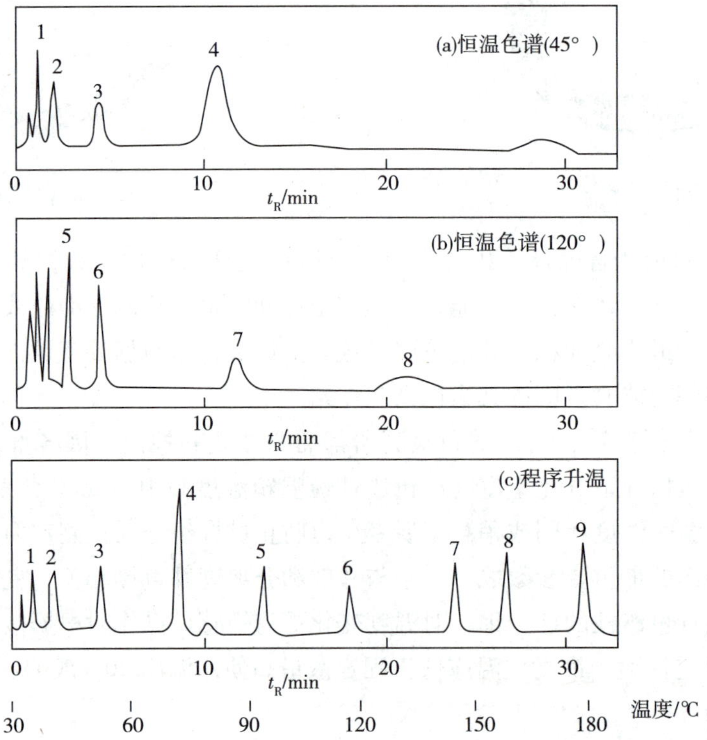

图12－14　恒温和程序升温的色谱图比较

1. 丙烷(－42.1℃)；2. 丁烷(0.5℃)；3. 戊烷(36.1℃)；4. 己烷(68.7℃)；5. 庚烷(98.4℃)；6. 辛烷(125.7℃)；7. 壬烷(150.8℃)；8. 癸烷(174.1℃)；9. 十一烷(195.9℃)

（3）柱长的选择　色谱柱长可直接影响柱效能。增加柱长可以增加塔板数，增加平衡分配次数，提高柱效能，对分离有利。但增加柱长使组分的保留时间增加，延长了分析时间，且柱的阻力增加，操作不方便。因而只要分离度达到要求，应尽可能采用较短的柱子，通常柱长为1～3m。

（4）进样量和进样时间的选择　进样量的多少应根据试样的性质、种类、含量和检测器灵敏度等因素而定，进样量过大，会造成峰形不对称，峰高、峰面积与进样量不成线性关系，无法定量。进样量太小，若检测器灵敏度不够，则不能检出。最大允许进样量可通过实验确定：在实验条件一定时，逐渐加大进样量，直至所出峰的半峰宽或保留值改变时，此时进样量为最大进样量。

一般液体样品进样为0.1～5μl，气体样品为0.1～10ml。进样速度要快，进样操作应在1秒内完成，否则峰形容易变宽，影响分离效果。常用的进样器有微量注射器和气体减压阀。

（5）气化室温度的选择　在色谱分析中，液体样品进样后要求瞬间气化。气化室温度要求既能保证样品完全气化，又不会造成样品分解。一般气化室温度比柱温高30～70℃或比样品组分中最高沸点高

30～50℃。温度过低，气化速度慢，使样品峰扩展，出现拖尾；温度过高，会产生前延峰，甚至使样品分解。最佳的气化室温度要通过实验来确定。

2. 气相色谱仪的基本操作

（1）开机前检查仪器各电源开关是否处于“关”的状态。

（2）装柱。根据要求选取合适的色谱柱，取下盲堵，分清出入口，套好石墨密封圈及固定螺母，小心装好，拧紧固定螺母，以不漏气为宜，不要过紧。

（3）调压。打开氮气阀，打开净化器上的载气开关阀，然后检查是否漏气，保证气密性良好。打开空气、氢气开关阀，调节空气、氢气流量为适当值。

（4）开机。打开仪器、电脑电源开关；再双击工作站图标；输入用户名和密码，点击确定。

（5）参数设置。根据实验需要设置柱温、进样口温度和检测器温度。

（6）进样。待所设参数达到设置时，即可进样分析。

（7）关机。实验完毕后，先关闭氢气与空气，等柱温、进样口温度和检测器温度降为室温后，关闭色谱电源开关，再关闭氮气。

（五）定性与定量分析方法

1. 定性分析 气相色谱定性分析的目的是确定试样的组成，即确定每个色谱峰各代表何种组分。定性分析的理论依据是：在一定固定相和一定操作条件下，每种物质都有各自确定的保留时间或确定的色谱数据，并且不受其他组分的影响。也就是说，保留时间具有特征性。但在同一色谱条件下，不同物质也可能具有相似或相同的保留时间，即保留时间并非是专属的。因此对于一个完全未知的混合样品单靠色谱法定性比较困难，往往需要采用多种方法综合解决，例如与质谱仪、红外光谱仪等联用。

（1）利用保留时间定性 在一定的色谱系统和操作条件下，各种组分都有确定的保留时间，可以通过比较已知纯物质和未知组分的保留时间定性。如待测组分的保留时间与相同色谱条件下测得的已知纯物质的保留时间相同，则可以初步认为它们是属同一种物质。为了提高定性分析的可靠性，还可以进一步改变色谱条件（分离柱、流动相、柱温等）或在样品中添加标准物质，如果被测物的保留时间仍然与已知物质相同，则可以认为它们为同一物质。

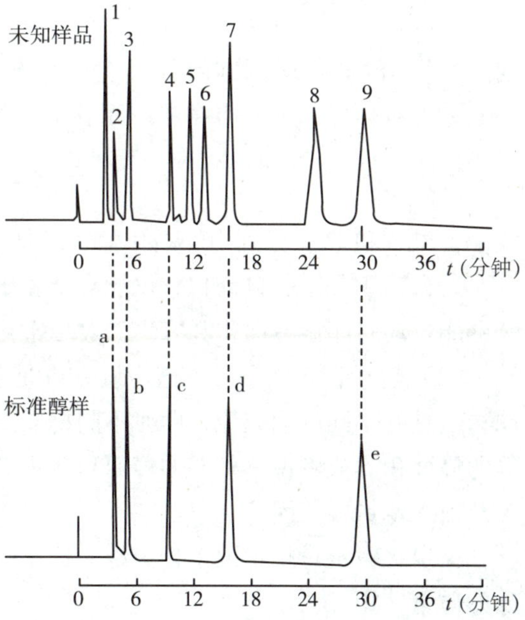

图 12－15 用已知标准物质对照定性

1～9. 未知物的色谱峰（a. 甲醇；b. 乙醇；c. 正丙醇；d. 正丁醇；e. 正戊醇）

如图 12－15 所示，将未知样品与已知标准醇样在相同色谱条件下得到的色谱图直接进行比较，可以推测未知样品中峰 2 可能是甲醇，峰 3 可能是乙醇，峰 4 可能是正丙醇，峰 7 可能是正丁醇，峰 9 可能是正戊醇。这些结论还只是初步判断，因为在利用保留时间直接比较定性时，要求载气的流速、载气的温度和柱温保持恒定，即使是微小的波动，都会使保留时间改变，从而影响定性结果。为了避免载气流速和温度变化对分析结果的影响，可采用以下方法。

①用相对保留值定性：在相同色谱条件下，相对保留值是被测组分与加入的参比组分的调整保留时间之比，不受载气流速和温度变化的影响。在柱温和固定相一定时，相对保留值为定值，可作为定性分析的可靠参数。

②用已知物增加峰高法定性：在得到未知物样品的色谱图后，在未知物样品中加入一定量的已知标

准物质，然后在同样的色谱条件下作色谱图。对比两张色谱图，哪个峰增高了，它就是已知标准物质的色谱峰。这一方法既可避免载气流速变化对保留时间的影响，又可避免色谱图图形复杂时准确测定保留时间的困难。这是确认某一复杂样品中是否含有某一组分的最好办法。

（2）利用保留指数定性　保留指数 I 是一种重现性较好的定性参数。

$$I_x = 100\left[Z + n\frac{\lg t'_{R(x)} - \lg t'_{R(z)}}{\lg t'_{R(z+n)} - \lg t'_{R(z)}}\right] \tag{12-15}$$

式中，x 为待测组分；Z 与 $Z+n$ 分别表示正构烷碳原子数目 n 为自然数，通常 $n=1$。人为规定正己烷保留指数等于其碳原子数乘以100。如正己烷、正庚烷、正辛烷保留指数分别为600、700 和800。欲求某物质保留指数，只需将其与相邻两个正构烷混合在一起，在给定条件下进行色谱实验，按上式计算其保留指数，再按色谱手册或文献上的保留指数进行定性判定。

（3）与其他分析仪器联用定性　将色谱与质谱、红外光谱、核磁共振谱等具有定性能力的分析方法联用，复杂的混合物先经气相色谱分离成单一组分后，再利用质谱仪、红外光谱仪或核磁共振谱仪进行定性。未知物经色谱分离后，质谱可以很快地给出未知组分的相对分子质量和电离碎片，提供是否有某些元素或基团的信息。红外光谱也可很快得到未知组分所含各类基团的信息，对结构鉴定提供可靠的依据。

2. 定量分析　色谱定量分析是根据检测器对溶质产生的响应信号与溶质的量呈正比的原理，通过色谱图上的峰面积或峰高，计算样品中溶质的含量。

（1）峰面积的测量　峰面积是色谱图提供的基本定量数据，峰面积测量的准确与否直接影响定量结果。不同峰形的色谱峰，采用不同的测量方法。

①对称峰：峰面积计算公式为

$$A = 1.065hW_{1/2} \tag{12-16}$$

式中，A 为峰面积；h 为峰高；$W_{1/2}$ 为半峰宽度；1.065 为常数。

②不对称峰：用平均峰宽代替半峰宽，峰面积计算公式为：

$$A = 1.065h\frac{(W_{0.15} + W_{0.85})}{2} \tag{12-17}$$

式中，$W_{0.15}$ 和 $W_{0.85}$ 分别为峰高0.15倍和0.85倍处的峰宽。

③自动积分法：自动积分仪能自动测出由曲线所包围的面积。目前色谱仪一般带有数据处理系统，仪器能自动打印出峰面积和峰高。对于不对称峰或较小的峰，都能得出较准确的定量结果。

（2）定量校正因子　色谱定量分析是基于峰面积与组分的量呈正比关系。但由于同一检测器对不同物质具有不同的响应值，即对不同物质，检测器的灵敏度不同，所以两个相等量的物质不一定得到相等的峰面积。或者说，相同的峰面积并不意味着相等物质的量。因此，必须对所测得峰面积加以校正，为此引入定量校正因子。

①定义：定量校正因子分为绝对校正因子和相对校正因子。绝对校正因子是单位峰面积所代表的物质的质量，用 f_i 表示。

$$f_i = \frac{w_i}{A_i} \tag{12-18}$$

式中，w_i 为组分 i 的量，它可以是质量，也可以是物质的量或体积（对气体）；A_i 为峰面积；f_i 为绝对校正因子。

②相对定量校正因子：由于物质量 w_i 不易准确测量，要准确测定绝对校正因子 f_i 不易达到。在实际工作中，以相对定量校正因子 $f_{i,s}$ 代替绝对校正因子 f_i。

相对定量校正因子 $f_{i,s}$ 定义为样品中组分的定量校正因子与标准物的定量校正因子之比，用式

（12－19）表示。

$$f_{\mathrm{i,s}}=\frac{f_{\mathrm{i}}}{f_{\mathrm{s}}}=\frac{m_{\mathrm{i}}/A_{\mathrm{i}}}{m_{\mathrm{s}}/A_{\mathrm{s}}} \tag{12-19}$$

式中，m 表示质量；A 表示面积；下标 i 和 s 分别代表待测组分和标准物。

③相对校正因子的测量：准确称量被测组分和标准物质，混合后，在实验条件下进样分析（注意进样量应在线性范围之内），分别测量相应的峰面积，然后通过式（12－19）计算相对校正因子。如果数次测量数值接近，可取其平均值。

（3）几种常用的定量分析方法　色谱中常用的定量方法有外标法（标准曲线法）、归一化法和内标法。这些定量方法有各自的优缺点和使用范围，在实际分析中，需根据具体情况选择合适的定量方法。

①外标法：外标法也称标准曲线法，与分光光度法中的标准曲线法类似。具体操作步骤为：首先将被测组分的纯物质配制成不同浓度的标准溶液，在与被测组分相同的色谱条件下，等体积进样，测量各峰的峰面积或峰高，以峰面积（或峰高）为纵坐标，浓度为横坐标，绘制标准曲线。测定样品时，应在与绘制标准曲线相同的色谱条件下进行，测得该组分的峰面积或峰高，在标准曲线上查出其浓度，计算被测组分的含量。

若标准曲线通过原点，则可用外标一点法（单点校正法）定量。精密称取对照品和供试品，配制成溶液，分别进样，记录色谱图。若重复测定多次，则测出对照品和供试品峰面积平均值，再计算含量。可按式（12－20）计算。

$$c_i=\frac{A_i c_{\mathrm{s}}}{A_{\mathrm{s}}} \tag{12-20}$$

式中，c_{i}、A_{i} 分别代表试样溶液中被测组分的浓度及峰面积（或平均值）；c_{s}、A_{s} 分别代表标准溶液中被测组分的浓度及峰面积（或平均值）。

外标法操作方便，计算简单，不必使用校正因子，但对进样量的控制要求较高，一般以定量环或自动进样，操作条件变化对结果的准确性影响较大，因此要求被测组分与其他组分完全分离，操作条件严格一致。

②归一化法：使用条件为试样中所有组分均能出峰。所谓归一化法是以试样中被测组分经校正的峰面积（或峰高）占试样中各组分经校正的峰面积（或峰高）的总和的比例来表示试样中各组分含量的定量方法。

其计算公式为假设试样中有 n 个组分，各组分的质量分别为 m_1、m_2、m_3、…、m_n，在一定条件下测得各组分峰面积分别为 A_1、A_2、A_3、…、A_n，各组分峰高分别 h_1、h_2、h_3、…、h_n，则组分 i 的质量分数 W_i 为：

$$\omega_i=\frac{m_i}{m}=\frac{m_i}{m_1+m_2+\cdots+m_n}=\frac{f_i' A_i}{f_1' A_1+f_2' A_2+\cdots+f_n' A_n}=\frac{f_i' A_i}{\sum f_i' A_i} \tag{12-21}$$

或 $$\omega_i=\frac{m_i}{m}=\frac{m_i}{m_1+m_2+\cdots+m_n}=\frac{f_i' h_i}{f_1' h_1+f_2' h_2+\cdots+f_n' h_n}=\frac{f_i' h_i}{\sum f_i' h_i} \tag{12-22}$$

式中，f_i' 为组分 i 的相对质量校正因子；A_i 为组分 i 的峰面积；h_i 为组分 i 的峰高。

如果试样中各组分的相对校正因子很接近（如同分异构体或同系物），则可直接用峰面积归一化法进行定量，上两式可简化为：

$$\omega_i=\frac{A_i}{\sum A_i} \tag{12-23}$$

归一化法的优点是简便、准确，进样量不影响定量结果，操作条件（如流速、柱温）的变化对定量结果影响较小，但应注意试样中各组分都必须全部出峰。

③内标法：该法适用于只需测定试样中某几个组分含量或试样中组分不能全部出峰时的情况。其测定步骤为将一定的标准物（内标物 s）加入到一定量的试样中，混合均匀后进样，根据色谱图上分别测出组分 i 和内标物 s 的峰面积（或峰高）的比值，计算出其浓度，进而求得其含量的方法。计算公式为

由 $\frac{m_i}{m_s}=\frac{f_iA_i}{f_sA_s}$ 得：

$$\omega_i=\frac{m_i}{m_{试}}\times 100\%=\frac{m_s f_iA_i}{m_{试}f_sA_s}\times 100\% \tag{12-24}$$

式中，$m_{试}$表示试样质量；m_s 表示加入的内标物的质量；f_i、f_s 分别为组分 i 和内标物 s 的质量校正因子；A_i、A_s 分别为组分 i 和内标物 s 的峰面积。

在内标法中，最关键的是选择合适的内标物。对内标物的要求为：试样中不含有该物质；内标物的性质应与待测组分性质接近，内标物的色谱峰应在待测组分色谱峰附近并完全分离；加入内标物的量应接近待测组分的量；内标物应与试样完全互溶，不与试样发生化学反应。

内标法定量难确，进样量和操作条件的微小变化对测定结果影响不大，但每次分析要准确称取试样和内标物，比较费时，操作复杂。

例 12-1 试样混合物中仅含有甲醇、乙醇和正丁醇，测得峰面积分别为 850、630 和 750，已知 f_i 分别为 0.50、1.00 和 1.64，求各组分的质量分数。

解：

峰面积 A_i	校正因子 f_i	A_if_i
850	0.50	425
630	1.00	630
750	1.64	1230

则 $\sum A_if_i=425+630+1230=2285$

$\omega_{甲醇}=\frac{425}{2285}\times 100\%=18.60\%$，$\omega_{乙醇}=\frac{630}{2285}\times 100\%=27.57\%$，$\omega_{正丁醇}=\frac{1230}{2285}\times 100\%=53.83\%$

（六）应用示例

气相色谱法是近五十年来迅速发展起来的一种新型分离、分析技术，具有选择性高、灵敏度高、分离效能高、分析速度快和应用范围广等特点，适合于微量和痕量分析。在食品分析、石油工业、医药卫生、环境科学、原子能冶金工业等行业中得到了广泛的应用，对保证工业生产的正常进行和提高产品质量起到了重要的作用。

例 12-2 气相色谱法分析食品中农药残留量

许多农药相对分子质量较小，具有良好的挥发性，气相色谱法在这方面应用广泛，可用来检测农药中间体及其产品质量，用来分析和检测有机氯、有机磷、氨基甲酸酯及拟除虫菊酯等不同的农药结构，可分析杀虫剂、杀菌剂、除草剂及植物生长调节剂等不同类型的农药。用气相色谱法测定农药残留量不但灵敏度高（可测 ppm ~ ppb 级），分离好，还可同时测定几种或几十种残留农药，所以广泛用于蔬菜、水果、粮食、肉类、蛋类、奶类等农药残留量的分析。

目前我国在农药残留量分析中，主要测定有机氯和有机磷农药的残留。样品经粉碎、油溶提取、浓缩、定容到一定体积等步骤，然后用微量注射器注入到色谱柱中。

例 12-3 气相色谱法在食品中营养成分和添加剂的测定

食物不仅是人类生存的最基本需要，也是国家稳定和社会发展的永恒主题。而食品的营养成分和食品安全又是当今世界十分关注的重大问题，因而食品分析就起着关键性作用。重要的营养组分如氨基

酸、脂肪酸、糖类都可以用 GC 进行分析。食品的添加剂有千余种，其中有许多可用 GC 来检测。如图 12－16 用气相色谱法测定菜籽油中脂肪酸的含量，图 12－17 用气相色谱法分析六种防腐剂。

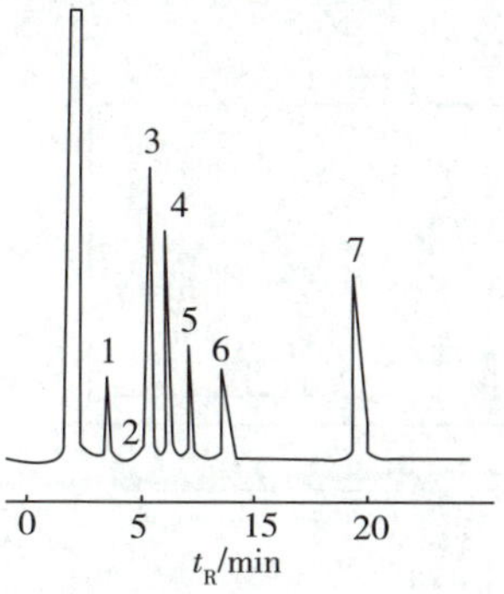

图 12－16　菜籽油中脂肪酸的含量分析

1. 软脂酸甲酯；2. 硬脂酸甲酯；3. 油酸甲酯；4. 亚油酸甲酯；5. γ－亚麻酸甲酯；6. 花生烯酸甲酯；7. 芥酸甲酯

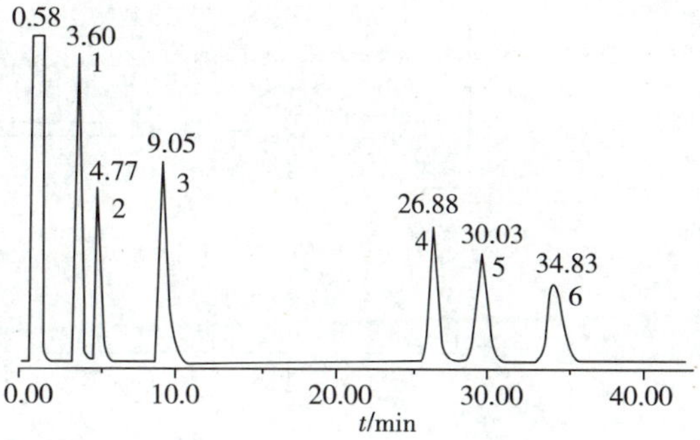

图 12－17　六种防腐剂标样气相色谱图

1. 山梨酸；2. 脱氢乙酸；3. 苯甲酸；4. 尼泊金乙酯；5. 尼泊金丙酯；6. 尼泊金丁酯

二、高效液相色谱法

（一）概述

高效液相色谱法（HPLC）是在经典液相色谱法的基础上，于 20 世纪 60 年代后期引入了气相色谱理论而迅速发展起来的。它与经典液相色谱法的区别是填料颗粒小而均匀，小颗粒具有高柱效，但会引起高阻力，需用高压输送流动相，故又称高压液相色谱法（HPLC）。又因分析速度快而称为高速液相色谱法（HSLP），也称现代液相色谱。

1. 高效液相色谱法的分类　高效液相色谱法按分离机制的不同分为液固吸附色谱法、液液分配色谱法（正相与反相）、离子交换色谱法及分子排阻色谱法。

2. 高效液相色谱法的特点　与经典液相色谱相比，HPLC 具有以下特点。

（1）高效　分离效能高，可分离 30 个以上的组分。

（2）高灵敏度　紫外检测器可达 10^{-9}g，荧光检测器可达 10^{-12}g，进样量少，一般几微升。

（3）高速　流速可达 1～10ml/min。

（4）高压　能耐受 400～600MPa。

（5）分析速度快　1 小时内完成多组分的分离。

（6）应用范围广泛　可分析高沸点、热稳定性差、相对分子量大的 80% 有机化合物，如氨基酸、蛋白质、生物碱、抗生素、生物制品等。

因此，HPLC 具有“四高、一快、一广”的特点，目前，HPLC 的应用范围远超气相色谱，随着与质谱、红外光谱、核磁共振波谱等联用，其应用更加广泛。

3. 高效液相色谱仪的工作流程　高效液相色谱法的分析流程为高压输液泵将贮液器中的流动相以稳定的流速（或压力）输送至分析体系，在色谱柱之前通过进样器将样品导入，流动相将样品依次带入预柱、色谱柱，在色谱柱中各组分被分离，并依次随流动相流至检测器，检测到的信号送至工作站记录、处理和保存（图 12－18）。

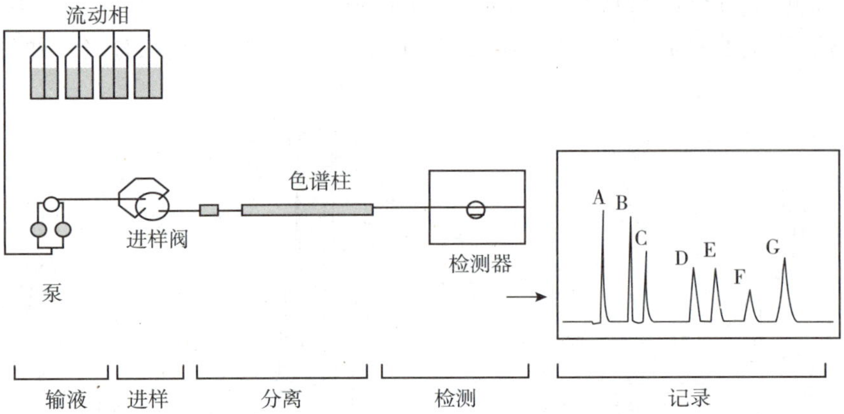

图 12-18 高效液相色谱仪的工作流程

(二) 基本原理

高效液相色谱法按固定相聚集状态分为液-液色谱法和液-固色谱法；按组分在两相间分离机制的不同分为分配色谱法、吸附色谱法、离子交换色谱法和分子排阻色谱法；还有许多与分离机制有关的其他类型，如离子色谱法、亲和色谱法、手性色谱法等。HPLC 最常见的固定相是化学键合相。

化学键合相是通过化学反应将有机基团键合在载体表面形成的固定相，简称键合相（BP）。以化学键合相为固定相的色谱法，称为化学键合相色谱法（BPC）。该法适用于分离几乎所有类型的化合物，应用最广泛。

根据化学键合相与流动相极性的相对强弱，化学键合相色谱法可分为正相（NP）和反相（RP）键合相色谱法。

正相键合相色谱法为固定相的极性强于流动相的极性，称为正相色谱。正相键合相色谱法，采用极性键合相，如将氰基(—CN)、氨基($—NH_2$)或二羟基等基团键合在硅胶表面上作为固定相，以非极性或弱极性溶剂，如烷烃，加适量极性调节剂作为流动相，如正己烷-二氯甲烷、正己烷-异丙醇等。正相键合相色谱法主要用于分离溶于有机溶剂的极性至中等极性的分子型化合物。极性强的组分的分配系数 K 大，相对保留时间 t_R 大，后流出色谱柱。流动相极性增强，洗脱能力增加，使组分的 K 减小，t_R 减小；反之，K 增大，t_R 也增大。

反相键合相色谱法为固定相的极性小于流动相的极性，称为反相色谱。反相键合相色谱法，采用非极性键合相，如十八烷基硅烷键合硅胶（C_{18}）、辛烷基硅烷键合硅胶（C_8）等为固定相，有时也采用弱极性或中等极性的键合相为固定相，流动相以水作为基础溶剂加一定比例与水混溶的极性调节剂，常用甲醇-水、乙腈-水等。组分极性越弱，其疏水性越强，K 越大，t_R 也越大，后出柱；当组分的极性一定时，增大流动相的极性，流动相产生的疏溶剂作用越强，组分与固定相的缔合越强，K 增大，t_R 也增大；当组分的极性与流动相一定时，增长键合烷基的碳链，其疏水性增加，组分的 K 增大；当键合固定相的链长一定时，硅胶表面键合烷基的浓度越大，则使组分的 K 增大。

反相键合相色谱法是高效液相色谱法中应用最广泛的方法，主要用于分离有机酸、碱及盐等离子型化合物。据统计，反相键合相色谱法可以解决 80% 以上的液相色谱分离问题。

(三) 基本组成

不论何种类型高效液相色谱仪，基本上分为五个部分：高压输液系统、进样系统、分离系统、检测系统和数据处理系统。

1. 高压输液系统 一般包括贮液器、过滤和脱气装置、高压输液泵、梯度洗脱装置等。

（1）贮液器　主要用来提供足够数量的符合要求的流动相，一般为玻璃、不锈钢、氟塑料或特种塑料聚醚醚酮（PEEK）为材料，容积一般为0.5～2L，放置位置要高于泵体，保持一定的输液静压差，所有溶剂在放入贮液器之前必须经过0.45μm滤膜过滤，为防止长霉，贮液器中流动相需要经常更换。

（2）过滤和脱气装置　流动相和样品溶液的过滤很重要，以免其中的细小颗粒堵塞色谱柱以及影响高压输液泵的正常工作，流动相在使用前应根据其性质选用不同材料的滤膜过滤，一般选用市售0.45μm滤膜过滤和有机滤膜过滤（图12－19）。

流动相进入高压泵前必须进行脱气处理，以除去其中溶解的氧气等气体，防止流动相由色谱柱进入检测器时因压力降低而产生气泡，增加基线的噪声，造成灵敏度降低，甚至无法分析。常用的脱气方法有：超声波震荡脱气、惰性气体脱气、真空在线脱气等三种方法。超声波震荡脱气的方法是将配制好的流动相连同容器一起放入超声水槽中，脱气10～20分钟，目前，许多高效液相色谱仪都配有在线脱气装置（图12－20）。

图12－19　过滤装置

图12－20　脱气装置

（3）高压输液泵　高压输液泵是高效液相色谱仪的关键部件之一，其作用是将流动相以稳定的流速或压力输送到色谱分离系统。高压输液泵要求密封性好，输出流量恒定，压力平稳，可调范围宽，耐腐蚀等。

高压输液泵一般可分为恒压泵和恒流泵两大类，恒流泵是能给出恒定流量的泵，其流量与流动相黏度和柱渗透无关。恒压泵是保持输出压力恒定，而流量随外界阻力变化而变化，如果系统阻力不发生变化，恒压泵就能提供恒定的流量。

（4）梯度洗脱装置　梯度洗脱也称溶剂程序，是指一个样品在分离过程中，溶剂组分或溶剂强度随洗脱时间按一定规律连续变化的洗脱方式。

梯度洗脱装置依据梯度装置所能提供的流路个数可分为二元梯度、三元梯度、四元梯度等，依据溶液混合的方式又可分为高压梯度和低压梯度。高压梯度一般只用于二元梯度，即用两个高压泵分别按设定比例输送两种不同溶液至混合器，在高压状态下将两种溶液进行混合，然后以一定的流量输出。其主要优点是：只要通过梯度程序控制器控制每台泵的输出，就能获得任何一种形式的梯度曲线，而且精度很高，易于实现自动化控制。其主要缺点是：必须使用两台高压输液泵，因此仪器价格比较昂贵，故障频率也相对较高，低压梯度是将两种溶剂或四种溶剂按一定比例输入泵前的一个调节阀中，混合均匀后按一定的流量输出，其主要优点是只需要一个高压输液泵，成本低廉，使用方便。

2. 进样系统　进样系统包括进样口、注射器、六通阀和定量管等。进样系统的作用是将样品溶液准确送入色谱柱。对其要求是密封性好、死体积小、重复性好，进样时引起色谱分离系统的压力和流量波动要很小。常用的进样装置有以下两种。

（1）六通阀进样　六通阀进样器是最常用的，进样体积由定量管确定，常使用的有10μl、20μl体积的定量管。六通阀进样器的结构如图 12－21 所示。

操作时先将阀柄置于图 12－21 所示的采样位置，这时进样口只与定量管接通，处于常压状态。用平头微量注射器注入样品溶液，进样量应不小于定量环体积的 5～10 倍（最少 3 倍），样品溶液停留在定量管中，多余的样品溶液从 6 处溢出。将进样器阀柄顺时针转动 60°至图 12－22 所示的进样位置时，流动相与定量管接通，样品被流动相带到色谱柱中进行分离分析。

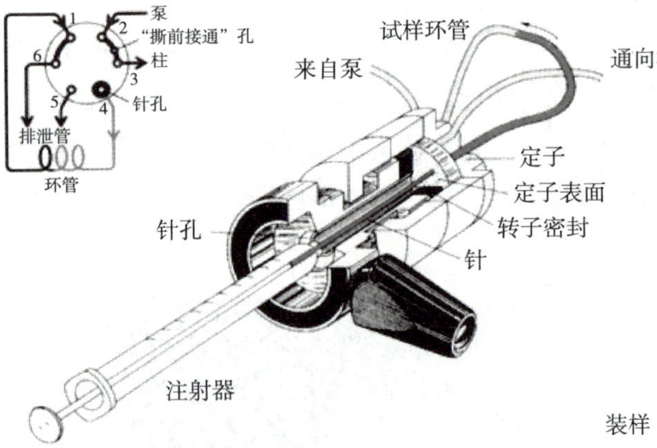

图 12－21　六通阀进样器装样

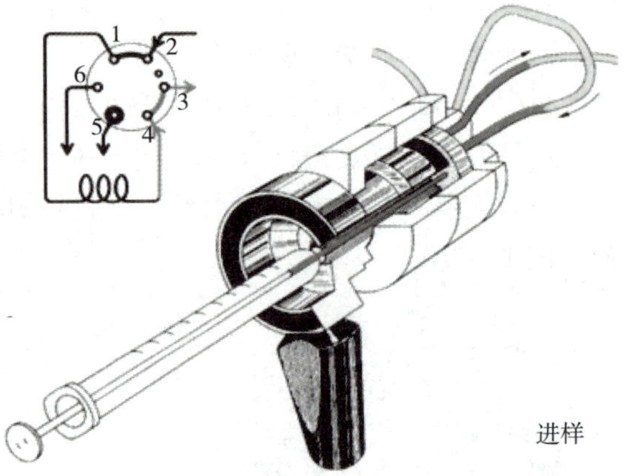

图 12－22　六通阀进样器进样

六通阀使用和维护注意事项：①样品溶液进样前必须用 0.45μm 滤膜过滤，以减少微粒对进样阀的磨损。②转动阀芯时不能太慢，更不能停留在中间位置，否则流动相受阻，使泵内压力剧增，甚至超过泵的最大压力；再转到进样位时，过高的压力将使柱头损坏。③为防止缓冲盐和样品残留在进样阀中，每次分析结束后应冲洗进样阀。通常可用水冲洗，或先用能溶解样品的溶剂冲洗，再用水冲洗。

（2）自动进样器　自动进样器可实现批量进样。操作者只需将样品按顺序装入贮样装置，仪器软件可自动控制定量阀、取样、进样、复位、清洗和样品盘转动等一系列操作全部按预定程序自动进行。自动进样器的进样量可连续调节，进样重复性高，适合大量样品的分析，节省人力，可实现自动化连续操作。

3. 分离系统　分离系统包括色谱柱、恒温装置和连接管等部件。

（1）色谱柱　色谱柱（图 12－23）是高效液相色谱的核心部件，包括柱管和固定相两部分，目前，液相色谱常用的标准柱是内径为 4.6mm，长度为 10～50cm 的直型不锈钢柱。填料颗粒度为 5～10μm，柱效的理论值可达每米 5000～10000 块理论塔板数。

柱效高、选择性好、分析速度快是对色谱柱的一般要求。安装和更换色谱柱时一定要使流动相能按箭头所指方向流动。为了保护色谱柱不被污染，有时需要在分析柱前加一保护柱，即在分析柱的入口端装一与分析柱相同固定相的短柱，可以防止来自流动相和样品中不溶微粒堵塞色谱柱。

图 12－23　高效液相色谱柱

（2）恒温装置　液相色谱柱常用的柱温范围为室温至 65℃，为了增加样品在流动相的溶解度，缩短分析时间，给色谱柱配一个恒温装置是非常有必要的。高效液相色谱仪中常用的色谱柱恒温装置有水浴式、电加热式和恒温箱三种，其中恒温箱是比较常用的。

4. 检测系统　HPLC 的检测系统是把被色谱分离后的柱流出物组成和含量变化转化为可供检测的电信号，完成定性定量分析。HPLC 的检测器要求灵敏度高、噪音低（即对温度、流量等外界变化不敏感）、线性范围宽、重复性好和适用范围广。

HPLC 检测器一般分为两类：通用型检测器和专用型检测器。通用型检测器包括示差折光检测器、电导检测器和蒸发光散射检测器等，适用范围广、灵敏度低，一般不适合痕量分析和梯度洗脱。

专用型检测器包括紫外检测器、荧光检测器等，其对样品中组分的某种物理或化学性质敏感，灵敏度高，对流动相流量和温度变化不敏感，可用于痕量分析和梯度洗脱。

5. 数据处理系统 高效液相色谱仪数据记录与处理系统主要是计算机的应用，它能对来自检测器的原始数据进行分析处理，给出所需要的信息。许多数据处理系统都能进行峰宽、峰高、峰面积、对称因子、保留因子、选择性因子和分离度等参数的计算。色谱工作站是数据采集、处理和分析的独立计算机软件，能适用于各种类型的色谱仪器。

（四）高效液相色谱仪

1. 高效液相色谱仪的基本操作 高效液相色谱仪的品牌型号很多，但实际操作步骤却几乎一致。

（1）准备

①准备所需的流动相，选用合适的 0.45μm 或 0.22μm 的微孔滤膜过滤，抽滤，然后超声脱气 10 ~ 20 分钟，要求流动相无颗粒型杂质。

②根据待检样品的需要更换合适的色谱柱（注意色谱柱标示方向）和定量环，或使用自动进样器。

③配制样品和标准溶液。

④检查仪器各部件的电源线、数据线和输液管道是否连接正常。

（2）操作流程

①开机。接通电源，依次开启各组件的电源开关、计算机电源开关、工作站。

②排气。打开排液阀，排出管路中气泡，直至气泡排尽，关闭排液阀。

③参数设定。通过软件设置泵流量、各流动相比例、运行时间、检测波长等参数，设置完成后保存此方法至仪器。

④平衡系统。待达到设定参数值时，查看基线是否平稳，基线平稳则可进行进样测试。

⑤进样。点击单次运行，设置好数据文件信息和保存路径后，使用注射器将样品由手动进样口注入仪器，开始检测。

⑥数据处理。样品检测结束后，通过工作站的再解析分析数据。

⑦关机。所有样品检测完，冲洗柱一段时间；结束后停泵，关闭软件，切断仪器电源。

2. 高效液相色谱仪的日常维护 高效液相色谱仪作为实验室最常见的精密仪器之一，为保证分析结果的准确性，保证仪器正常运行，应掌握必要的仪器维护和保养常识。

（1）储液瓶及溶剂处理

①溶剂在使用前应经微孔滤膜过滤后才可使用，同时还应保持储液瓶的清洁。

②在泵的进口和出口与进样阀之间，应设置过滤器，过滤器使用 3 ~ 6 个月后在出现阻塞现象时要及时更换新的，以保证仪器正常运行和溶剂的质量。

③应使用专用储液瓶并定期用酸、水和溶剂清洗（最后一次清洗应选用 HPLC 级的水或有机溶剂）。

（2）泵

①如用缓冲溶液做流动相或一段时间不使用泵，工作结束后应在泵中用超纯水或去离子水洗去系统中的盐，然后用纯甲醇或乙腈冲洗。

②不要使用存放多日的蒸馏水及磷酸盐缓冲浴液；如果应用许可，可在溶剂中加入 0.0001 ~ 0.001mol/L 的叠氮化钠。

③仪器使用一段时间后，应用扳手卸下在线过滤器的压帽，取出其中的密封环和不锈钢烧结过滤片

一同清洗，清洗后按原位装上。

④泵长时间不使用，必须用去离子水清洗泵头及单向阀，以防阀球被阀座“锚住”，泵头吸不进流动相。

（3）进样器

①对六通阀进样器，保持清洁可延长阀的使用寿命。

②进样前应使样品混合均匀，以保证结果的精确度。

③样品瓶应清洗干净，无可溶解的污染物。

④自动进样器的针头应有钝化斜面，侧面开孔；针头一旦弯曲应立即换上新针头，不能弄直了继续使用；吸液时针头应没入样品溶液中，但不能碰到样品瓶底。

⑤为了防止缓冲盐和其他残留物留在进样系统中，每次工作结束后应冲洗整个系统。

（4）色谱柱

①色谱柱的管外以箭头标示了柱的使用方向，安装和更换色谱柱时一定要使流动相按箭头所指方向流动。

②流动相流速不可一次改变过大，应避免色谱柱受突然变化的高压冲击，使柱床受到冲击，引起紊乱，产生空隙。

③色谱柱应在要求的 pH 范围和柱温范围内使用。

④样品进样量不应过载。进样前应将样品进行必要的净化，以免其中的杂质对色谱柱造成损伤。

⑤应使用不损坏色谱柱的流动相。在使用缓冲溶液时，盐的浓度不应过高，并且在工作结束后要及时用纯水冲洗柱，不可过夜。

⑥每次工作结束后，应用强溶剂（乙腈或甲醇）冲洗色谱柱。柱不用时，反相柱应将其两端封闭在甲醇中，正相柱封存在2，2，4－三甲基戊烷中。

⑦柱应定期进行清洗，以防止有太多的杂质在柱上堆积。

⑧色谱柱使用一段时间后，柱效能会下降，此时可对柱进行再生处理。

（5）检测器　检测器每次使用时应及时排出流通池中的气泡。分析前，在柱平衡将完成时（通常大于30分钟），再打开检测器；分析完成后，马上关闭检测器，以延长检测器的使用寿命。

（五）定性与定量分析方法

同气相色谱法的定性定量方法。

（六）应用示例

高效液相色谱法由于不受所分析样品挥发性的限制，其应用范围比气相色谱法广泛很多，可广泛应用于生命科学研究、食品分析、环境污染分析、生物化学、药物化学、临床医学等众多领域。

1. 氟喹诺酮类兽药残留检测

色谱条件

色谱柱：C_{18}柱，250mm×4.6mm（i.d），粒径5μm

流动相：0.05mol/L 磷酸溶液/三乙胺－乙腈＝82∶18

流速：0.8ml/min

检测波长：激发波长280nm；发射波长450nm

柱温：室温

进样量：20μl

2. 原料乳与乳制品中三聚氰胺检测

色谱条件

色谱柱：C_8 柱，250mm×4.6mm（i.d），粒径5μm或 C_{18} 柱，250mm×4.6mm（i.d），粒径5μm

流动相：C_8 柱，离子对试剂缓冲液－乙腈（85∶15，体积比）或 C_{18} 柱，离子对试剂缓冲液－乙腈（90∶10，体积比）

流速：1.0ml/min

柱温：40℃

检测波长：240nm

进样量：20μl

知识链接

质谱法

质谱法（MS）是将化合物分子电离成不同质量的离子，利用电磁学原理，按其质荷比（m/z）大小依次排列成谱，收集和记录质谱图的分析方法。根据质谱图提供的信息，可以进行多种有机物及无机物的定性定量分析、复杂化合物的结构分析、样品中各种同位素比的测定以及固体表面的结构和组成的分析等。

实训二十六　荧光分光光度法测定食品中维生素 B_2 的含量

一、实训目的

1. **熟悉**　荧光分光光度法的原理。
2. **掌握**　荧光分光光度计的使用方法；荧光分光光度法定量测定的原理。

二、实训原理

维生素 B_2 在440～500nm波长光照射下发生黄绿色荧光。在稀溶液中其荧光强度与维生素 B_2 的浓度成正比。在波长525nm下测定其荧光强度。试液再加入连二亚硫酸钠，将维生素 B_2 还原为无荧光的物质，然后再测定试液中残余荧光杂质的荧光强度，两者之差即为试样中维生素 B_2 所产生的荧光强度。

三、仪器与试剂

1. **仪器**　荧光分光光度计、感量为1mg和0.01mg的天平、高压灭菌锅、精度0.01的pH计、涡旋振荡器、组织捣碎机、恒温水浴锅、干燥器、维生素 B_2 吸附柱。

2. **试剂**　盐酸、冰乙酸、氢氧化钠、三水乙酸钠、木瓜蛋白酶：活力单位≥10U/mg、高峰淀粉酶：活力单位≥100U/mg，或性能相当者、硅镁吸附剂：50～150μm、丙酮、高锰酸钾、30%过氧化氢、连二亚硫酸钠。

四、实训步骤

1. **试样水解**　称取2～10g（含10～100μg核黄素）试样于100ml具塞锥形瓶中，加入60ml 0.1mol/L的盐酸，充分摇匀，塞好瓶塞。将锥形瓶放入高压灭菌锅内，在121℃下保持30分钟，冷却至室温后取出。用氢氧化钠溶液调pH至6.0～6.5。

2. 试样的酶解 加入2ml混合酶溶液，摇匀后，置于37℃培养箱或恒温水浴锅中过夜酶解。

3. 过滤 将上述酶解液转移至100ml容量瓶中，加水定容至刻度，用干滤纸过滤备用。此提取液在4℃冰箱中可保存一周。

4. 氧化去杂质 根据试样中核黄素的含量取一定体积的试样提取液（含1～10μg维生素B_2）及维生素B_2标准液分别置于20ml的带盖刻度试管中，加水至15ml。各管加0.5ml冰乙酸，混匀。加0.5ml 30g/L高锰酸钾溶液，摇匀，放置2分钟，使氧化去杂质。滴加3%过氧化氢溶液数滴，直至高锰酸钾的颜色褪去。剧烈振摇试管，使多余的氧气逸出。

5. 维生素B_2的吸附和洗脱

（1）维生素B_2吸附柱：硅镁吸附剂约1g用湿法装入柱，占柱长1/2～2/3（约5cm）为宜（吸附柱下端用一小团脱脂棉垫上），勿使柱内产生气泡，调节流速约为60滴/分。

注：可使用等效商品柱。

（2）过柱与洗脱：将全部氧化后的样液及标准液通过吸附柱后，用约20ml热水淋洗样液中的杂质。然后用5ml洗脱液将试样中维生素B_2洗脱至10ml容量瓶中，再用3～4ml水洗吸附柱，洗出液合并至容量瓶中，并用水定容至刻度，混匀后待测定。

6. 标准曲线的制备 分别精确吸取维生素B_2标准使用液0.30ml、0.60ml、0.90ml、1.25ml、2.50ml（国标10.0ml）、5.00ml、10.00ml、20.00ml（相当于0.3μg、0.6μg、0.9μg、1.25μg、2.5μg、5.0μg、10.0μg、20.0μg维生素B_2）或取与试样含量相近的单点标准按4和5操作。

7. 试样溶液的测定 于激发光波长440nm发射光波长525nm，测量试样管及标准管的荧光值。待试样管及标准管的荧光值测量后，在各管的剩余液（5～7ml）中加0.1ml 20%连二亚硫酸钠溶液，立即混匀，在20秒内测出各管的荧光值，作各自的空白值。

8. 试样中维生素B_2的含量计算公式

$$X=\frac{(A-B)\times S}{(C-D)\times m}\times f\times\frac{100}{1000}$$

式中，X，试样中维生素B_2（以核黄素计）的含量，单位为毫克每百克（mg/100g）；A，试样管的荧光值；B，试样管空白荧光值；S，标准管中维生素B_2的质量，单位为微克（μg）；C，标准管的荧光值；D，标准管空白荧光值；m，试样质量，单位为克（g）；D，标准管空白荧光值；f，稀释倍数；100，换算为100g样品中含量的换算系数；1000，将浓度单位μg/100g换算为mg/100g的换算系数。计算结果保留至小数点后两位。

五、数据记录及处理

记录待测试样管及标准管的荧光值和各自的空白值于表12－1。

表12－1 数据记录

标准系列号	1	2	3	4	5	6	7	8	试样管
维生素B_2质量（μg）	0.3	0.6	0.9	1.25	2.5	5.0	10.0	20.0	
荧光值									
空白值									

六、注意事项

当取样量为10.00g时，方法检出限为0.006mg/100g，定量限为0.02mg/100g。

七、思考题

1. 为什么荧光分光光度法可测定食品中维生素 B_2 的含量?

2. 荧光分光光度法和紫外 - 可见分光光度法有何区别? 为什么荧光分光光度法的灵敏度比紫外 - 可见分光光度法高?

实训二十七　气相色谱法测定啤酒中乙醇的含量

一、实训目的

1. **熟悉**　气相色谱法的原理。
2. **掌握**　气相色谱仪的调试及使用方法；气相色谱定量测定的原理。

二、实训原理

试样进入气相色谱仪中的色谱柱时，由于在气固两相中吸附系数不同，而使乙醇与其他组分得以分离，利用氢火焰离子化检测器进行检测，与标样对照，根据保留时间定性，利用内标法定量。

三、仪器与试剂

1. **仪器**　气相色谱仪（配氢火焰离子化检测器 FID)、固定相 Chromosorb103，177μm（80 目）~ 250μm（60 目）(2m × 2mm 或 3m × 3mm）或使用同等分析效果的其他色谱柱、微量注射器、容量瓶、吸量管等。

2. **试剂**　乙醇、正丁醇、啤酒等。

四、实训步骤

1. **试样制备**　取 10. 00ml 除去二氧化碳的啤酒样品于 10. 00ml 容量瓶中，加入 0. 50ml 内标正丁醇，混匀。

2. **设置色谱操作条件**　柱温：200℃；气化室和检测器温度：240℃；载气（高纯氮）流量：40ml/min；氢气流量：40ml/min；空气流量：500ml/min；进样量：1. 0μl。

3. **乙醇标准系列工作液配制**　取 5 个 100ml 容量瓶，分别加入 2. 00ml、3. 00ml、4. 00ml、5. 00ml、7. 00ml 乙醇，用水定容至刻度，混匀。

4. **标准曲线的制作**　分别吸取不同浓度的乙醇标准系列工作液各 10. 0ml 于 5 个 10ml 容量瓶中，分别加入 0. 50ml 正丁醇混匀。按色谱条件测定，以乙醇浓度为横坐标，以乙醇和内标峰面积的比值（或峰高比值）为纵坐标，绘制工作曲线。

5. **试样溶液的测定**　按照仪器参考条件，将试样溶液注入气相色谱仪中，得到样品中乙醇和内标峰面积的比值，由标准工作曲线计算测试液中乙醇的浓度。

6. **试样中乙醇的含量计算公式**

$$X = C \times f$$

式中，X，试样中乙醇的含量，以体积分数（% vol）表示；C，试样测定液中乙醇的含量，以体积分数（% vol）表示；f，试样稀释倍数。

以重复性条件下获得的两次独立测定结果的算术平均值表示，结果保留至小数点后一位。啤酒样品在重复性条件下获得的两次独立测定结果的绝对差值不得超过0.1% vol。

五、数据记录及处理

以标准溶液与样品溶液的 t_R 对照，定性分析样品中的乙醇含量，测定乙醇、正丁醇的峰面积，根据标准曲线求出试样测定液中乙醇的含量 C。

表12-2 数据记录

标准系列号	1	2	3	4	5	试样
乙醇体积分数/（% vol）						C
乙醇与正丁醇峰面积的比值						

再根据 $X = C \times f$，求出啤酒中乙醇的含量，以体积百分数（% vol）表示。

六、注意事项

1. 色谱条件应根据不同仪器，通过实验选择最佳色谱条件，以使乙醇和内标组分获得完全分离。
2. 所用乙醇标准溶液应当天配制与使用，每个浓度至少要做两次，取平均值作图。

七、思考题

1. 为什么可以利用色谱峰的保留时间进行定性分析？
2. 什么是内标法和外标法？简述内标法的优缺点。

实训二十八 高效液相色谱法测定食品中苯甲酸和山梨酸的含量

一、实训目的

熟悉 高效液相色谱仪的工作原理和使用方法；保留时间和峰面积进行定性和定量的方法。

二、实训原理

样品经水提取，高脂肪样品经正己烷脱脂、高蛋白样品经蛋白沉淀剂沉淀蛋白，采用液相色谱分离、紫外检测器检测，外标法定量。

三、仪器与试剂

1. 仪器 高效液相色谱仪（带紫外检测器）、25μl 平头微量注射器。

2. 试剂 甲醇（色谱纯）、超纯水、苯甲酸、山梨酸。

（1）苯甲酸和山梨酸标准贮备溶液配制 将苯甲酸、山梨酸在110℃下烘干1小时，准确称取苯甲酸、山梨酸各0.1000g，用流动相溶解，定量转移至100ml 容量瓶中并定容，得1000μg/ml 苯甲酸和山梨酸标准贮备溶液。

（2）苯甲酸和山梨酸标准溶液配制 分别吸取1000μg/ml 苯甲酸和山梨酸标准贮备溶液2.5ml 于50ml 容量瓶中，用流动相稀释至刻度，得50.00μg/ml 苯甲酸和山梨酸标准溶液。

四、实训步骤

1. 设置色谱条件 色谱柱 C_{18} 柱，柱温 25℃，检测波长 224nm、252nm，进样量 20μl。流动相：甲醇：水 =60：40（0.45μm 滤膜过滤），流动相流速 1.0ml/min。

2. 标准溶液配制

（1）苯甲酸标准系列溶液的配制　分别用吸量管吸取 2.00ml、4.00ml、6.00ml、8.00ml、10.00ml 苯甲酸标准溶液（50.00μg/ml）于 5 只 25ml 容量瓶中，用流动相定容至刻度，浓度分别为 4.00μg/ml、8.00μg/ml、12.00μg/ml、16.00μg/ml、20.00μg/ml。

（2）山梨酸标准系列溶液的配制　分别用吸量管吸取 1.00ml、2.00ml、3.00ml、4.00ml、5.00ml 山梨酸标准溶液（50.00μg/ml）于 5 只 25ml 容量瓶中，用流动相定容至刻度，浓度分别为 2.00μg/ml、4.00μg/ml、6.00μg/ml、8.00μg/ml、10.00μg/ml。

3. 样品处理 将约 100ml 可口可乐置于 250ml 洁净、干燥的烧杯中，剧烈搅拌 30 分钟或用超声波脱气 5 分钟，以赶尽可口可乐中的二氧化碳。将样品溶液分别进行滤过（即用漏斗、干滤纸过滤），弃去前过滤液，取后面的过滤液。吸取样品滤液 25.00ml 于 125ml 分液漏斗中，加入 1.0ml 饱和 NaCl 溶液、1ml 1mol/L NaOH 溶液，然后用 20ml 三氯甲烷分三次萃取（10ml、5ml、5ml）。将三氯甲烷提取液分离后经过装有无水硫酸钠的小漏斗（在小漏斗的颈部放一团脱脂棉，上面铺一层无水硫酸钠）脱水过滤于 25ml 容量瓶中，最后用少量三氯甲烷多次洗涤无水硫酸钠小漏斗，将洗涤液合并至容量瓶中，定容至刻度。

取上述溶液若干毫升（通过实验确定）于 25ml 容量瓶中，用流动相定容至刻度。取该溶液 20μl，重复两次，要求两次所得的苯甲酸、山梨酸色谱峰面积基本一致，否则继续进样，直至每次进样色谱峰面积基本一致。

4. 绘制工作曲线 先用流动相平衡仪器，待液相色谱仪基线平直后，分别注入苯甲酸、山梨酸标准系列溶液 20μl，重复两次，要求两次所得的苯甲酸、山梨酸色谱峰面积基本一致，否则继续进样，直至每次进样色谱峰面积基本一致。

五、数据记录及处理

1. 记录苯甲酸和山梨酸色谱峰的保留时间及峰面积，分别绘制峰面积和苯甲酸浓度及山梨酸浓度的标准曲线。

2. 确定未知样中苯甲酸和山梨酸的出峰时间及峰面积，从工作曲线上查找并计算出试样中苯甲酸和山梨酸的含量。

表 12-3　数据记录

标准系列号	1	2	3	4	5	试样
苯甲酸的浓度（μg/ml）	4.00	8.00	12.00	16.00	20.00	ρ_x
苯甲酸峰面积（mV·s）						
标准系列号	**1**	**2**	**3**	**4**	**5**	**试样**
山梨酸的浓度（μg/ml）	2.00	4.00	6.00	8.00	10.00	ρ_x
山梨酸峰面积（mV·s）						

六、注意事项

1. 流动相配比可以根据具体情况进行调整。

2. 在重复性条件下获得的两次独立测定结果的绝对差值不得超过算术平均值的10%。

七、思考题

1. 高效液相色谱的流动相为什么要过滤与脱气？
2. 哪些因素会影响测定的结果？

答案解析

练习题

一、填空题

1. 以荧光强度为纵坐标，以________为横坐标作图，可得到激发光谱。
2. ________是色谱定性分析的依据。
3. ________是色谱定量的主要依据。
4. 气相色谱仪由________、________、________、________、数据处理系统和温控系统六大系统组成。
5. 色谱分析中使用归一化法定量的前提是________。
6. 高效液相色谱仪由________、________、________、________和数据处理系统五个部分组成。

二、选择题

（一）单项选择题

1. 荧光分析法是通过测定（　）而达到对物质的定性或定量分析
A. 激发光　B. 磷光　C. 发射光　D. 散射光
2. 衡量色谱柱总分离效能的指标是（　）
A. 塔板数　B. 分离度　C. 分配系数　D. 相对保留值
3. 在气相色谱法中，可用作定量的参数是（　）
A. 保留时间　B. 相对保留值　C. 半峰宽　D. 峰面积
4. 色谱分析中，可用来定性的色谱参数是（　）
A. 峰面积　B. 保留时间　C. 峰高　D. 半峰宽
5. 液相色谱中通用型检测器是（　）
A. 紫外吸收检测器　B. 示差折光检测器　C. 热导池检测器　D. 氢焰检测器
6. 高效液相色谱仪的流动相和待测试样应使用（　）粒径的滤膜过滤
A. 0.5μm　B. 0.45μm或0.22μm　C. 0.6μm　D. 0.55μm
7. 在气相色谱分析中，试样的出峰顺序由（　）决定
A. 记录仪　B. 检测系统　C. 进样系统　D. 分离系统

（二）多项选择题

1. 属于高效液相色谱进样方式的是（　）
A. 微量注射器　B. 高压六通阀　C. 医用注射器
D. 自动进样系统　E. 真空进样器
2. 液相色谱仪的实验室环境设置应有利于（　）
A. 仪器稳定运行　B. 保障工作人员的人身安全　C. 仪器操作安全
D. 仪器性能正常发挥　E. 仪器检修

3. 高效液相色谱仪与气相色谱仪比较，增加了（　）

A. 贮液器　　B. 恒温器和程序升温　　C. 高压泵

D. 自动进样器和检测器　　E. 梯度淋洗装置

三、简答题

1. 荧光分光光度计主要由哪几部分组成？简述各部分的作用。
2. 简述气相色谱仪的工作流程。
3. 简述气相色谱分析法的定性与定量方法。
4. 简述高效液相色谱仪的工作流程。

书网融合……

本章小结　　题库

附　录

附录一　常用相对原子质量

元素的相对原子质量（2005）[按照原子序数排列，以 $Ar(^{12}C)=12$ 为基准

原子序数	元素			相对原子质量
	符号	名称	英文名	
1	H	氢	Hydrogen	1.00794(7)
2	He	氦	Helium	4.002602(2)
3	Li	锂	Lithium	6.941(2)
4	Be	铍	Beryllium	9.012182(3)
5	B	硼	Boron	10.811(7)
6	C	碳	Carbon	12.0107(8)
7	N	氮	Nitrogen	14.0067(2)
8	O	氧	Oxygen	15.9994(3)
9	F	氟	Fluorine	18.9984032(5)
10	Ne	氖	Neon	20.1797(6)
11	Na	钠	Sodium	22.98976928(2)
12	Mg	镁	Magnesium	24.3050(6)
13	Al	铝	Aluminum	26.9815386(8)
14	Si	硅	Silicon	28.0855(3)
15	P	磷	Phosphorus	30.973762(2)
16	S	硫	Sulphur	32.065(5)
17	Cl	氯	Chlorine	35.453(2)
18	Ar	氩	Argon	39.948(1)
19	K	钾	Potassium	39.0983(1)
20	Ca	钙	Calcium	40.078(4)
21	Sc	钪	Scandium	44.955912(6)
22	Ti	钛	Titanium	47.867(1)
23	V	钒	Vanadium	50.9415(1)
24	Cr	铬	Chromium	51.9961(6)
25	Mn	锰	Manganese	54.938045(5)
26	Fe	铁	Iron	55.845(2)
27	Co	钴	Cobalt	58.933195(5)
28	Ni	镍	Nickel	58.6934(2)
29	Cu	铜	Copper	63.546(3)
30	Zn	锌	Zinc	65.409(4)
31	Ga	镓	Gallium	69.723(1)
32	Ge	锗	Germanium	72.64(1)
33	As	砷	Arsenic	74.92160(2)
34	Se	硒	Selenium	78.96(3)
35	Br	溴	Bromine	79.904(1)
36	Kr	氪	Krypton	83.798(2)
37	Rb	铷	Rubidium	85.4678(3)
38	Sr	锶	Strontium	87.62(1)
39	Y	钇	Yttrium	88.90585(2)
40	Zr	锆	Zirconium	91.224(2)
41	Nb	铌	Niobium	92.90638(2)
42	Mo	钼	Molybdenium	95.94(2)
43	Tc	锝	Technetium	[98]
44	Ru	钌	Ruthenium	101.07(2)
45	Rh	铑	Rhodium	102.90550(2)
46	Pd	钯	Palladium	106.42(1)
47	Ag	银	Silver	107.8682(2)
48	Cd	镉	Cadmium	112.411(8)
49	In	铟	Indium	114.818(3)
50	Sn	锡	Tin	118.710(7)
51	Sb	锑	Antimony	121.760(1)
52	Te	碲	Tellurium	127.60(3)
53	I	碘	Iodine	126.90447(3)
54	Xe	氙	Xenon	131.293(6)
55	Cs	铯	Caesium	132.9054519(2)
56	Ba	钡	Barium	137.327(7)
57	La	镧	Lanthanum	138.90547(7)
58	Ce	铈	Cerium	140.116(1)
59	Pr	镨	Praseodynium	140.90765(2)
60	Nd	钕	Neodymium	144.242(3)

续表

原子序数	元素			相对原子质量	原子序数	元素			相对原子质量
	符号	名称	英文名			符号	名称	英文名	
61	Pm	钷	Promethium	[145]	90	Th	钍	Thorium	232.03806(2)
62	Sm	钐	Samarium	150.36(2)	91	Pa	镤	Protactinium	231.03588(2)
63	Eu	铕	Europium	151.964(1)	92	U	铀	Uranium	238.02891(3)
64	Gd	钆	Gadolinium	157.25(3)	93	Np	镎	Neptunium	[237]
65	Tb	铽	Terbium	158.92535(2)	94	Pu	钚	Plutonium	[244]
66	Dy	镝	Dysprosium	162.500(1)	95	Am	镅	Americium	[243]
67	Ho	钬	Holmium	164.93032(2)	96	Cm	锔	Curium	[247]
68	Er	铒	Erbium	167.259(3)	97	Bk	锫	Berkelium	[247]
69	Tm	铥	Thulium	168.93421(2)	98	Cf	锎	Californium	[251]
70	Yb	镱	Ytterbium	173.04(3)	99	Es	锿	Einsteinium	[252]
71	Lu	镥	Lutetium	174.967(1)	100	Fm	镄	Fermium	[257]
72	Hf	铪	Hafnium	178.49(2)	101	Md	钔	Mendelevium	[258]
73	Ta	钽	Tantalum	180.94788(2)	102	No	锘	Nobelium	[259]
74	W	钨	Tungsten	183.84(1)	103	Lr	铹	Lawrencium	[262]
75	Re	铼	Rhenium	186.207(1)	104	Rf	∝	Rutherfordium	[267]
76	Os	锇	Osmium	190.23(3)	105	Db	θ	Dubnium	[268]
77	Ir	铱	Iridium	192.217(3)	106	Sg	𬭳	Seaborgium	[271]
78	Pt	铂	Platinum	195.084(9)	107	Bh	𬭛	Bohrium	[272]
79	Au	金	Gold	196.966569(4)	108	Hs	𬭶	Hassium	[270]
80	Hg	汞	Mercury	200.59(2)	109	Mt	g	Meitnerium	[276]
81	Tl	铊	Thallium	204.3833(2)	110	Ds		Darmstadtium	[281]
82	Pb	铅	Lead	207.2(1)	111	Rg		Roentgenium	[280]
83	Bi	铋	Bismuth	208.98040(1)	112	Uub		Ununbium	[285]
84	Po	钋	Polonium	[209]	113	Uut		Ununtrium	[284]
85	At	砹	Astatine	[210]	114	Uuq		Ununquadium	[289]
86	Rn	氡	Radon	[222]	115	Uup		Ununpentium	[288]
87	Fr	钫	Fracium	[223]	116	Uuh		Ununhexium	293]
88	Ra	镭	Radium	[226]	117	Uuo		Ununoctium	[294]
89	Ac	锕	Actinium	[227]					

注：录自 2005 年国际原子量表(IUPAC commission of Atomic Weights and Isotopic Abundances. Atomic Weights of the elements 2005. Pure Appl. Chem. ,2006,78:2051 - 2066)。( )表示最后一位数字的不确定性，[ ]中的数值为没有稳定同位素元素的半衰期最长同位素的质量数。

附录二 常见化合物的相对分子质量

化合物	相对分子质量	化合物	相对分子质量	化合物	相对分子质量
Ag_3AsO_4	462.52	$AlCl_3 \cdot 6H_2O$	241.43	As_2S_3	246.02
AgBr	187.77	$Al(NO_3)_3$	213	$BaCO_3$	197.34
AgCl	143.32	$Al(NO_3)_3 \cdot 9H_2O$	375.13	BaC_2O_4	225.35
AgCN	133.89	Al_2O_3	101.96	$BaCl_2$	208.24

续表

化合物	相对分子质量	化合物	相对分子质量	化合物	相对分子质量
$AgSCN$	165.95	$Al(OH)_3$	78	$BaCl_2\cdot 2H_2O$	244.27
Ag_2CrO_4	331.73	$Al_2(SO_4)_3$	342.14	$BaCrO_4$	253.32
AgI	234.77	$Al_2(SO_4)_3\cdot 18H_2O$	666.41	BaO	153.33
$AgNO_3$	169.87	As_2O_3	197.84	$Ba(OH)_2$	171.34
$AlCl_3$	133.34	As_2O_5	229.84	$H_2C_2O_4\cdot 2H_2O$	126.07
$BaSO_4$	233.39	$CuSCN$	121.62	HCl	36.461
$BiCl_3$	315.34	CuI	190.45	HF	20.006
$BiOCl$	260.43	$Cu(NO_3)_2$	187.56	HI	127.91
CaO	56.08	$Cu(NO_3)\cdot 3H_2O$	241.6	HIO_3	175.91
$CaCO_3$	100.09	CuO	79.545	HNO_3	63.013
CaC_2O_4	128.1	Cu_2O	143.09	HNO_2	47.013
$CaCl_2$	110.99	CuS	95.61	H_2O	18.015
$CaCl_2\cdot 6H_2O$	219.08	$CuSO_4$	159.60	H_2O_2	34.015
$Ca(NO_3)_2\cdot 4H_2O$	236.15	$CuSO_4\cdot 5H_2O$	249.68	H_3PO_4	97.995
$Ca(OH)_2$	74.09	$FeCl_2$	126.75	H_2S	34.08
$Ca_3(PO_4)_2$	310.18	$FeCl_2\cdot 4H_2O$	198.81	H_2SO_3	82.07
$CaSO_4$	136.14	$FeCl_3$	162.21	H_2SO_4	98.07
$CdCO_3$	172.42	$FeCl_3\cdot 6H_2O$	270.3	$Hg(CN)_2$	252.63
$CdCl_2$	183.82	$FeNH_4(SO_4)_2\cdot 12H_2O$	482.18	$HgCl_2$	271.5
CdS	144.47	$Fe(NO_3)_3$	241.86	Hg_2Cl_2	472.09
$Ce(SO_4)_2$	332.24	$Fe(NO_3)_3\cdot 9H_2O$	404	HgI_2	454.4
$Ce(SO_4)_2\cdot 4H_2O$	404.3	FeO	71.846	$Hg_2(NO_3)_2$	525.19
CH_3COOH	60.052	Fe_2O_3	159.69	$Hg_2(NO_3)_2\cdot 2H_2O$	561.22
CO_2	44.01	Fe_3O_4	231.54	$Hg(NO_3)_2$	324.6
$CoCl_2$	129.84	$Fe(OH)_3$	106.87	HgO	216.59
$CoCl_2\cdot 6H_2O$	237.93	FeS	87.91	HgS	232.65
$Co(NO_3)_2$	182.94	Fe_2S_3	207.87	$HgSO_4$	296.65
$Co(NO_3)_2\cdot 6H_2O$	291.03	$FeSO_4$	151.9	Hg_2SO_4	497.24
CoS	90.99	$FeSO_4\cdot 7H_2O$	278.01	$KAl(SO_4)_2\cdot 12H_2O$	474.38
$CoSO_4$	154.99	$Fe(NH_4)_2(SO_4)_2\cdot 6H_2O$	392.125	KBr	119
$CoSO_4\cdot 7H_2O$	281.1	H_3AsO_3	125.94	$KBrO_3$	167
$CO(NH_2)_2$	60.06	H_3ASO_4	141.94	KCl	74.551
$CrCl_3$	158.35	H_3BO_3	61.88	$KClO_3$	122.55
$CrCl_3\cdot 6H_2O$	266.45	HBr	80.912	$KClO_4$	138.55
$Cr(NO_3)_3$	238.01	HCN	27.026	KCN	65.116
Cr_2O_3	151.99	$HCOOH$	46.026	$KSCN$	97.18
$CuCl$	98.999	H_2CO_3	62.025	K_2CO_3	138.21
$CuCl_2$	134.45	$H_2C_2O_4$	90.035	K_2CrO_4	194.19
$CuCl_2\cdot 2H_2O$	170.48	MnS	87	$Na_2H_2Y\cdot 2H_2O$	372.24
$K_2Cr_2O_7$	294.18	$MnSO_4$	151	$NaNO_2$	68.995

续表

化合物	相对分子质量	化合物	相对分子质量	化合物	相对分子质量
$K_3Fe(CN)_6$	329.25	$MnSO_4 \cdot 4H_2O$	223.06	$NaNO_3$	84.995
$K_4Fe(CN)_6$	368.35	NO	30.006	Na_2O	61.979
$KFe(SO_4)_2 \cdot 12H_2O$	503.24	NO_2	46.066	Na_2O_2	77.978
$KHC_2O_4 \cdot H_2O$	146.14	NH_3	17.03	$NaOH$	39.997
$KHC_2O_4 \cdot H_2C_2O_4 \cdot 2H_2O$	254.19	CH_3COONH_4	77.083	Na_3PO_4	163.94
$KHC_4H_4O_6$	188.18	NH_4Cl	53.491	Na_2S	78.04
$KHC_8H_4O_4$	204.22	$(NH_4)_2CO_3$	96.086	$Na_2S \cdot 9H_2O$	240.18
$KHSO_4$	136.16	$(NH_4)_2C_2O_4$	124.1	Na_2SO_3	126.04
KI	166	$(NH_4)_2C_2O_4 \cdot H_2O$	142.11	Na_2SO_4	142.04
KIO_3	214	NH_4SCN	76.12	$Na_2S_2O_3$	158.1
$KIO_3 \cdot HIO_3$	389.91	NH_4HCO_3	79.055	$Na_2S_2O_3 \cdot 5H_2O$	248.17
$KMnO_4$	158.03	$(NH_4)_2MoO_4$	196.01	$NiCl_2 \cdot 6H_2O$	237.69
$KNaC_4H_4O_6 \cdot 4H_2O$	282.22	NH_4NO_3	80.043	NiO	74.69
KNO_3	101.1	$(NH_4)_2HPO_4$	132.06	$Ni(NO_3)_2 \cdot 6H_2O$	290.79
KNO_2	85.104	$(NH_4)_2S$	68.14	NiS	90.75
K_2O	94.196	$(NH_4)_2SO_4$	132.13	$NiSO_4 \cdot 7H_2O$	280.85
KOH	56.106	NH_4VO_3	116.98	P_2O_5	141.94
K_2SO_4	172.25	Na_3AsO_3	191.89	$PbCO_3$	267.2
$MgCO_3$	84.314	$Na_2B_4O_7$	201.22	PbC_2O_4	295.22
$MgCl_2$	95.211	$Na_2B_4O_7 \cdot 10H_2O$	381.37	$PbCl_2$	278.1
$MgCl_2 \cdot 6H_2O$	203.3	$NaBiO_3$	279.97	$PbCrO_4$	323.2
MgC_2O_4	112.33	$NaCN$	49.007	$Pb(CH_3COO)_2$	325.3
$Mg(NO_3)_2 \cdot 6H_2O$	256.41	$NaSCN$	81.07	$Pb(CH_3COO)_2 \cdot 3H_2O$	379.3
$MgNH_4PO_4$	137.32	Na_2CO_3	105.99	PbI_2	461
MgO	40.304	$Na_2CO_3 \cdot 10H_2O$	286.14	$Pb(NO_3)_2$	331.2
$Mg(OH)_2$	58.32	$Na_2C_2O_4$	134	PbO	223.2
$Mg_2P_2O_7$	222.55	CH_3COONa	82.034	PbO_2	239.2
$MgSO_4 \cdot 7H_2O$	246.47	$CH_3COONa \cdot 3H_2O$	136.08	$Pb_3(PO_4)_2$	811.54
$MnCO_3$	114.95	$NaCl$	58.443	PbS	239.3
$MnCl_2 \cdot 4H_2O$	197.91	$NaClO$	74.442	$PbSO_4$	303.3
$Mn(NO_3)_2 \cdot 6H_2O$	287.04	$NaHCO_3$	84.007	SO_3	80.06
MnO	70.937	$Na_2HPO_4 \cdot 12H_2O$	358.14	$UO_2(CH_3COO)_2 \cdot 2H_2O$	424.15
MnO_2	86.937	$SnCl_4 \cdot 5H_2O$	350.58	ZnC_2O_4	153.4
SO_2	64.06	SnO_2	150.69	$ZnCl_2$	136.29
$SbCl_3$	228.11	SnS_2	150.75	$Zn(CH_3COO)_2$	183.47
$SbCl_5$	299.02	$SrCO_3$	147.63	$Zn(CH_3COO)_2 \cdot 2H_2O$	219.5
Sb_2O_3	291.5	SrC_2O_4	175.64	$Zn(NO_3)_2$	189.39
Sb_2S_3	339.68	$SrCrO_4$	203.61	$Zn(NO_3)_2 \cdot 6H_2O$	297.48
$SiFV_4$	104.08	$Sr(NO_3)_2$	211.63	ZnO	81.38
SiO_2	60.084	$Sr(NO_3)_2 \cdot 4H_2O$	283.69	ZnS	97.44
$SnCl_2$	189.6	$SrSO_4$	183.69	$ZnSO_4 \cdot 7H_2O$	287.54
$SnCl_2 \cdot 2H_2O$	225.63	$ZnCO_3$	125.39	$SnCl_4$	260.5

附录三 常见电对的标准电极电势（298.15K）

电极反应				$\varphi^{\ominus}$(V)
氧化态	电子数		还原态	
Li^+	$+e^-$	$\rightleftharpoons$	Li	-3.0401
Cs^+	$+e^-$	$\rightleftharpoons$	Cs	-3.026
Rb^+	$+e^-$	$\rightleftharpoons$	Rb	-2.98
K^+	$+e^-$	$\rightleftharpoons$	K	-2.931
Ba^{2+}	$+2e^-$	$\rightleftharpoons$	Ba	-2.912
Sr^{2+}	$+2e^-$	$\rightleftharpoons$	Sr	-2.89
Ca^{2+}	$+2e^-$	$\rightleftharpoons$	Ca	-2.868
Na^+	$+e^-$	$\rightleftharpoons$	Na	-2.71
La^{3+}	$+3e^-$	$\rightleftharpoons$	La	-2.379
Mg^{2+}	$+2e^-$	$\rightleftharpoons$	Mg	-2.372
Ce^{3+}	$+3e^-$	$\rightleftharpoons$	Ce	-2.336
$H_2(g)$	$+2e^-$	$\rightleftharpoons$	$2H^-$	-2.23
AlF_6^{3-}	$+3e^-$	$\rightleftharpoons$	$Al+6F^-$	-2.069
Th^{4+}	$+4e^-$	$\rightleftharpoons$	Th	-1.899
Be^{2+}	$+2e^-$	$\rightleftharpoons$	Be	-1.847
U^{3+}	$+3e^-$	$\rightleftharpoons$	U	-1.798
Al^{3+}	$+3e^-$	$\rightleftharpoons$	Al	-1.662
Ti^{2+}	$+2e^-$	$\rightleftharpoons$	Ti	-1.630
ZrO_2+4H^+	$+4e^-$	$\rightleftharpoons$	$Zr+2H_2O$	-1.553
$[SiF_6]^{2-}$	$+4e^-$	$\rightleftharpoons$	$Si+6F^-$	-1.24
Mn^{2+}	$+2e^-$	$\rightleftharpoons$	Mn	-1.185
Cr^{2+}	$+2e^-$	$\rightleftharpoons$	Cr	-0.913
Ti^{3+}	$+e^-$	$\rightleftharpoons$	Ti^{2+}	-0.9
$H_3BO_3+3H^+$	$+3e^-$	$\rightleftharpoons$	$B+3H_2O$	-0.8698
TiO_2+4H^+	$+4e^-$	$\rightleftharpoons$	$Ti+2H_2O$	-0.86
$Te+2H^+$	$+2e^-$	$\rightleftharpoons$	H_2Te	-0.793
Zn^{2+}	$+2e^-$	$\rightleftharpoons$	Zn	-0.7618
$Ta_2O_5+10H^+$	$+10e^-$	$\rightleftharpoons$	$2Ta+5H_2O$	-0.750
Cr^{3+}	$+3e^-$	$\rightleftharpoons$	Cr	-0.744
$Nb_2O_5+10H^+$	$+10e^-$	$\rightleftharpoons$	$2Nb+5H_2O$	-0.644
$As+3H^+$	$+3e^-$	$\rightleftharpoons$	AsH_3	-0.608
Ga^{3+}	$+3e^-$	$\rightleftharpoons$	Ga	-0.549
$H_3PO_2+H^+$	$+e^-$	$\rightleftharpoons$	$P+2H_2O$	-0.508
$H_3PO_3+2H^+$	$+2e^-$	$\rightleftharpoons$	$H_3PO_2+H_2O$	-0.499
$2CO_2+2H^+$	$+2e^-$	$\rightleftharpoons$	$H_2C_2O_4$	-0.49
Fe^{2+}	$+2e^-$	$\rightleftharpoons$	Fe	-0.447
Cr^{3+}	$+e^-$	$\rightleftharpoons$	Cr^{2+}	-0.407
Cd^{2+}	$+2e^-$	$\rightleftharpoons$	Cd	-0.4030

续表

电极反应				$\varphi^{\ominus}$(V)
氧化态	电子数		还原态	
$Se + 2H^+$	$+2e^-$	$\rightleftharpoons$	$H_2Se(aq)$	-0.399
PbI_2	$+2e^-$	$\rightleftharpoons$	$Pb + 2I^-$	-0.365
Eu^{3+}	$+e^-$	$\rightleftharpoons$	Eu^{2+}	-0.36
$PbSO_4$	$+2e^-$	$\rightleftharpoons$	$Pb + SO_4^{2-}$	-0.3588
In^{3+}	$+3e^-$	$\rightleftharpoons$	In	-0.3382
Tl^+	$+e^-$	$\rightleftharpoons$	Tl	-0.336
Co^{2+}	$+2e^-$	$\rightleftharpoons$	Co	-0.28
$H_3PO_4 + 2H^+$	$+2e^-$	$\rightleftharpoons$	$H_3PO_3 + H_2O$	-0.276
$PbCl_2$	$+2e^-$	$\rightleftharpoons$	$Pb + 2Cl^-$	-0.2675
Ni^{2+}	$+2e^-$	$\rightleftharpoons$	Ni	-0.257
V^{3+}	$+e^-$	$\rightleftharpoons$	V^{2+}	-0.255
$H_2GeO_3 + 4H^+$	$+4e^-$	$\rightleftharpoons$	$Ge + 3H_2O$	-0.182
AgI	$+e^-$	$\rightleftharpoons$	$Ag + I^-$	-0.15224
Sn^{2+}	$+2e^-$	$\rightleftharpoons$	Sn	-0.1375
Pb^{2+}	$+2e^-$	$\rightleftharpoons$	Pb	-0.1262
$CO_2(g) + 2H^+$	$+2e^-$	$\rightleftharpoons$	$CO + H_2O$	-0.12
P(白)$+3H^+$	$+3e^-$	$\rightleftharpoons$	$PH_3(g)$	-0.063
Hg_2I_2	$+2e^-$	$\rightleftharpoons$	$2Hg + 2I^-$	-0.0405
Fe^{3+}	$+3e^-$	$\rightleftharpoons$	Fe	-0.037
$2H^+$	$+2e^-$	$\rightleftharpoons$	H_2	0.0000
AgBr	$+e^-$	$\rightleftharpoons$	$Ag + Br^-$	0.07133
$S_4O_6^{2-}$	$+2e^-$	$\rightleftharpoons$	$2S_2O_3^{2-}$	0.08
$TiO^{2+}2H^+$	$+e^-$	$\rightleftharpoons$	$Ti^{3+}H_2O$	0.1
$S + 2H^+$	$+2e^-$	$\rightleftharpoons$	$H_2S(aq)$	0.142
Sn^{4+}	$+2e^-$	$\rightleftharpoons$	Sn^{2+}	0.151
$Sb_2O_3 + 6H^+$	$+6e^-$	$\rightleftharpoons$	$2Sb + 3H_2O$	0.152
Cu^{2+}	$+e^-$	$\rightleftharpoons$	Cu^+	0.153
$BiOCl + 2H^+$	$+3e^-$	$\rightleftharpoons$	$Bi + Cl^- + H_2O$	0.1583
$SO_4^{2-} + 4H^+$	$+2e^-$	$\rightleftharpoons$	$H_2SO_3 + H_2O$	0.172
$SbO^+ + 2H^+$	$+3e^-$	$\rightleftharpoons$	$Sb + H_2O$	0.212
AgCl	$+e^-$	$\rightleftharpoons$	$Ag + Cl^-$	0.22233
$HAsO_2 + 3H^+$	$+3e^-$	$\rightleftharpoons$	$As + 2H_2O$	0.248
Hg_2Cl_2	$+2e^-$	$\rightleftharpoons$	$2Hg + 2Cl^-$(饱和 KCl)	0.26808
$BiO^+ + 2H^+$	$+3e^-$	$\rightleftharpoons$	$Bi + H_2O$	0.320
$2HCNO + 2H^+$	$+2e^-$	$\rightleftharpoons$	$(CN)_2 + 2H_2O$	0.330
$VO^{2+}2H^+$	$+e^-$	$\rightleftharpoons$	$V^{3+}H_2O$	0.337
Cu^{2+}	$+2e^-$	$\rightleftharpoons$	Cu	0.3419
$ReO_4^- + 8H^+$	$+7e^-$	$\rightleftharpoons$	$Re + 4H_2O$	0.368
Ag_2CrO_4	$+2e^-$	$\rightleftharpoons$	$2Ag + CrO_4^{2-}$	0.4470
$H_2SO_3 + 4H^+$	$+4e^-$	$\rightleftharpoons$	$S + 3H_2O$	0.449
Cu^+	$+e^-$	$\rightleftharpoons$	Cu	0.521

续表

电极反应				$\varphi^{\ominus}$(V)
氧化态	电子数		还原态	
I_2	$+2e^-$	$\rightleftharpoons$	$2I^-$	0.5355
I_3^-	$+2e^-$	$\rightleftharpoons$	$3I^-$	0.536
$H_3AsO_4+2H^+$	$+2e^-$	$\rightleftharpoons$	$HAsO_2+2H_2O$	0.560
$Sb_2O_5+6H^+$	$+4e^-$	$\rightleftharpoons$	$2SbO^++3H_2O$	0.581
TeO_2+4H^+	$+4e^-$	$\rightleftharpoons$	$Te+2H_2O$	0.593
$O_2^++4H^+$	$+e^-$	$\rightleftharpoons$	$U^{4+}+2H_2O$	0.612
$2HgCl_2$	$+2e^-$	$\rightleftharpoons$	$Hg_2Cl_2+2Cl^-$	0.63
$[PtCl_6]^{2-}$	$+2e^-$	$\rightleftharpoons$	$[PtCl_4]^{2-}+2Cl^-$	0.68
O_2+2H^+	$+2e^-$	$\rightleftharpoons$	H_2O_2	0.695
$[PtCl_4]^{2-}$	$+2e^-$	$\rightleftharpoons$	$Pt+4Cl^-$	0.755
$H_2SeO_3+4H^+$	$+4e^-$	$\rightleftharpoons$	$Se+3H_2O$	0.74
Fe^{3+}	$+e^-$	$\rightleftharpoons$	Fe^{2+}	0.771
Hg_2^{2+}	$+2e^-$	$\rightleftharpoons$	$2Hg$	0.7973
Ag^+	$+e^-$	$\rightleftharpoons$	Ag	0.7996
OsO_4+8H^+	$+8e^-$	$\rightleftharpoons$	$Os+4H_2O$	0.8
$2NO_3^-+4H^+$	$+2e^-$	$\rightleftharpoons$	$N_2O_4+2H_2O$	0.803
Hg^{2+}	$+2e^-$	$\rightleftharpoons$	Hg	0.851
SiO_2+4H^+	$+4e^-$	$\rightleftharpoons$	$Si+2H_2O$	0.857
$Cu^{2+}I^-$	$+e^-$	$\rightleftharpoons$	CuI	0.86
$2HNO_2+4H^+$	$+4e^-$	$\rightleftharpoons$	$H_2N_2O_2+2H_2O$	0.86
$2Hg^{2+}$	$+2e^-$	$\rightleftharpoons$	Hg_2^{2+}	0.920
$NO_3^-+3H^+$	$+2e^-$	$\rightleftharpoons$	HNO_2+H_2O	0.934
Pd^{2+}	$+2e^-$	$\rightleftharpoons$	Pd	0.951
$NO_3^-+4H^+$	$+3e^-$	$\rightleftharpoons$	$NO+2H_2O$	0.957
HNO_2+H^+	$+e^-$	$\rightleftharpoons$	$NO+H_2O$	0.983
$HIO+H^+$	$+2e^-$	$\rightleftharpoons$	I^-+H_2O	0.987
$VO_2^++2H^+$	$+e^-$	$\rightleftharpoons$	$VO^{2+}H_2O$	0.991
$V(OH)_4^++2H^+$	$+e^-$	$\rightleftharpoons$	$VO^{2+}3H_2O$	1.00
$[AuCl_4]^-$	$+3e^-$	$\rightleftharpoons$	$Au+4Cl^-$	1.002
$N_2O_4+4H^+$	$+4e^-$	$\rightleftharpoons$	$2NO+2H_2O$	1.035
$N_2O_4+2H^+$	$+2e^-$	$\rightleftharpoons$	$2HNO_2$	1.065
$IO_3^-+6H^+$	$+6e^-$	$\rightleftharpoons$	I^-+3H_2O	1.085
$Br_2(aq)$	$+2e^-$	$\rightleftharpoons$	$2Br^-$	1.0873
$SeO_4^{2-}+4H^+$	$+2e^-$	$\rightleftharpoons$	$H_2SeO_3+H_2O$	1.151
$ClO_3^-+2H^+$	$+e^-$	$\rightleftharpoons$	ClO_2+H_2O	1.152
Pt^{2+}	$+2e^-$	$\rightleftharpoons$	Pt	1.18
$ClO_4^-+2H^+$	$+2e^-$	$\rightleftharpoons$	$ClO_3^-+H_2O$	1.189
$2IO_3^-+12H^+$	$+10e^-$	$\rightleftharpoons$	I_2+6H_2O	1.195
$ClO_3^-+3H^+$	$+2e^-$	$\rightleftharpoons$	$HClO_2+H_2O$	1.214
MnO_2+4H^+	$+2e^-$	$\rightleftharpoons$	$Mn^{2+}2H_2O$	1.224
O_2+4H^+	$+4e^-$	$\rightleftharpoons$	$2H_2O$	1.229

续表

电极反应				$\varphi^{\ominus}$(V)
氧化态	电子数		还原态	
Tl^{3+}	$+2e^-$	⇌	Tl^+	1.252
$ClO_2 + H^+$	$+e^-$	⇌	$HClO_2$	1.277
$2HNO_2 + 4H^+$	$+4e^-$	⇌	$N_2O + 3H_2O$	1.297
$Cr_2O + 14H^+$	$+6e^-$	⇌	$2Cr^{3+} 7H_2O$	1.33
$HBrO + H^+$	$+2e^-$	⇌	$Br^- + H_2O$	1.331
$HCrO_4^- + 7H^+$	$+3e^-$	⇌	$Cr^{3+} 4H_2O$	1.350
$Cl_2(g)$	$+2e^-$	⇌	$2Cl^-$	1.35827
$ClO_4^- + 8H^+$	$+8e^-$	⇌	$Cl^- + 4H_2O$	1.389
$ClO_4^- + 8H^+$	$+7e^-$	⇌	$1/2Cl_2 + 4H_2O$	1.39
Au^{3+}	$+2e^-$	⇌	Au^+	1.401
$BrO_3^- + 6H^+$	$+6e^-$	⇌	$Br^- + 3H_2O$	1.423
$2HIO + 2H^+$	$+2e^-$	⇌	$I_2 + 2H_2O$	1.439
$ClO_3^- + 6H^+$	$+6e^-$	⇌	$Cl^- + 3H_2O$	1.451
$PbO_2 + 4H^+$	$+2e^-$	⇌	$Pb^{2+} 2H_2O$	1.455
$ClO_3^- + 6H^+$	$+5e^-$	⇌	$1/2Cl_2 + 3H_2O$	1.47
$HClO + H^+$	$+2e^-$	⇌	$Cl^- + H_2O$	1.482
$BrO_3^- + 6H^+$	$+5e^-$	⇌	$1/2Br_2 + 3H_2O$	1.482
Au^{3+}	$+3e^-$	⇌	Au	1.498
$MnO_4^- + 8H^+$	$+5e^-$	⇌	$Mn^{2+} 4H_2O$	1.507
Mn^{3+}	$+e^-$	⇌	Mn^{2+}	1.5415
$HClO_2 + 3H^+$	$+4e^-$	⇌	$Cl^- + 2H_2O$	1.570
$HBrO + H^+$	$+e^-$	⇌	$1/2Br_2(aq) + H_2O$	1.574
$2NO + 2H^+$	$+2e^-$	⇌	$N_2O + H_2O$	1.591
$H_5IO_6 + H^+$	$+2e^-$	⇌	$IO_3^- + 3H_2O$	1.601
$HClO + H^+$	$+e^-$	⇌	$1/2Cl_2 + H_2O$	1.611
$HClO_2 + 2H^+$	$+2e^-$	⇌	$HClO + H_2O$	1.645
$NiO_2 + 4H^+$	$+2e^-$	⇌	$Ni^{2+} 2H_2O$	1.678
$MnO_4^- + 4H^+$	$+3e^-$	⇌	$MnO_2 + 2H_2O$	1.679
$PbO_2 + SO_4^{2-} + 4H^+$	$+2e^-$	⇌	$PbSO_4 + 2H_2O$	1.6913
Au^+	$+e^-$	⇌	Au	1.692
Ce^{4+}	$+e^-$	⇌	Ce^{3+}	1.72
$N_2O + 2H^+$	$+2e^-$	⇌	$N_2 + H_2O$	1.766
$H_2O_2 + 2H^+$	$+2e^-$	⇌	$2H_2O$	1.776
Co^{3+}	$+e^-$	⇌	Co^{2+} (2mol/L H_2SO_4)	1.83
Ag^{2+}	$+e^-$	⇌	Ag^+	1.980
$S_2O_3^{2-}$	$+2e^-$	⇌	$2SO_4^{2-}$	2.010
$O_3 + 2H^+$	$+2e^-$	⇌	$O_2 + H_2O$	2.076
$F_2O + 2H^+$	$+4e^-$	⇌	$H_2O + 2F^-$	2.153
$O(g) + 2H^+$	$+2e^-$	⇌	H_2O	2.421
F_2	$+2e^-$	⇌	$2F^-$	2.866
$F_2 + 2H^+$	$+2e^-$	⇌	$2HF$	3.053

附录四　一些难溶电解质的溶度积常数（298K）

化合物	$K_{sp}^{\$}$	化合物	$K_{sp}^{\$}$	化合物	$K_{sp}^{\$}$
AgBr	5.4×10^{-13}	$Co(OH)_2$	1.1×10^{-15}	MgF_2	7.4×10^{-11}
AgCl	1.8×10^{-10}	$Co_3(PO_4)_2$	2.1×10^{-35}	$Mg(OH)_2$	5.6×10^{-12}
Ag_2CO_3	8.5×10^{-12}	$Cr(OH)_3$	6.3×10^{-31}	$Mg_3(PO_4)_2$	9.9×10^{-25}
Ag_2CrO_4	1.1×10^{-12}	CuBr	6.3×10^{-9}	$NiCO_3$	1.4×10^{-7}
$Ag_2Cr_2O_7$	2.0×10^{-7}	CuCl	1.7×10^{-7}	$Ni(IO_3)_2$	4.7×10^{-5}
AgCN	5.9×10^{-17}	CuI	1.3×10^{-12}	$Ni(OH)_2$	5.5×10^{-16}
$Ag_2C_2O_4$	5.4×10^{-12}	$Cu(OH)_2$	2.2×10^{-20}	NiS	1.1×10^{-21}
$AgIO_3$	3.2×10^{-8}	CuSCN	1.8×10^{-13}	$Ni_3(PO_4)_2$	4.7×10^{-32}
AgI	8.5×10^{-17}	$Cu(IO_3)_2$	6.9×10^{-8}	$PbCO_3$	1.5×10^{-13}
AgOH	2.0×10^{-8}	CuS	1.3×10^{-36}	$PbCrO_4$	2.8×10^{-13}
Ag_3PO_4	8.9×10^{-17}	Cu_2S	2.3×10^{-48}	PbC_2O_4	8.5×10^{-10}
Ag_2S	6.3×10^{-50}	$Cu_3(PO_4)_2$	1.4×10^{-37}	$PbCl_2$	1.2×10^{-5}
AgSCN	1.0×10^{-12}	$FeCO_3$	3.1×10^{-11}	$PbBr_2$	6.6×10^{-6}
Ag_2SO_4	1.2×10^{-5}	FeF_2	2.4×10^{-6}	PbF_2	7.2×10^{-7}
Ag_2SO_3	1.5×10^{-14}	$Fe(OH)_2$	4.9×10^{-11}	PbI_2	8.5×10^{-9}
$Al(OH)_3$	1.1×10^{-33}	$Fe(OH)_3$	2.6×10^{-39}	$Pb(IO_3)_2$	3.7×10^{-13}
As_2S_3	2.1×10^{-22}	FeS	1.6×10^{-19}	$Pb(OH)_2$	1.4×10^{-20}
$BaCO_3$	2.6×10^{-9}	$HgBr_2$	6.2×10^{-12}	$Pb(OH)_4$	3.2×10^{-44}
$BaCrO_4$	1.2×10^{-10}	HgI_2	2.8×10^{-29}	PbS	9.1×10^{-29}
BaF_2	1.8×10^{-7}	HgS	6.4×10^{-53}	$PbSO_4$	1.8×10^{-8}
$Ba_3(PO_4)_2$	3.4×10^{-23}	$Hg(OH)_2$	3.2×10^{-26}	$Pb(SCN)_2$	2.1×10^{-5}
$BaSO_4$	1.1×10^{-10}	Hg_2Br_2	6.4×10^{-23}	PbS	2.0×10^{-58}
BaC_2O_4	1.6×10^{-7}	Hg_2CO_3	3.7×10^{-17}	$Pd(SCN)_2$	4.4×10^{-23}
$CaCO_3$	5.0×10^{-9}	$Hg_2C_2O_4$	1.8×10^{-13}	PtS	2.0×10^{-58}
CaF_2	1.5×10^{-10}	Hg_2Cl_2	1.5×10^{-18}	$Sn(OH)_2$	5.5×10^{-27}
$CaSO_4$	7.1×10^{-5}	Hg_2F_2	3.1×10^{-6}	$Sn(OH)_4$	1.0×10^{-56}
$Ca(OH)_2$	4.7×10^{-6}	Hg_2I_2	5.3×10^{-29}	SnS	3.3×10^{-28}
CaC_2O_4	2.3×10^{-9}	Hg_2S	1.0×10^{-47}	$SrCO_3$	5.6×10^{-10}
$Ca(IO_3)_2$	6.5×10^{-6}	Hg_2SO_4	8.0×10^{-7}	SrF_2	4.3×10^{-9}
$Ca_3(PO_4)_2$	2.1×10^{-33}	$Hg_2(SCN)_2$	3.12×10^{-20}	$Sr(IO_3)_2$	1.1×10^{-7}
CdF_2	6.4×10^{-3}	$KClO_4$	1.1×10^{-2}	$SrSO_4$	3.4×10^{-7}
$Cd(IO_3)_2$	2.5×10^{-8}	$K_2[PtCl_6]$	7.5×10^{-6}	$ZnCO_3$	1.2×10^{-10}
$Cd(OH)_2$	7.2×10^{-15}	$MnCO_3$	2.2×10^{-11}	ZnF_2	3.0×10^{-2}
CdS	8.0×10^{-27}	$Mn(IO_3)_2$	4.4×10^{-7}	$Zn(IO_3)_2$	4.3×10^{-6}
$Cd_3(PO_4)_2$	2.5×10^{-33}	MnS	4.7×10^{-14}	$Zn(OH)_2$	6.9×10^{-17}
$Co(IO_3)_2$	1.2×10^{-2}	$MgCO_3$	6.8×10^{-6}	ZnS	1.6×10^{-24}

附录五 常见弱酸、弱碱的解离常数（298K）

附表（一） 弱酸在水中的标准解离常数

化合物	化学式	解离常数 K
亚砷酸	$HAsO_3$	6.0×10^{-10}
硼酸	H_3BO_3	5.8×10^{-10}
碳酸	H_2CO_3	$4.2\times10^{-7}(K_1)$
		$5.6\times10^{-11}(K_2)$
铝酸	H_3AlO_3	6.3×10^{-12}
砷酸	H_3AsO_4	$6.3\times10^{-3}(K_1)$
		$1.0\times10^{-7}(K_2)$
		$3.2\times10^{-12}(K_3)$
氢氰酸	HCN	6.2×10^{-10}
铬酸	H_2CrO_4	$4.1(K_1)$
		$1.3\times10^{-6}(K_2)$
次氯酸	$HClO$	2.8×10^{-8}
硫氰酸	$HSCN$	1.4×10^{-1}
过氧化氢	H_2O_2	2.2×10^{-12}
氢氟酸	HF	6.6×10^{-4}
次碘酸	HIO	2.3×10^{-11}
碘酸	HIO_3	0.16
亚硝酸	HNO_2	5.1×10^{-4}
亚硫酸	H_2SO_3	$1.3\times10^{-2}(K_1)$
		$6.3\times10^{-8}(K_2)$

化合物	化学式	解离常数 K
磷酸	H_3PO_4	$6.9\times10^{-3}(K_1)$
		$6.2\times10^{-8}(K_2)$
		$4.8\times10^{-13}(K_3)$
亚磷酸	H_3PO_3	$6.3\times10^{-2}(K_1)$
		$2.0\times10^{-7}(K_2)$
氢硫酸	H_2S	$1.3\times10^{-7}(K_1)$
		$7.1\times10^{-15}(K_2)$
偏硅酸	H_2SiO_3	$1.7\times10^{-10}(K_1)$
		$1.6\times10^{-12}(K_2)$
甲酸	$HCOOH$	1.77×10^{-4}
醋酸	CH_3COOH	1.75×10^{-5}
草酸	$H_2C_2O_4$	$5.4\times10^{-2}(K_1)$
		$5.4\times10^{-5}(K_2)$
苯甲酸	C_6H_5COOH	6.2×10^{-5}
邻苯二甲酸	$C_6H_4(COOH)_2$	$1.1\times10^{-3}(K_1)$
		$3.9\times10^{-6}(K_2)$
苯酚	C_6H_5OH	1.1×10^{-10}

附表（二） 弱碱在水中的解离常数

化合物	化学式	解离常数 K
氨	NH_3	1.8×10^{-5}
甲胺	CH_3NH_2	4.2×10^{-4}
乙胺	$C_2H_5NH_2$	5.6×10^{-4}
二甲胺	$(CH_3)_2NH$	1.2×10^{-4}
二乙胺	$(C_2H_5)_2NH$	1.3×10^{-3}
乙二胺	$NH_2CH_2CH_2NH_2$	$8.3\times10^{-5}(K_1)$
		$7.1\times10^{-8}(K_2)$

化合物	化学式	解离常数 K
乙醇胺	$HOCH_2CH_2NH_2$	3.2×10^{-5}
三乙醇胺	$(HOCH_2CH_2)_3N$	5.8×10^{-7}
联氨	H_2NNH_2	$3.0\times10^{-6}(K_1)$
		$7.6\times10^{-15}(K_2)$
羟氨	NH_2OH	9.1×10^{-9}
苯胺	$C_6H_5NH_2$	4.3×10^{-10}
吡啶	C_5H_5N	1.7×10^{-9}

参考文献

[1] 邱细敏. 分析化学 [M].3 版. 北京：中国医药科技出版社，2012.
[2] 谢庆娟，李维斌. 分析化学 [M].2 版. 北京：人民卫生出版社，2013.
[3] 李发美. 分析化学 [M]. 北京：人民卫生出版社，2007.
[4] 武汉大学. 分析化学（上下）[M].4 版. 北京：高等教育出版社，2007.
[5] 靳丹虹. 仪器分析实验 [M]. 北京：人民卫生出版社，2017.
[6] 王磊，董辉钰. 分析化学 [M]. 北京：中国医药科技出版社，2019.
[7] 张英. 分析化学 [M]. 北京：高等教育出版社，2009.
[8] 高职高专化学教材编写组. 分析化学 [M].4 版. 北京：高等教育出版社，2015.
[9] 国家食品安全风险评估中心，食品安全国家标准审评委员会秘书处. 食品安全国家标准汇编 [M]. 北京：中国人口出版社，2016.